全国高职高专应用型规划教材·信息技术类

Windows 服务器管理与维护

宋西军 主 编

赵尔丹 韩晓霞
杨光祖 郭鸿恩 副主编

北京大学出版社
PEKING UNIVERSITY PRESS

内 容 简 介

本书以 Windows Server 2003 网络操作系统为操作平台，介绍了计算机网络的基本概念、Windows 网络操作系统的基本安装步骤和配置的主要内容，主要讲解了 Windows 网络操作系统充当文件服务器、打印服务器、DHCP 服务器、DNS 服务器、路由器、Web 服务器、FTP 服务器、邮件服务器和活动目录服务器等角色的基本配置和管理方法。

本书采用"基于工作过程"的编写思想组织教学内容，按照易学、易懂、易操作、易掌握、"理论够用"、"实践技能为重"的原则编写，系统性强，结构合理，从计算机网络的概念、发展过程及计算机网络分类及构成等基础知识讲起，然后逐步深入系统管理、网络服务管理和活动目录的管理。本书注重实现的方式方法讲解，在讲解具体内容时，特别注重实用性，尽量列举实例；在叙述上力求深入浅出，通俗易懂。

本书可作为高职高专、成人教育、中等职业学校计算机类专业的职业课教材，也可供专业技术人员和计算机爱好者自学使用。

图书在版编目(CIP)数据

Windows 服务器管理与维护/宋西军主编. —北京：北京大学出版社，2009.9
（全国高职高专应用型规划教材·信息技术类）
ISBN 978-7-301-15353-6

Ⅰ. W… Ⅱ. 宋… Ⅲ. 服务器－操作系统（软件），Windows Server 3－高等学校：技术学校－教材 Ⅳ. TP316.86

中国版本图书馆 CIP 数据核字（2009）第 095092 号

书　　　名：	Windows 服务器管理与维护
著作责任者：	宋西军　主编
责 任 编 辑：	葛昊晗
标 准 书 号：	ISBN 978-7-301-15353-6/TP·1022
出　版　者：	北京大学出版社
地　　　址：	北京市海淀区成府路 205 号　100871
网　　　址：	http://www.pup.cn
电　　　话：	邮购部 62752015　发行部 62750672　编辑部 62765126　出版部 62754962
电 子 信 箱：	xxjs@pup.pku.edu.cn
印　刷　者：	三河市北燕印装有限公司
发　行　者：	北京大学出版社
经　销　者：	新华书店
	787 毫米×980 毫米　16 开本　23.75 印张　578 千字
	2009 年 9 月第 1 版　2012 年 4 月第 2 次印刷
定　　　价：	39.00 元

未经许可，不得以任何方式复制或抄袭本书之部分或全部内容。
版权所有，侵权必究
举报电话：010-62752024；电子信箱：fd@pup.pku.edu.cn

前言

微软的 Windows 网络操作系统融合了当今网络操作系统中的主流网络应用技术，在中小企业中应用非常广泛。各行各业急需具备使用高级的 Microsoft Windows 管理平台和 Microsoft 服务器产品，并能为企业提供设计、实施和管理商业解决方案能力的人才。

Windows 服务器管理与维护是计算机网络技术专业群的一门技术性、实践性很强的职业课程，同时也是其他计算机相关专业的职业基础课程。本书以 Windows Server 2003 网络操作系统为操作平台，使学生可以通过学习而了解计算机网络的基本知识，掌握 Windows 网络操作系统的基本安装和配置的主要内容，掌握 Windows 网络操作系统充当文件服务器、打印服务器、DHCP 服务器、DNS 服务器、路由器、Web 服务器、FTP 服务器、邮件服务器、活动目录等角色的基本配置和管理方法；使学生通过学习系统和网络中各项服务的实现原理和实现方法，掌握常用网络应用的部署实施技能和故障排除技能，培养应用 Windows 网络操作系统实现各项系统管理和网络基础应用的高素质技能型专门人才；让学生拥有运用进一步学习和在工作中实际运用 Windows 网络操作系统的基础技能。

本书充分体现了以职业需求为导向，以培养职业能力和创新能力为中心的教学思路。学完本教材，学生可以掌握 Windows 网络操作系统基本理论知识和网络服务等方面的技术；能够基于 Windows Server 2003 平台进行商业需求分析、基础架构的设计和实施；能够构建综合性网络系统；还可以通过参加微软的 MCSE 认证考试。

本书系统性强，结构合理，从计算机网络的概念、发展过程及计算机网络分类及构成等基础知识讲起，然后逐步深入系统管理和网络服务的管理；注重实现的方式方法讲解，在讲解具体内容时，特别注重实用性；在叙述上力求深入浅出，通俗易懂。

本书共分 13 章。第 1 章介绍了计算机网络的基本知识、网络协议，特别是 TCP/IP 协议的知识，作为本书的入门基础知识；第 2 章介绍了 Windows Server 2003 系统安装步骤和基本的系统配置内容；第 3 章介绍了 Windows 网络操作系统用户和组的管理；第 4 章介绍了系统维护的知识，重点在性能监视和提升性能的策略；第 5 章介绍了 Windows 文件和文件夹资源的管理，特别是各种权限的管理、共享文件夹的管理；第 6 章介绍了安装和管理打印机的技能；第 7 章详细讲解了 Windows 路由服务的配置和管理；第 8 章详细讲解了 DHCP 服务器的配置和管理；第 9 章详细讲解了 DNS 服务器的配置和管理；第 10 章详细讲解了 WEB 服务器的配置和管理；第 11 章详细讲解了 FTP 服务器的配置和管理；第 12 章详细讲解了邮件服务器的配置和管理；第 13 章详细讲解了活动目录服务的配置和管理。

本书由宋西军主编并编写第 1、2、3、5、7、8、9 章，赵尔丹编写第 10、11 章，韩晓霞编写第 4、6 章，杨光祖编写了第 12 章，郭鸿恩编写第 13 章。

本书编写过程中参考了 Windows Server 2003 系统的"帮助与支持"文档和其他文献资料。由于编者水平有限，时间仓促，书中难免有疏漏和错误之处，恳请同行专家及读者提出批评意见，以便及时补充和修订。

编　者

2009 年 5 月

目　　录

第 1 章　计算机网络基础 1
1.1　计算机网络概述 1
1.1.1　计算机网络的概念和优点 1
1.1.2　网络中的计算机角色 3
1.1.3　网络中的连接组件 4
1.1.4　扩展网络的常用设备 7
1.1.5　网络操作系统 12
1.2　计算机网络类型 13
1.2.1　计算机网络的分类 13
1.2.2　计算机网络的应用 15
1.2.3　计算机网络的拓扑结构 16
1.3　网络协议 20
1.3.1　网络协议的类型 20
1.3.2　OSI 模型 20
1.3.3　常用的网络协议 22
1.3.4　TCP/IP 协议介绍 22
1.4　IP 地址基础知识 24
1.4.1　IP 地址的格式 24
1.4.2　IP 地址的分类 26
1.4.3　IP 地址的确定 27
1.4.4　关于 CIDR（Classless Inter-Domain Routing）无类域间路由技术 30
1.4.5　标识应用程序 34
1.4.6　为计算机指定 IP 地址 35
复习题 38

第 2 章　安装 Windows Server 2003 40
2.1　Windows Server 2003 家族简介 ... 40
2.1.1　Windows Server 2003 各版本简介 40
2.1.2　Windows Server 2003 家族对比 41
2.2　安装前的准备工作 41
2.2.1　安装前的硬件需要（最低的硬件需求） 42
2.2.2　检查硬件和软件的兼容性 43
2.2.3　为全新安装计划磁盘分区或卷 43
2.2.4　选择文件系统 45
2.3　安装 Windows Server 2003 46
2.3.1　手工安装 Windows Server 2003 46
2.3.2　自动安装 Windows Server 2003 50
2.4　配置 Windows Server 2003 51
2.4.1　环境变量 51
2.4.2　管理虚拟内存 52
2.4.3　选择如何分配处理器资源 54
2.4.4　选择如何分配系统内存 54
2.5　设备驱动程序 54
2.5.1　设备驱动程序的概述 54
2.5.2　驱动程序的管理 55
2.5.3　驱动程序签名管理 56
2.6　关于区域和语言选项设置 58
2.6.1　"区域和语言选项"概述 58
2.6.2　区域日期、时间、货币量 58
2.6.3　区域文字输入方法管理 59
复习题 61

第 3 章　管理本地用户账号和组账号 62
3.1　本地用户账号概述 62
3.1.1　什么是用户账号 62

	3.1.2	本地用户账号	62
	3.1.3	预定义账号	63
	3.1.4	安全标识符	64
	3.1.5	SAM 和 LSA 鉴别	65
	3.1.6	熟悉运行方式（RunAs）	65
3.2	本地用户账号管理		67
	3.2.1	命名用户账号和设置密码的注意事项	67
	3.2.2	创建用户账号	68
	3.2.3	重新命名用户账号	69
	3.2.4	重新设置密码和删除用户账号	70
	3.2.5	禁用用户账号或设置账号的其他属性	70
3.3	组账号管理		71
	3.3.1	组账号概述	71
	3.3.2	预定义组	71
	3.3.3	创建组账号	73
	3.3.4	管理组的成员	74
3.4	管理用户和组之道		77
	3.4.1	委托责任	77
	3.4.2	用户和组管理策略	78
	3.4.3	决定所需的访问和特权	79
	3.4.4	确定安全等级	79
	3.4.5	保护资源和减轻本地组负担	80
复习题			80

第 4 章 系统维护 81

4.1	任务管理		81
	4.1.1	启动任务管理器	81
	4.1.2	应用程序管理	81
	4.1.3	进程管理	82
	4.1.4	性能管理	84
	4.1.5	网络管理	85
	4.1.6	用户会话管理	85
4.2	性能监视		86
	4.2.1	启动性能监视器	86
	4.2.2	系统监视器	87
	4.2.3	监视服务器内存	89
	4.2.4	监视处理器	90
	4.2.5	创建和配置计数器日志	91
	4.2.6	创建和配置跟踪日志	92
	4.2.7	创建和配置警报	93
4.3	网络监视		94
4.4	灾难恢复		94
	4.4.1	自动系统故障恢复（ASR）	94
	4.4.2	安全模式恢复系统	96
	4.4.3	使用最后一次正确的配置启动计算机	96
	4.4.4	故障恢复控制台	97
	4.4.5	Windows 启动盘	98
复习题			99

第 5 章 管理文件和文件夹资源 100

5.1	NTFS 权限简介		100
	5.1.1	什么是 NTFS	100
	5.1.2	NTFS 权限的定义	101
5.2	设置与管理 NTFS 权限		102
	5.2.1	文件与文件夹的标准权限和特殊权限	102
	5.2.2	设置文件与文件夹的 NTFS 权限	105
	5.2.3	NTFS 权限的几种重要特性	108
	5.2.4	复制和移动操作对 NTFS 权限的影响	110
5.3	管理共享文件夹		110
	5.3.1	共享文件夹简介	110
	5.3.2	创建共享文件夹	111
	5.3.3	共享权限的设置	112
	5.3.4	共享权限和 NTFS 权限的组合	113
	5.3.5	共享文件夹的访问与发布	114
5.4	资源权限设置的策略		115
5.5	设置文件的存储属性		116
	5.5.1	文件的压缩属性	116
	5.5.2	文件的加密属性	117

5.5.3　磁盘配额 119
　复习题 124

第 6 章　安装和管理打印机 126

6.1　打印机概述 126
　　6.1.1　打印机类型 126
　　6.1.2　Windows Server 2003
　　　　　　支持的客户端类型 127
6.2　安装与共享打印机 128
　　6.2.1　安装与共享本地打印机 128
　　6.2.2　安装网络接口打印机 131
　　6.2.3　Windows 客户端连接共享
　　　　　　打印机 131
　　6.2.4　管理打印机驱动程序 132
　　6.2.5　设置后台打印文件夹位置 133
6.3　设置打印机的共享权限 133
　　6.3.1　打印机的共享权限介绍 133
　　6.3.2　设置共享权限 134
6.4　打印任务管理 134
　　6.4.1　设置打印任务优先级 134
　　6.4.2　创建打印任务计划 135
6.5　配置打印池 135
复习题 136

第 7 章　路由服务的配置管理 137

7.1　路由器的基本概念 137
　　7.1.1　路由器的类型 137
　　7.1.2　路由器的主要组成部分 138
　　7.1.3　路由器的路由表 142
7.2　Windows Server 2003 的路由服务 ... 145
　　7.2.1　配置和启动路由和远程
　　　　　　访问服务 145
　　7.2.2　路由器路由表的查看 147
7.3　静态路由表管理 148
　　7.3.1　路由器直连多子网 148
　　7.3.2　路由器级联多子网 150
7.4　动态路由表管理 155
　　7.4.1　RIP 协议管理 155

　　7.4.2　添加 OSPF 协议 162
7.5　路由服务的启动、重启动、停止 164
复习题 165

第 8 章　DHCP 服务器的配置与管理 ... 166

8.1　DHCP 服务概述 166
　　8.1.1　什么是 DHCP 166
　　8.1.2　DHCP 的工作原理 167
8.2　配置 DHCP 服务器 168
　　8.2.1　架设 DHCP 服务器的需求 168
　　8.2.2　安装 DHCP 服务 169
　　8.2.3　配置 DHCP 服务器 170
8.3　HCP 服务器的管理 176
　　8.3.1　启动、停止和暂停 DHCP
　　　　　　服务 176
　　8.3.2　作用域的配置 176
　　8.3.3　维护地址池 178
　　8.3.4　建立保留 180
　　8.3.5　配置 DHCP 选项 181
8.4　DHCP 超级作用域 183
　　8.4.1　超级作用域概述 183
　　8.4.2　创建超级作用域 186
　　8.4.3　激活超级作用域 186
8.5　DHCP 中继代理 186
　　8.5.1　什么是 DHCP 中继代理 186
　　8.5.2　DHCP 中继代理的工作
　　　　　　原理 187
　　8.5.3　配置 DHCP 中继代理 187
8.6　DHCP 服务器的授权 189
8.7　DHCP 客户机 191
　　8.7.1　DHCP 客户机的设置 191
　　8.7.2　DHCP 客户机的租约验证、
　　　　　　释放或续订客户端 192
　　8.7.3　DHCP 服务器地址分配的
　　　　　　管理和观察 193
　　8.7.4　DHCP 客户端备用配置 193

8.7.5 DHCP 客户端可能出现的问题及解决办法 195
复习题 196

第 9 章 DNS 服务器配置与管理 197

9.1 DNS 概述 197
    9.1.1 DNS 名字空间 197
    9.1.2 全称域名 199
    9.1.3 DNS 查询过程 199
    9.1.4 查询方向 201
    9.1.5 查询响应 201
    9.1.6 缓存的工作原理 202
9.2 DNS 服务的安装 203
    9.2.1 为该服务器分配一个静态 IP 地址 203
    9.2.2 安装 DNS 服务 204
9.3 配置 DNS 区域 206
    9.3.1 什么是区域 206
    9.3.2 区域的类型 206
    9.3.3 资源记录及资源记录的类型 207
    9.3.4 正向查找区域和反向查找区域 207
    9.3.5 管理正向查找区域 208
    9.3.6 管理反向查找区域 211
    9.3.7 配置 DNS 辅助区域 213
9.4 DNS 客户端的配置 216
9.5 测试 DNS 服务器的配置 217
    9.5.1 Nslookup 的使用 217
    9.5.2 Ping 命令的解析观察 218
9.6 配置 DNS 动态更新 219
    9.6.1 什么是动态更新 219
    9.6.2 配置 DNS 服务器允许动态更新 219
9.7 DNS 区域委派 220
    9.7.1 根提示 220
    9.7.2 什么是 DNS 区域的委派 221
    9.7.3 将一个子域委派给另一个 DNS 服务器 221
复习题 222

第 10 章 WWW 服务器 223

10.1 WWW 服务概述 223
    10.1.1 什么是 WWW 服务器 223
    10.1.2 WWW 服务的工作过程 223
10.2 IIS 6.0 的安装 224
    10.2.1 IIS 6.0 简介 224
    10.2.2 IIS 6.0 的服务 224
    10.2.3 配置 WWW 服务器的需求 225
    10.2.4 安装 WWW 服务 225
    10.2.5 验证 WWW 服务安装 227
10.3 WWW 服务器的配置 228
    10.3.1 设置主目录 228
    10.3.2 设置默认文档 230
    10.3.3 添加默认文档文件 231
    10.3.4 创建 Web 站点 231
    10.3.5 启动、停止和暂停 WWW 服务 233
10.4 虚拟目录 234
    10.4.1 使用虚拟目录的好处 234
    10.4.2 虚拟目录与物理位置的映射 234
    10.4.3 创建虚拟目录 234
    10.4.4 测试虚拟目录 236
10.5 虚拟主机技术 237
    10.5.1 虚拟主机技术 237
    10.5.2 使用同一 IP 地址、不同端口号建立多个网站 237
    10.5.3 使用不同的 IP 地址建立多个网站 238
    10.5.4 使用主机头名建立多个网站 239
10.6 远程管理 WWW 服务器 240
    10.6.1 利用 IIS 管理器进行远程管理 241

  10.6.2 远程管理 241

 复习题 245

第 11 章 FTP 服务器 246

 11.1 FTP 服务简介 246
  11.1.1 什么是 FTP 服务器 246
  11.1.2 FTP 服务的工作过程 246
 11.2 FTP 服务的安装及验证 247
  11.2.1 配置 FTP 服务器的需求 247
  11.2.2 安装 FTP 服务 248
  11.2.3 验证 FTP 服务安装 249
  11.2.4 启动、停止和暂停 FTP
      服务 250
 11.3 建立 FTP 站点 251
  11.3.1 FTP 主目录 251
  11.3.2 创建 FTP 站点 251
  11.3.3 连接 FTP 站点 253
 11.4 FTP 站点的管理 254
  11.4.1 管理 FTP 站点标识、连接
      限制和日志记录 254
  11.4.2 验证用户的身份 255
  11.4.3 管理 FTP 站点消息 256
  11.4.4 管理 FTP 站点主目录 257
  11.4.5 通过 IP 地址来限制 FTP
      连接 258
 11.5 创建隔离用户的 FTP 站点 258
  11.5.1 FTP 站点的三种模式 258
  11.5.2 创建隔离用户的 FTP
      站点 259
 复习题 261

第 12 章 邮件服务器 262

 12.1 认识邮件服务器 262
 12.2 邮件服务器的安装 263
  12.2.1 利用"配置您的服务器向导"
      方式 263
  12.2.2 通过"添加或删除程序"
      方式 265

 12.3 邮件服务器的配置 267
  12.3.1 POP3 服务的配置 267
  12.3.2 SMTP 服务的安装及
      配置 270
 12.4 邮件服务器客户端软件 271
  12.4.1 Web 邮件操作 271
  12.4.2 使用 Outlook 客户端软件 ... 272
  12.4.3 OutLook Express 账户
      设置 274
 复习题 275

第 13 章 活动目录 276

 13.1 活动目录简介 276
  13.1.1 什么是活动目录 277
  13.1.2 活动目录的对象 277
  13.1.3 轻型目录访问协议 277
  13.1.4 活动目录的逻辑结构 278
  13.1.5 活动目录的物理结构 281
 13.2 活动目录的安装 283
  13.2.1 安装活动目录的前提条件 .. 283
  13.2.2 活动目录的安装过程 284
  13.2.3 安装活动目录后操作系统的
      变化 292
 13.3 把计算机加入到域 295
  13.3.1 哪些计算机可以
      加入到域 295
  13.3.2 把计算机加入到域的
      方法 295
 13.4 管理用户账号和组账号 297
  13.4.1 用户账号的介绍 297
  13.4.2 创建用户账号 298
  13.4.3 管理用户账号 302
  13.4.4 Windows Server 2003 的账号
      安全 311
  13.4.5 组账号的介绍 312
  13.4.6 活动目录中组账号的分类 312
  13.4.7 创建组账号 313

13.4.8 管理组账号 315
13.4.9 实现 AGDLP 法则 316
13.5 在活动目录中利用 OU 管理资源 ... 320
　　13.5.1 组织单元简介 320
　　13.5.2 在活动目录中创建 OU 321
　　13.5.3 在活动目录中管理 OU 323
　　13.5.4 实现委派管理控制 331
13.6 在活动目录中实现资源发布 337
　　13.6.1 介绍发布资源 337
13.6.2 设置和管理发布打印机 338
13.6.3 设置和管理共享文件夹 344
13.7 在活动目录中实现组策略 348
　　13.7.1 组策略概述 348
　　13.7.2 创建和配置组策略 349
　　13.7.3 应用组策略管理用户
　　　　　环境 362
复习题 368

参考文献 369

第 1 章　计算机网络基础

本章学习目标：
（1）了解计算机网络的定义
（2）掌握计算机网络分类的基础知识
（3）了解计算机网络协议
（4）掌握 TCP/IP 协议基本知识，子网的划分，特别是 IP 地址的网络 ID、主机 ID 等

本章主要介绍计算机网络的基本概念、分类；常用的计算机网络协议概述；TCP/IP 协议的基本概念，IP 地址的基本知识，子网的概念，网路 ID 和主机 ID 的求取，计算机 IP 地址的设定操作。

1.1　计算机网络概述

本节主要介绍计算机网络的概念，说明使用计算机网络的好处，以及网络中计算机的角色。还将讲解不同的网络类型，了解计算机网络操作系统的相关知识。

1.1.1　计算机网络的概念和优点

1．计算机网络的概念

人类社会已进入信息时代，世界各国积极建设信息高速公路。计算机网络是信息高速公路的基础，Internet 最终改变我们的生活方式，人类进入网络文化时代。

计算机网络首先是一个通信网络，各计算机之间通过通信媒体、通信设备进行数字通信，在此基础上各计算机可以通过网络软件共享其他计算机上的硬件资源、软件资源和数据资源。从计算机网络各组成部件的功能来看，各部件主要完成两种功能，即网络通信和资源共享。把计算机网络中实现网络通信功能的设备及其软件的集合称为网络的通信子网，而把网络中实现资源共享功能的设备及其软件的集合称为资源子网。

就局域网而言，通信子网由网卡、线缆、集线器、中继器、网桥、路由器、交换机等设备和相关软件组成。资源子网由联网的服务器、工作站、共享的打印机和其他设备及相关软件所组成。

在广域网中，通信子网由一些专用的通信处理机（即节点交换机）及其运行的软件、集中器等设备和连接这些节点的通信链路组成。资源子网由上网的所有主机及其外部设备组成。

所谓计算机网络，就是利用通信设备和线路将地理位置不同的、功能独立的多个计算机系统互连起来，以功能完善的网络软件（即网络通信协议、信息交换方式、网络操作系统等）实现网络中资源共享和信息传递的系统。

2．计算机网络的演变和发展

网络发展三阶段：面向终端的网络；计算机-计算机网络；开放式标准化网络。

（1）面向终端的计算机网络

以单个计算机为中心的远程联机系统，构成面向终端的计算机网络。用一台中央主机连接大量的地理上处于分散位置的终端，如图1.1所示。

为减轻中心计算机的负载，在通信线路和计算机之间设置了一个前端处理机 FEP 或通信控制器 CCU 专门负责与终端之间的通信控制，使数据处理和通信控制分工。在终端机较集中的地区，采用了集中管理器（集中器或多路复用器）用低速线路把附近群集的终端连起来，通过 MODEM 及高速线路与远程中心计算机的前端机相连。这样的远程联机系统既提高了线路的利用率，又节约了远程线路的投资。

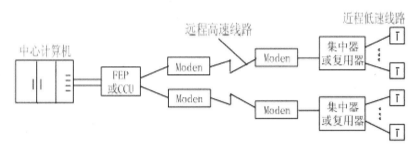

图1.1 单个计算机为中心的远程联机系统

（2）计算机-计算机网络

20世纪60年代中期，出现了多台计算机互连的系统，开创了"计算机-计算机"通信时代，并存多处理中心，实现资源共享。美国的 ARPA 网，IBM 的 SNA 网，DEC 的 DNA 网都是成功的典例。这个时期的网络产品是相对独立的，未有统一标准。

（3）开放式标准化网络

由于相对独立的网络产品难以实现互连，国际标准化组织（ISO，Internation Standards Organization）于1984年颁布了一个称为"开放系统互联基本参考模型"的国际标准 ISO 7498，简称 OSI/RM，即著名的 OSI 七层模型。从此，网络产品有了统一标准，促进了企业的竞争，大大加速了计算机网络的发展。

3．计算机网络实例简介

（1）因特网（Internet）

1969年，产生了 ARPANET。它采用 ARM 模型（早于 OSI 模型，低三层接近 OSI）和 TCP/IP 协议。

1988年，产生了 NSFNET，所采用的是 OSI 模型和标准的 TCP/IP 协议，成为 Internet

的主干网。

ISP（Internet Server Provider，Internet 服务提供商）就是为用户提供 Internet 接入和（或）Internet 信息服务的公司和机构。前者又称为 IAP（Internet Access Provider，Internet 接入提供商），后者又称为 ICP（Internet Content Provider，Internet 内容提供商）。由于接入国际互联网需要租用国际信道，其成本对于一般用户是无法承担的。Internet 接入提供商作为提供接入服务的中介，需投入大量资金建立中转站，租用国际信道和大量的当地电话线，购置一系列计算机设备，通过集中使用，分散压力的方式，向本地用户提供接入服务。从某种意义上讲，IAP 是全世界数以亿计用户通往 Internet 的必经之路。Internet 内容提供商在 Internet 上发布综合的或专门的信息，并通过收取广告费和用户注册使用费来获得盈利。

目前，由于网费逐年下降的趋势影响，不少国内的大型 ISP 开始改变自己的发展方向，向用户提供一切服务的 ASP（Application Service Provider）成为趋势。

（2）公用数据网 PDN（Public Data Network）

计算机网络中负责完成节点间通信任务的通信子网称为公用数据网。如英国的 PSS、法国的 TRANSPAC、加拿大的 DATAPAC、美国的 TELENET、欧共体的 EURONET、日本的 DDX-P 等都是公用数据网。我国的公用数据网 CHINAPAC（CNPAC）于 1989 年开通服务。

这些公用数据网对于外部用户提供的界面大都采用了国际标准，即国际电报电话咨询委员会 CCITT 制定的 X.25 建议。规定了用分组方式工作和公用数据网连接的数据终端设备 DTE 和数据电路终端设备 DCE 之间的接口。在计算机接入公用数据网的场合下，DTE 就是指计算机，而公用数据网中的分组交换节点就是 DCE。

X.25 是为同一个网络上用户进行相互通信而设计的。而现在的 X.75 是为各种网络上用户进行相互通信而设计的。X.75 取代了 X.25。

（3）SNA（System Network Architecture）

SNA 是 IBM 公司的计算机网络产品设计规范。1974 年 SNA 适用于面向终端的计算机网络；1976 年 SNA 适用于树型（带树根）的计算机网络；1979 年 SNA 适用于分布式（不带根）的网络；1985 年 SNA 可支持与局域网组成的任意拓扑结构的网络。

4．计算机网络的功能优势

（1）信息传递：通过 E-mail 等系统可传递各种系统（如文本、声音、图像等）；

（2）信息共享：可共享各种数据、文件等信息资源，使用户能够通过网络访问；

（3）硬件和软件共享：打印机、硬盘、光驱等硬件设备都可以通过网络共享出去，供网络上的用户使用，同样也可以将软件（必须能够独立运行）共享出去；

（4）集中管理：通过网络，管理员就可以在网络中的任何一台安装了相应管理软件的计算机上，来管理整个网络（如用户管理、计算机管理、资源管理等）。

1.1.2 网络中的计算机角色

1．网络中的计算机角色

（1）客户机：也就是向服务器请求服务和数据的计算机。

(2)服务器：服务器就是向网络中心的客户机提供服务和数据的计算机。

2．服务器的分类

根据服务器所提供的服务的不同，又可分为多种不同的服务器。

(1) 文件与打印机服务器：为网络中的用户提供文件共享与打印服务。我们可以保存用户的文件到服务器上，在服务器上定期做备份，以保留用户的重要信息；

(2) 数据库服务器：运行专用数据库应用程序，如SQL Server。用户在客户端发出相应的查询请求，服务器在自己的数据库中进行查询，并将查询的结果返回到客户机；

(3) 邮件和传真服务器：为网络用户提供邮件和传真服务；

(4) 目录服务器：目录服务器保存网络上的用户信息和资源信息，提供集中管理网络的手段，负责对用户身份的验证。在Windows 2003中，使用活动目录进行管理。

1.1.3 网络中的连接组件

要实现计算机网络，首先要把计算机物理地连接起来，这就需要使用各种元件把计算机以及各种网络设备连接起来。常用的连接元件包括网线、网卡、无线连接设备等。

1．网卡

网络接口卡（NIC，Network Interface Card）又称网络适配器（NIA，Network Interface Adapter），简称网卡。用于实现联网计算机和网络电缆之间的物理连接，为计算机之间相互通信提供一条物理通道，并通过这条通道进行高速数据传输。

网卡是局域网中最基本的部件之一，它是连接计算机与网络的硬件设备。无论是双绞线连接、同轴电缆连接还是光纤连接，都必须借助于网卡才能实现数据的通信。

在局域网中，每一台联网计算机都需要安装一块或多块网卡，通过介质连接器将计算机接入网络电缆系统。网卡完成物理层和数据链路层的大部分功能，包括网卡与网络电缆的物理连接、介质访问控制（如：CSMA/CD）、数据帧的拆装、帧的发送与接收、错误校验、数据信号的编/解码（如：曼彻斯特代码的转换）、数据的串、并行转换等功能。

网卡的主要工作原理是整理计算机上发往网线上的数据，并将数据分解为适当大小的数据包之后向网络上发送出去。对于网卡而言，每块网卡都有一个唯一的网络节点地址，它是网卡生产厂家在生产时烧入ROM（只读存储芯片）中的，我们把它叫做MAC地址（物理地址），且保证绝对不会重复。

我们日常使用的网卡都是以太网网卡。目前网卡按其传输速度来分可分为10M网卡、10/100M自适应网卡以及千兆（1000M）网卡。如果只是作为一般用途，如日常办公等，比较适合使用10M网卡和10/100M自适应网卡两种。如果应用于服务器等产品领域，就要选择千兆级的网卡。网卡充当计算机与网络电缆之间的接口，在网络通信中有如下作用。

(1) 从操作系统接受数据并转换为电信号发送到网络电缆上；

(2) 接受网络电缆上发来的电信号，并转换为数据信息；

(3) 判断数据中的目标地址是否是本机地址（网卡的MAC地址），是则接受，否则丢弃；

(4)控制数据流。

说明：MAC（Media Access Control）地址是48位二进制地址，也称作物理地址或硬件地址，通常用16进制数表示，如02-50-BA-70-6A-7F。

补充：可以运行下面的命令来查看网卡的MAC地址。

在命令提示符下输入：IPConfig /ALL

2．网线

网线主要用来连接计算机和网络设备，在计算机之间传输数据。常见的网线有以下几种。

（1）双绞线

双绞线（Twisted Pair Cable）是由两根相互绝缘的导线按照一定的规格互相缠绕（一般以顺时针缠绕）在一起而制成的一种通用配线，属于信息通信网络传输介质。

双绞线网是目前最常见的联网方式。它价格便宜，安装方便，但易受干扰，传输率较低，传输距离比同轴电缆要短。

双绞线过去主要是用来传输模拟信号的，但现在同样适用于数字信号的传输。

把两根绝缘的铜导线按一定规格互相绞在一起，可降低信号干扰的程度，每一根导线在传输中辐射的电波会被另一根线上发出的电波抵消。其中外皮所包的导线两两相绞，形成双绞线对，因而得名双绞线。分为屏蔽双绞线（STP）和非屏蔽双绞线（UTP）两种，目前一般的楼宇内布线采用非屏蔽双绞线。使用双绞线时，网络传输距离最远为100米，与计算机的连接使用RJ-45接头。

双绞线由8根不同颜色的线分成4对绞合在一起，成对扭绞的作用是尽可能减少电磁辐射与外部电磁干扰的影响。在EIA/TIA-568标准中，将双绞线按电气特性区分为：3类、4类、5类、超5类线。网络中最常用的是超5类线，目前市场上已有6类以上的双绞线。

- 1类：主要用于传输语音，用于数据传输。
- 2类：传输频率为1MHz，用于语音传输和最高传输速率4Mbps的数据传输，常见于使用4Mbps规范令牌传递协议的旧的令牌网。
- 3类：指目前在ANSI和EIA/TIA568标准中指定的电缆。该电缆的传输频率为16MHz，用于语音传输及最高传输速率为10Mbps的数据传输，主要用于10Base-T。
- 4类：该类电缆的传输频率为20MHz，用于语音传输和最高传输速率16Mbps的数据传输，主要用于基于令牌的局域网和10Base-T/100Base-T。
- 5类：该类电缆增加了绕线密度，外套一种高质量的绝缘材料，传输频率为100MHz，用于语音传输和最高传输速率为100Mbps的数据传输，主要用于100BASE-T和10BASE-T网络，这是最常用的以太网电缆。
- 超5类：超5类具有衰减小，串扰少，并且具有更高的衰减与串扰的比值（ACR）和信噪比（Structural Return Loss）、更小的时延误差，性能得到很大提高。
- 6类：用于构建千兆网络，传输标准为10Base-T/100Base-T/1000Base-T。

补充：STP内部与UTP相同，外包铝箔，Apple、IBM等公司的网络产品要求使用STP双绞线。其特点是速率高、价格便宜、抗干扰能力强，但价格贵。

(2) 同轴电缆

分为粗缆和细缆，现已基本淘汰，在此不再详述。

(3) 光纤

光纤是光导纤维的简写，是一种利用光在玻璃或塑料制成的纤维中的全反射原理而达成的光传导工具。光导纤维由前香港中文大学校长高锟发明。

微细的光纤封装在塑料护套中，使得它能够弯曲而不至于断裂。通常，光纤的一端的发射装置使用发光二极管（LED）或一束激光将光脉冲传送至光纤，光纤的另一端的接收装置使用光敏元件检测脉冲。

在日常生活中，由于光在光导纤维的传导损耗比电在电线传导的损耗低得多，光纤被用作长距离的信息传递。

光纤应用光学方面的原理，由光发送机产生光束，将电信号变为光信号，再把光信号导入光纤。在另一端由光接收机接收光纤上传来的光信号，并把它变为电信号，经解码后再处理。光纤的绝缘、保密性好，常用的光纤分为单模光纤和多模光纤两种。

单模光纤：由激光作光源，仅有一条光通路，传输距离可达 2 公里以上；

多模光纤：又二极管发光，可同时传输多路信号，传输距离在 2 公里以内。

光纤网络的特点是：不受电磁信号的影响，价格昂贵，连接困难，需要使用专门的连接设备和技术人员，常用于主干网，连接多个局域网。在传输速度方面可以到达 100Mbps、1Gbps 乃至 10Gbps。

光纤的缺点是质地较脆、机械强度低，施工人员要有比较好的切断、连接、分路和耦合技术。

(4) 无线连接设备

① 红外线传输：以红外线的方式传输数据，可以很方便地在办公室环境下实现无线连接，传输速度快，但不能穿过障碍物，两个收发机之间必须能够直视，易受其他光源的干扰，一般用于室内通信。

② 窄带无线电传输：使用相同的频率，可穿越障碍物，不需要直视，易受钢筋混凝土墙的影响。

③ "蓝牙"传输

"蓝牙"是一种支持设备短距离通信（一般是 10m 之内）的无线电技术。能在包括移动电话、PDA、无线耳机、笔记本电脑、相关外设等众多设备之间进行无线信息交换。蓝牙的标准是 IEEE802.15，工作在 2.4GHz 频带，带宽为 1Mbps。

"蓝牙"（Bluetooth）原是一位在 10 世纪统一丹麦的国王，他将当时的瑞典、芬兰与丹麦统一起来。用他的名字来命名这种新的技术标准，含有将四分五裂的局面统一起来的意思。蓝牙技术使用高速跳频（FH）和时分多址（TDMA）等先进技术，在近距离内最廉价地将几台数字化设备（各种移动设备、固定通信设备、计算机及其终端设备、各种数字数据系统，如数字照相机、数字摄像机等，甚至各种家用电器、自动化设备）呈网状连接起来。蓝牙技术将是网络中各种外围设备接口的统一桥梁，它消除了设备之间的连线，取而代之以无线连接。

"蓝牙"是一种短距的无线通讯技术，电子装置彼此可以透过蓝牙而连接起来，省去了传统的电线。透过芯片上的无线接收器，配有蓝牙技术的电子产品能够在 10 米的距离内彼此相通，传输速度可以达到每秒钟 1 兆字节。以往红外线接口的传输技术需要电子装置在视线之内的距离，而现在有了蓝牙技术，这样的麻烦也可以免除了。

1.1.4 扩展网络的常用设备

1．交换机

（1）交换机的概念和原理

交换（switching）是按照通信两端传输信息的需要，用人工或设备自动完成的方法，把要传输的信息送到符合要求的相应路由上的技术统称。广义的交换机（switch）就是一种在通信系统中完成信息交换功能的设备。

交换机拥有一条很高带宽的背部总线和内部交换矩阵。交换机的所有的端口都挂接在这条背部总线上，控制电路收到数据包以后，处理端口会查找内存中的地址对照表以确定目的 MAC（网卡的硬件地址）的 NIC（网卡）挂接在哪个端口上，通过内部交换矩阵迅速将数据包传送到目的端口，目的 MAC 若不存在才广播到所有的端口，接收端口回应后交换机会"学习"新的地址，并把它添加入内部 MAC 地址表中。

使用交换机也可以把网络"分段"，通过对照 MAC 地址表，交换机只允许必要的网络流量通过交换机。通过交换机的过滤和转发，可以有效地隔离广播风暴，减少误包和错包的出现，避免共享冲突。

交换机在同一时刻可进行多个端口对之间的数据传输。每一端口都可视为独立的网段，连接在其上的网络设备独自享有全部的带宽，无须同其他设备竞争使用。当节点 A 向节点 D 发送数据时，节点 B 可同时向节点 C 发送数据，而且这两个传输都享有网络的全部带宽，都有着自己的虚拟连接。假使这里使用的是 100Mbps 的以太网交换机，那么该交换机这时的总流通量就等于 2×100Mbps＝200Mbps，而使用 100Mbps 的共享式 Hub 时，一个 Hub 的总流通量也不会超出 100Mbps。交换机网络如图 1.2 所示。

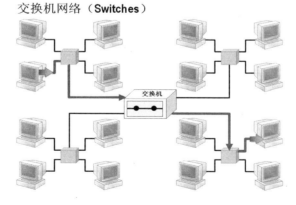

图 1.2　交换机网络

总之，交换机是一种基于 MAC 地址识别，能完成封装转发数据包功能的网络设备。交换机可以"学习"MAC 地址，并把其存放在内部地址表中，通过在数据帧的始发者和目标接收者之间建立临时的交换路径，使数据帧直接由源地址到达目的地址。

(2) 交换机分类

从广义上来看，交换机分为两种：广域网交换机和局域网交换机。广域网交换机主要应用于电信领域，提供通信用的基础平台。而局域网交换机则应用于局域网络，用于连接终端设备，如 PC 机及网络打印机等。从传输介质和传输速度上可分为以太网交换机、快速以太网交换机、千兆以太网交换机、FDDI 交换机、ATM 交换机和令牌环交换机等。从规模应用上又可分为企业级交换机、部门级交换机和工作组交换机等。各厂商划分的尺度并不是完全一致的，一般来讲，企业级交换机都是机架式，部门级交换机可以是机架式（插槽数较少），也可以是固定配置式，而工作组级交换机为固定配置式（功能较为简单）。另一方面，从应用的规模来看，作为骨干交换机时，支持 500 个信息点以上大型企业应用的交换机为企业级交换机，支持 300 个信息点以下中型企业的交换机为部门级交换机，而支持 100 个信息点以内的交换机为工作组级交换机。本文所介绍的交换机指的是局域网交换机。

(3) 交换机功能

- 学习：以太网交换机了解每一端口相连设备的 MAC 地址，并将地址同相应的端口映射起来存放在交换机缓存中的 MAC 地址表中。
- 转发/过滤：当一个数据帧的目的地址在 MAC 地址表中有映射时，它被转发到连接目的节点的端口而不是所有端口（如该数据帧为广播/组播帧则转发至所有端口）。
- 消除回路：当交换机包括一个冗余回路时，以太网交换机通过生成树协议避免回路的产生，同时允许存在后备路径。

交换机除了能够连接同种类型的网络之外，还可以在不同类型的网络（如以太网和快速以太网）之间起到互连作用。如今许多交换机都能够提供支持快速以太网或 FDDI 等的高速连接端口，用于连接网络中的其他交换机或者为带宽占用量大的关键服务器提供附加带宽。

一般来说，交换机的每个端口都用来连接一个独立的网段，但是有时为了提供更快的接入速度，我们可以把一些重要的网络计算机直接连接到交换机的端口上。这样，网络的关键服务器和重要用户就拥有更快的接入速度，支持更大的信息流量。

(4) 交换机方式

交换机通过以下三种方式进行交换。

① 直通式

直通方式的以太网交换机可以理解为在各端口间是纵横交叉的线路矩阵电话交换机。它在输入端口检测到一个数据包时，检查该包的包头，获取包的目的地址，启动内部的动态查找表转换成相应的输出端口，在输入与输出交叉处接通，把数据包直通到相应的端口，实现交换功能。由于不需要存储，延迟非常小、交换非常快，这是它的优点。它的缺点是，因为数据包内容并没有被以太网交换机保存下来，所以无法检查所传送的数据包是否有误，不能提供错误检测能力。由于没有缓存，不能将具有不同速率的输入/输出端口直接接通，而且容易丢包。

② 存储转发

存储转发方式是计算机网络领域应用最为广泛的方式。它把输入端口的数据包先存储起来，然后进行 CRC（循环冗余码校验）检查，在对错误包处理后才取出数据包的目的地址，通过查找表转换成输出端口送出包。正因如此，存储转发方式在数据处理时延时大，这是它的不足，但是它可以对进入交换机的数据包进行错误检测，有效地改善网络性能。尤其重要的是它可以支持不同速度的端口间的转换，保持高速端口与低速端口间的协同工作。

③ 碎片隔离

这是介于前两者之间的一种解决方案。它检查数据包的长度是否够 64 个字节，如果小于 64 字节，说明是假包，则丢弃该包；如果大于 64 字节，则发送该包。这种方式也不提供数据校验。它的数据处理速度比存储转发方式快，但比直通式慢。

2．路由器

（1）路由器的概念

要解释路由器的概念，首先要介绍什么是路由。所谓"路由"，是指把数据从一个网络传送到另一个网络的行为和动作。而路由器，正是执行这种行为动作的机器，它的英文名称为 Router。是使用一种或者更多度量因素的网络层设备，它决定网络通信能够通过的最佳路径。路由器依据网络层信息将数据包从一个网络前向转发到另一个网络。目前有时也称为网关。

路由器是互联网络中必不可少的网络设备之一，路由器是一种连接多个网络或网段的网络设备，它能将不同网络或网段之间的数据信息进行"翻译"，以使它们能够相互"读"懂对方的数据，从而构成一个更大的网络。路由器有两大典型功能，即数据通道功能和控制功能。数据通道功能包括转发决定、背板转发以及输出链路调度等，一般由特定的硬件来完成；控制功能一般用软件来实现，包括与相邻路由器之间的信息交换、系统配置、系统管理等。路由器网络如图 1.3 所示。

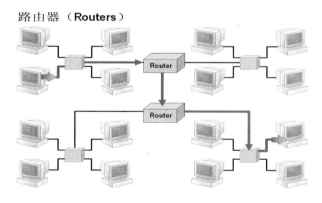

图 1.3　路由器网络

（2）路由器的工作原理

① 路由器接收来自它连接的某个网站的数据。

② 路由器将数据向上传递，并且（必要时）重新组合 IP 数据报。

③ 路由器检查 IP 头部中的目的地址，如果目的地址位于发出数据的那个网络，那么路由器就放下被认为已经达到目的地的数据，因为数据是在目的计算机所在网络上传输。

④ 如果数据要送往另一个网络，那么路由器就查询路由表，以确定数据要转发到的目的地。

⑤ 路由器确定哪个适配器负责接收数据后，就通过相应的软件传递数据，以便通过网络来传送数据。

（3）路由器的功能

简单地讲，路由器主要有以下几种功能：

① 网络互连：路由器支持各种局域网和广域网接口，主要用于互连局域网和广域网，实现不同网络互相通信；

② 数据处理：提供包括分组过滤、分组转发、优先级、复用、加密、压缩和防火墙等功能；

③ 网络管理：路由器提供包括配置管理、性能管理、容错管理和流量控制等功能。

路由器（Router）是一种负责寻径的网络设备，它在因特网中从多条路径中寻找通讯量最少的一条网络路径提供给用户通信。路由器用于连接多个逻辑上分开的网络。对用户提供最佳的通信路径，路由器利用路由表为数据传输选择路径，路由表包含网络地址以及各地址之间距离的清单，路由器利用路由表查找数据包从当前位置到目的地址的正确路径。路由器使用最少时间算法或最优路径算法来调整信息传递的路径，如果某一网络路径发生故障或堵塞，路由器可选择另一条路径，以保证信息的正常传输。路由器可进行数据格式的转换，成为不同协议之间网络互连的必要设备。

路由器使用寻径协议来获得网络信息，采用基于"寻径矩阵"的寻径算法和准则来选择最优路径。按照 OSI 参考模型，路由器是一个网络层系统。路由器分为单协议路由器和多协议路由器。

为了完成"路由"的工作，在路由器中保存着各种传输路径的相关数据——路由表（Routing Table），供路由选择时使用。路由表中保存着子网的标志信息、网上路由器的个数和下一个路由器的名字等内容。路由表可以是由系统管理员固定设置好的，也可以由系统动态修改，可以由路由器自动调整，也可以由主机控制。在路由器中涉及两个有关地址的名字概念，那就是：静态路由表和动态路由表。由系统管理员事先设置好固定的路由表称之为静态（static）路由表，一般是在系统安装时就根据网络的配置情况预先设定的，它不会随未来网络结构的改变而改变。动态（Dynamic）路由表是路由器根据网络系统的运行情况而自动调整的路由表。路由器根据路由选择协议（Routing Protocol）提供的功能，自动学习和记忆网络运行情况，在需要时自动计算数据传输的最佳路径。

（4）增加路由器涉及的几个基本协议

路由器是一种用于连接多个网络或网段的网络设备。这些网络可以是几个使用不同协议和体系结构的网络（比如互联网与局域网），可以是几个不同网段的网络（比如大型互联网中不同部门的网络），当数据信息从一个部门网络传输到另外一个部门网络时，可以用路由器完成。现在，家庭局域网也越来越多地采用路由器宽带共享的方式上网。

路由器在连接不同网络或网段时，可以对这些网络之间的数据信息进行"翻译"，然后"翻译"成双方都能"读"懂的数据，这样就可以实现不同网络或网段间的互联互通。同时，它还具有判断网络地址和选择路径的功能以及过滤和分隔网络信息流的功能。目前，路由器已成为各种骨干网络内部之间、骨干网之间以及骨干网和互联网之间连接的枢纽。

NAT：全称 Network Address Translation（网络地址转换），路由器通过 NAT 功能可以将局域网内部的 IP 地址转换为合法的 IP 地址并进行 Internet 的访问。比如，局域网内部有个 IP 地址为 192.168.0.1 的计算机，当然通过该 IP 地址可以和内网其他的计算机通信；但是如果该计算机要访问外部 Internet 网络，那么就需要通过 NAT 功能将 192.168.0.1 转换为合法的广域网 IP 地址，比如 210.113.25.100。

DHCP：全称 Dynamic Host Configuration Protocol（动态主机配置协议），通过 DHCP 功能，路由器可以为网络内的主机动态指定 IP 地址，而不需要每个用户去设置静态 IP 地址，并将 TCP/IP 配置参数分发给局域网内合法的网络客户端。

DDNS：全称 Dynamic Domain Name Server（动态域名解析系统），通常称为"动态 DNS"，因为对于普通的宽带上网使用的都是 ISP（网络服务商）提供的动态 IP 地址。如果在局域网内建立了某个服务器需要 Internet 用户进行访问，那么，可以通过路由器的 DDNS 功能将动态 IP 地址解析为一个固定的域名，比如 www.cpcw.com，这样 Internet 用户就可以通过该固定域名对内网服务器进行访问。

PPPoE：全称 Point to Point Protocol over Ethernet（以太网上的点对点协议），通过 PPPoE 技术，可以让宽带调制解调器（ADSL、Modem）用户获得宽带网的个人身份验证访问，能为每个用户创建虚拟拨号连接，这样就可以高速连接到 Internet。路由器具备该功能，可以实现 PPPoE 的自动拨号连接，这样与路由器连接的用户可以自动连接到 Internet。

ICMP：全称 Internet Control Message Protocol（Internet 控制消息协议），该协议是 TCP/IP 协议集中的一个子协议，主要用于在主机与路由器之间传递控制信息，包括报告错误、交换受限控制和状态信息等。

（5）路由器与交换机的区别

路由器与交换机的主要区别体现在以下几个方面。

① 工作层次不同

最初的交换机是工作在 OSI/RM 开放体系结构的数据链路层，也就是第二层，而路由器一开始就设计工作在 OSI 模型的网络层。由于交换机工作在 OSI 的第二层（数据链路层），所以它的工作原理比较简单，而路由器工作在 OSI 的第三层（网络层），可以得到更多的协议信息，路由器可以做出更加智能的转发决策。

② 数据转发所依据的对象不同

交换机是利用物理地址或者说 MAC 地址来确定转发数据的目的地址。而路由器则是利用不同网络的 ID 号（即 IP 地址）来确定数据转发的地址。IP 地址是在软件中实现的，描述的是设备所在的网络，有时这些第三层的地址也称为协议地址或者网络地址。MAC 地址通常是硬件自带的，由网卡生产商来分配的，而且已经固化到了网卡中去，一般来说是不可更改的。而 IP 地址则通常由网络管理员或系统自动分配。

③ 传统的交换机只能分割冲突域，不能分割广播域；而路由器可以分割广播域

由交换机连接的网段仍属于同一个广播域，广播数据包会在交换机连接的所有网段上传播，在某些情况下会导致通信拥挤和安全漏洞。连接到路由器上的网段会被分配成不同的广播域，广播数据不会穿过路由器。虽然第三层以上交换机具有 VLAN 功能，也可以分割广播域，但是各子广播域之间是不能通信交流的，它们之间的交流仍然需要路由器。

现在有些工作在第三层（网络层）的交换机，也能实现路由器的功能。局域网里已普遍使用交换机，代替以前的路由器。局域网与广域网的互联才使用路由器。

④ 路由器提供了防火墙的服务

路由器仅仅转发特定地址的数据包，不传送不支持路由协议的数据包传送和未知目标网络数据包的传送，从而可以防止广播风暴。

交换机一般用于 LAN-WAN 的连接，交换机归于网桥，是数据链路层的设备，有些交换机也可实现第三层的交换。路由器用于 WAN-WAN 之间的连接，可以解决异性网络之间转发分组，作用于网络层。他们只是从一条线路上接受输入分组，然后向另一条线路转发。这两条线路可能分属于不同的网络，并采用不同协议。相比较而言，路由器的功能较交换机要强大，但速度相对也慢，价格昂贵，第三层交换机既有交换机线速转发报文能力，又有路由器良好的控制功能，因此得以广泛应用。

目前扩展网络主要还是以交换机、路由器的组合使用为主，具体的组合方式可根据具体的网络情况和需求来确定。

1.1.5 网络操作系统

网络操作系统（NOS），是网络的心脏和灵魂，是向网络计算机提供网络通信和网络资源共享功能的操作系统。它是负责管理整个网络资源和方便网络用户的软件的集合。由于网络操作系统是运行在服务器之上的，所以有时我们也把它称之为服务器操作系统。

网络操作系统与运行在工作站上的单用户操作系统（如 Windows98 等）或多用户操作系统由于提供的服务类型不同而有差别。一般情况下，网络操作系统是以使网络相关特性最佳为目的的。如共享数据文件、软件应用以及共享硬盘、打印机、调制解调器、扫描仪和传真机等。一般计算机的操作系统，如 DOS 和 OS/2 等，其目的是让用户与系统及在此操作系统上运行的各种应用之间的交互作用最佳。

1．常见的网络操作系统

（1）Windows 类

对于这类操作系统相信用过电脑的人都不会陌生，这是全球最大的软件开发商——Microsoft（微软）公司开发的。微软公司的 Windows 系统不仅在个人操作系统中占有绝对优势，它在网络操作系统中也是具有非常强劲的力量。这类操作系统配置在整个局域网配置中是最常见的，但由于它对服务器的硬件要求较高，且稳定性能不是很高，所以微软的网络操作系统一般只是用在中低档服务器中，高端服务器通常采用 Unix、LINUX 或 Solaris 等非 Windows 操作系统。在局域网中，微软的网络操作系统主要有：Windows NT 4.0 Server、Windows 2000 Server/Advance Server 以及 Windows 2003 Server/ Advance Server 和最新的

Windows 2008 Server/Advance Server 等，工作站系统可以采用任一 Windows 或非 Windows 操作系统，包括个人操作系统，如 Windows 9x/ME/XP 等。

（2）NetWare 类

NetWare 操作系统虽然远不如早几年那么风光，在局域网中早已失去了当年雄霸一方的气势，但是 NetWare 操作系统仍以对网络硬件的要求较低（工作站只要是 286 机就可以了）而受到一些设备比较落后的中、小型企业，特别是学校。目前常用的版本有 3.11、3.12 和 4.10、V4.11，V5.0 等中英文版本，NetWare 服务器对无盘站和游戏的支持较好，常用于教学网和游戏厅。目前这种操作系统有市场占有率呈下降趋势，这部分的市场主要被 Windows 2000、2003 Server 和 Linux 系统瓜分了。

（3）Unix 类

目前常用的 Unix 系统版本主要有：Unix SUR4.0、HP-UX 11.0、SUN 的 Solaris8.0 等。支持网络文件系统服务，提供数据等应用，功能强大，由 AT&T 和 SCO 公司推出。这种网络操作系统稳定和安全性能非常好，但由于它多数是以命令方式来进行操作的，不容易掌握，特别是初级用户。正因如此，小型局域网基本不使用 Unix 作为网络操作系统，Unix 一般用于大型的网站或大型的企、事业局域网中。Unix 网络操作系统历史悠久，其良好的网络管理功能已为广大网络 用户所接受，拥有丰富的应用软件的支持。目前 Unix 网络操作系统的版本有：AT&T 和 SCO 的 UnixSVR3.2、SVR4.0 和 SVR4.2 等。Unix 本是针对小型机主机环境开发的操作系统，是一种集中式分时多用户体系结构。因其体系结构不够合理，Unix 的市场占有率呈下降趋势。

（4）Linux 类

这是一种新型的网络操作系统，它的最大的特点就是源代码开放，可以免费得到许多应用程序。目前也有中文版本的 Linux，如 RedHat（红帽子），红旗 Linux 等。在国内得到了用户充分的肯定，主要体现在它的安全性和稳定性方面，它与 Unix 有许多类似之处。但目前这类操作系统目前使仍主要应用于中、高档服务器中。

2．网络操作系统的作用

使计算机能够在网上进行互操作，为网络上的计算机提供以下基本服务：
（1）协调网络上各设备之间的活动；
（2）为网络客户提供对网络资源的访问；
（3）保护数据与设备的安全；
（4）为网络上不同的应用程序之间提供通讯的机制。还有提他的一些特点：如快速恢复、支持 SMP、支持集群、数据安全等。

1.2 计算机网络类型

1.2.1 计算机网络的分类

计算机网络的分类标准有很多，可以从覆盖范围、拓扑结构、交换方式、传输介质、通信方式等方面进行分类。

1．根据网络的覆盖范围分类

根据网络的覆盖范围进行分类，计算机网络可以分为三种基本类型：局域网（LAN）、城域网（MAN）和广域网（WAN）。这种分类方法也是目前比较流行的一种方法。

（1）局域网

局域网也称为局部网，是指在有限的地理范围内构成的规模相对较小的计算机网络。它具有很高的传输速率（1～20Mbps），其覆盖范围一般不超过几十千米，通常将一座大楼或一个校园内分散的计算机连接起来构成局域网。它的特点是分布距离近（通常在1000～2000m范围内），传输速度高，连接费用低，数据传输可靠，误码率低。

（2）城域网

城域网也称为市域网，它是在一个城市内部组建的计算机网络，提供全市的信息服务。城域网是介于广域网与局域网之间的一种高速网络，其覆盖范围可达数百千米，传输速率从64Kbps到几Gbps，通常是将一个地区或一座城市内的局域网连接起来构成城域网。城域网一般具有以下几个特点：采用的传输介质相对复杂；数据传输速率次于局域网；数据传输距离相对局域网要长，信号容易受到干扰；组网比较复杂，成本较高。

（3）广域网

广域网也称为远程网，它的联网设备分布范围很广，一般从几十千米到几千千米。它所涉及的地理范围可以是市、地区、省、国家，乃至世界范围。广域网是通过卫星、微波、无线电、电话线、光纤等传输介质连接的国家网络和国际网络，它是全球计算机网络的主干网络。广域网一般具有以下几个特点：地理范围没有限制；传输介质复杂；由于长距离的传输，数据的传输速率较低，且容易出现错误，采用的技术比较复杂；是一个公共的网络，不属于任何一个机构或国家。

2．根据网络的交换方式分类

根据计算机网络的交换方式，可以将计算机网络分为电路交换网、报文交换网和分组交换网三种类型。

（1）电路交换网

电路交换方式是在用户开始通信前，先申请建立一条从发送端到接收端的物理信道，并且在双方通信期间始终占用该信道。

（2）报文交换网

报文交换方式是把要发送的数据及目的地址包含在一个完整的报文内，报文的长度不受限制。报文交换采用存储-转发原理，每个中间节点要为途经的报文选择适当的路径，使其能最终到达目的端。

（3）分组交换网

分组交换方式是在通信前，发送端先把要发送的数据划分为一个个等长的单位（即分组），这些分组逐个由各中间节点采用存储-转发方式进行传输，最终到达目的端。由于分组长度有限，可以比报文更加方便地在中间节点机的内存中进行存储处理，其转发速度大大提高。

3．根据网络的传输介质分类

根据网络的传输介质，可以将计算机网络分为有线网、光纤网和无线网三种类型。

(1) 有线网

有线网是采用同轴电缆或双绞线连接的计算机网络。用同轴电缆连接的网络成本低，安装较为便利，但传输率和抗干扰能力一般，传输距离较短。用双绞线连接的网络价格便宜，安装方便，但其易受干扰，传输率也比较低，且传输距离比同轴电缆要短。

(2) 光纤网

光纤网也是有线网的一种，但由于它的特殊性而单独列出。光纤网是采用光导纤维作为传输介质的，光纤传输距离长，传输率高；抗干扰性强，不会受到电子监听设备的监听，是高安全性网络的理想选择。但其成本较高，且需要高水平的安装技术。

(3) 无线网

无线网是用电磁波作为载体来传输数据的，目前无线网联网费用较高，还不太普及。但由于联网方式灵活方便，是一种很有前途的联网方式。

4．根据网络的通信方式分类

根据网络的通信方式可分为广播式传输网络和点到点传输网络。

(1) 广播式传输网络

广播式传输网络是指其数据在公用介质中传输。即所有联网的计算机都共享一个通信信道。如，无线网和总线型网络就采用这种传输方式。

(2) 点到点传输网络

点到点传输网络是指数据以点到点的方式在计算机或通信设备中传输。它与广播网络正好相反，在点对点式网络中，每条物理线路连接一对计算机，如星形网和环形网采用这种传输方式。

5．根据网络的拓扑结构分类

按计算机网络的拓扑结构分类有：星形、总线型、环型、树型、网型。具体描述参见1.2.3 节。

除了以上几种分类方法外，还可按网络信道的带宽分为窄带网和宽带网；按网络不同的用途分为科研网、教育网、商业网、企业网等。

1.2.2　计算机网络的应用

计算机网络的应用范围：
- 办公自动化（OA）
- 电子数据交换（EDI）
- 远程交换（Telecommuting）
- 远程教育（Distance Education）

- 电子银行
- 电子公告板系统 BBS（Bulletin Board System）
- 证券及期货交易
- 广播分组交换
- 校园网（Campus Network）
- 信息高速公路
- 企业网
- 智能大厦和结构化综合布线系统

1.2.3 计算机网络的拓扑结构

网络拓扑结构是网络中的通信线路，计算机以及其他组件的物理布局。它主要影响网络设备的类型和性能、网络的扩张潜力，以及网络的管理模式等。按网络拓扑结构分类，通常分为总线型拓扑、星形拓扑、环型拓扑以及它们的混合型拓扑。

1. 总线型拓扑结构

总线型拓扑结构指使用同一媒体或电缆连接所有端用户的方式，其传输介质是单根传输线，通过相应的硬件接口将所有的站点直接连接到干线电缆即是总线上，如图 1.4 所示。

任一时刻只有一台机器是主站，可向其他站点发送信息。其传递方向总是从发送信息的节点开始向两端扩散，因此称为"广播式计算机网络"

使用这种结构必须解决的一个问题就是要确保两台或更多台机器同时发送信息时不出现冲突。这就需要引入一种仲裁机制来进行判决。例如当两个或更多的分组发生冲突时，计算机就等待一段时间，然后尝试发送。该机制可以采用分布式的，也可以是集中式的。

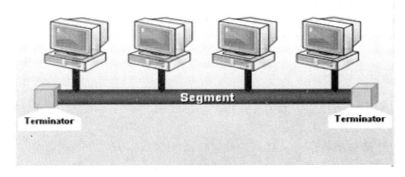

图 1.4 总线型拓扑示意图

终结器（Terminator）：信号在缆线的两端发生反射，从而干扰了其他计算机的信号，所以需要在缆线的两端各装一个终结器，用于吸收信号。

总线拓扑的优点有：构简单、易于扩充，控制简单，便于组网，消耗的电缆长度最短，造价成本低，以及某个站点的故障一般不会影响整个网络等。

总线拓扑的缺点是可靠性较低，重载下网络性能差，总线上一点故障将导致全网的故障，不容易扩展以及查找分支故障困难等。

2．星形拓扑结构

星形拓扑结构指各工作站以星形方式连接成网，网络的中央节点和其他节点直接相连。这种结构以中央节点为中心，因此又称为"集中式网络"，如图 1.5 所示。

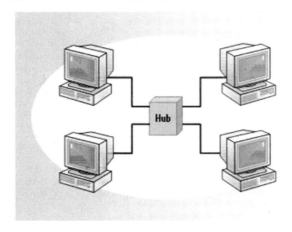

图 1.5　星拓扑示意图

在星形拓扑中，所有的计算机都连接在一个称为集线器（Hub）或称为交换机（Switch）的中央设备上，计算机把信号发送到集线器或交换机，再由集线器或交换机传递给每台计算机。为了提高网络传输性能，在组网时集线器基本被淘汰，代之以性能更高的交换机。

星形拓扑结构的主要优点体现在以下几个方面。

(1) 网络传输数据快

因为整个网络呈星形连接，网络的上行通道不是共享的，所以每个节点的数据传输对其他节点的数据传输影响非常之小，这样就加快了网络数据传输速度。不同于下面将要介绍的环形网络所有节点的上、下行通道都共享一条传输介质，而同一时刻只允许一个方向的数据传输。其他节点要进行数据传输只有等到现有数据传输完毕后才可。另外，星形结构所对应的双绞线和光纤以太网标准的传输速率可以非常高，如普通的 5 类、超 5 类都可以通过 4 对芯线实现 1000Mbps 传输，7 类屏蔽双绞线则可以实现 10Gbps，光纤则更是可以轻松实现千兆位、万兆位的传输速率。而后将要介绍的环型、总线型结构中所对应的标准速率都在 16Mbps 以内，明显低了许多。

(2) 实现容易，成本低

星形结构所采用的传输介质通常采用常见的双绞线（也可以采用光纤），这种传输介质相对其他传输介质（如同轴电缆和光纤）来说比较便宜。

(3) 节点扩展、移动方便

在这种星形网络中，节点的扩展时只需要从交换机等集中设备空余端口中拉一条电缆即可；而要移动一个节点只需要把相应节点设备连接网线从设备端口拔出，然后移到新设备端口即可，并不影响其他任何已有设备的连接和使用，不会像下面将要介绍的环形网络那样"牵一发而动全身"。

(4) 维护容易

在星形网络中，每个节点都是相对独立的，一个节点出现故障不会影响其他节点的连接，可任意拆走故障节点。正因如此，这种网络结构受到用户的普遍欢迎，成为应用最广的一种拓扑结构类型。但如果集线设备出现了故障，也会导致整个网络的瘫痪。

星形拓扑结构的主要缺点体现在如下几个方面。

(1) 核心交换机工作负荷重

虽然说各工作站用户连接的是不同的交换机，但是最终还是要与连接在网络中央核心交换机上的服务器进行用户登录和网络服务器访问的，所以，中央核心交换机的工作负荷相当繁重，要求担当中央设备的交换机的性能和可靠性非常高。其他各级集线器和交换机也连接多个用户，其工作负荷同样非常重，也要求具有较高的可靠性。

(2) 网络布线较复杂

每个计算机直接采用专门的网线电缆与集线设备相连，这样整个网络中至少就需要所有计算机及网络设备总量以上条数的网线电缆，使得本身结构就非常复杂的星形网络变得更加复杂了。特别是在大中型企业网络的机房中，太多的电缆无论对维护、管理，还是机房安全都是一个威胁。这就要求我们在布线时要多加注意，一定要在各条电缆和集线器和交换机端口上做好相应的标记。同时最建议做好整体布线书面记录，以备日后出现布线故障时能迅速找到故障发生点。另外，由于这种星形网络中的每条电缆都是专用的，利用率不高，在较大的网络中，这种浪费还是相当大的。

(3) 广播传输，影响网络性能

其实这是以太网的一个不足，但因星形网络结构主要应用于以太网中，所以相应也就成了星形网络的一个缺点。因为在以太网中，当集线器收到节点发送的数据时，采取的是广播发送方式，任何一个节点发送信息在整个网中的节点都可以收到，严重影响了网络性能的发挥。虽然说交换机具有 MAC 地址"学习"功能，但对于那些以前没有识别的节点发送来的数据，同样是采取广播方式发送的，所以同样存在广播风暴的负面影响，当然交换机的广播影响要远比集线器的小，在局域网中使用影响不大。

综上所述，星形拓扑结构是一种应用广泛的有线局域网拓扑结构，由于它采用的是廉价的双绞线，而且非共享传输通道，传输性能好，节点数不受技术限制，扩展和维护容易，所以它又是一种经济、实用的网络拓扑结构。但受到单段双绞线长度 100 米的限制，所以它仅应用于小范围（如同一楼层）的网络部署。超过这个距离，要么用到成本较高的光纤作为传输介质（不仅是传输介质的改变，相应设备也要有相应接口），要么用到同轴电缆。但采用同轴电缆作为传输介质时，已不是星形结构网络了，况且同轴电缆的价格也较双绞线的贵，特别是粗同轴电缆。

3．环型拓扑结构

环型拓扑结构一般是指网络的逻辑拓扑结构，信号沿环形的方向在网络中传播，依次通过每台计算机，每台计算机都是一个中继器，把信号放大并传给下一台计算机。所以，任何一台计算机出现故障都会影响整个网络，如图 1.6 所示。

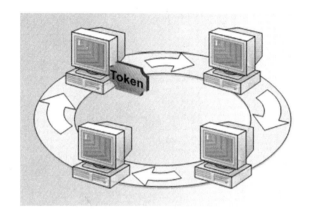

图 1.6　环型拓扑示意图

优点：没有碰撞，性能较高。
缺点：成本较高，较少用。
特点：一般使用双绞线、粗缆、或光纤连接。

4．网型拓扑结构

在这种拓扑中，计算机两两相连，提供了容错功能，常用于连接多个局域网。优点是容错性能好。缺点是浪费连接电缆，组建成本高，如图 1.7 所示。

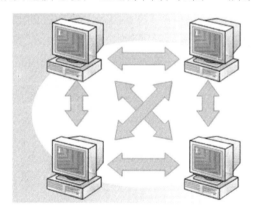

图 1.7　网型拓扑结构示意图

5．混合拓扑结构

- 星形总线型：单个网段内的计算机通过集线器或交换机通信，网段之间通过总线通信，容易发生碰撞，影响传输性能。
- 星形环型：单个网段内的计算机通过集线器或交换机通信，网段之间使用环网通信，环上不会发生碰撞，传输性能优良。

混合拓扑结构如图 1.8 所示。

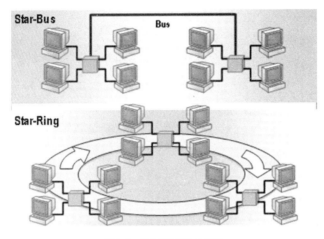

图1.8　混合拓扑结构示意图

1.3　网络协议

网络上的计算机之间又是如何交换信息的呢？就像我们说话用某种语言一样，在网络上的各台计算机之间也有一种语言，这就是网络协议，不同的计算机之间必须使用相同的网络协议才能进行通信。

网络协议是网络上所有设备（网络服务器、计算机及交换机、路由器、防火墙等）之间通信规则的集合，它定义了通信时信息必须采用的格式和这些格式的意义。大多数网络都采用分层的体系结构，每一层都建立在它的下层之上，向它的上一层提供一定的服务，而把如何实现这一服务的细节对上一层加以屏蔽。一台设备上的第 n 层与另一台设备上的第 n 层进行通信的规则就是第 n 层协议。在网络的各层中存在着许多协议，接收方和发送方同层的协议必须一致，否则一方将无法识别另一方发出的信息。网络协议使网络上各种设备能够相互交换信息。一个网络协议至少包括三要素：

（1）语法，用来规定信息格式；
（2）语义，用来说明通信双方应当怎么做；
（3）时序，详细说明事件的先后顺序。

1.3.1　网络协议的类型

网络协议可以分成以下两种类型：
（1）开放协议：工业标准协议，不属于任何公司，广泛被人们使用，如：TCP/IP；
（2）私有协议：某个公司自己所开发的协议，如 Novell 公司开发的 IPX/SPX 协议，用于 NetWare 网络。

1.3.2　OSI 模型

在制定计算机网络标准方面，起着重大作用的两大国际组织是：国际电报与电话咨询委员会（CCITT）与国际标准化组织（ISO），虽然它们工作领域不同，但随着科学技术的发展，通信与信息处理之间的界限开始变得比较模糊，这也成了 CCITT 和 ISO 共同关心的领域。1974年，ISO发布了著名的ISO/IEC 7498标准，它定义了网络互联的7层框架，也就是开放式系统互联参考模型，如图1.9所示。

OSI是一个定义良好的协议规范集，并有许多可选部分完成类似的任务。

它定义了开放系统的层次结构、层次之间的相互关系以及各层所包括的可能的任务。是作为一个框架来协调和组织各层所提供的服务。

但是OSI参考模型并没有提供一个可以实现的方法，而是描述了一些概念，用来协调进程间通信标准的制定。即OSI参考模型并不是一个标准，而是一个在制定标准时所使用的概念性框架。事实上的标准是TCP/IP参考模型。

图1.9 OSI七层参考模型图

OSI各层的功能如下。

- 物理层：物理层规定了激活、维持、关闭通信端点之间的机械特性、电气特性、功能特性以及过程特性。该层为上层协议提供了一个传输数据的物理媒体。在这一层，数据的单位称为比特（bit）。属于物理层定义的典型规范代表包括：EIA/TIA RS-232、EIA/TIA RS-449、V.35、RJ-45等。
- 数据链路层：数据链路层在不可靠的物理介质上提供可靠的传输。该层的作用包括：物理地址寻址、数据的成帧、流量控制、数据的检错、重发等。在这一层，数据的单位称为帧（frame）。数据链路层协议的代表包括：SDLC、HDLC、PPP、STP、帧中继等。
- 网络层：网络层负责对子网间的数据包进行路由选择。网络层还可以实现拥塞控制、网际互联等功能。在这一层，数据的单位称为数据包（packet）。网络层协议的代表包括：IP、IPX、RIP、OSPF等
- 传输层：传输层是第一个端到端，即主机到主机的层次。传输层负责将上层数据分段并提供端到端的、可靠的或不可靠的传输。此外，传输层还要处理端到端的差错控制和流量控制问题。在这一层，数据的单位称为数据段（segment）。传输层协议的代表包括：TCP、UDP、SPX等。
- 会话层：会话层管理主机之间的会话进程，即负责建立、管理、终止进程之间的会话。会话层还利用在数据中插入校验点来实现数据的同步。
- 表示层：表示层对上层数据或信息进行变换以保证一个主机应用层信息可以被另

一个主机的应用程序理解。表示层的数据转换包括数据的加密、压缩、格式转换等。
- 应用层：应用层为操作系统或网络应用程序提供访问网络服务的接口。应用层协议的代表包括：HTTP、FTP、Telnet、SNMP 等。

1.3.3 常用的网络协议

常见的协议有：TCP/IP 协议、IPX/SPX 协议、NetBEUI 协议等。目前在局域网中常用的是 TCP/IP。

TCP/IP 是"Transmission Control Protocol/Internet Protocol"的简写，中文译名为传输控制协议/互联网络协议）协议，TCP/IP（传输控制协议/网间协议）是一种网络通信协议，它规范了网络上的所有通信设备，尤其是一个主机与另一个主机之间的数据往来格式以及传送方式。TCP/IP 是 Internet 的基础协议，也是一种电脑数据打包和寻址的标准方法。在数据传送中，可以形象地理解为有两个信封，TCP 和 IP 就像是信封，要传递的信息被划分成若干段，每一段塞入一个 TCP 信封，并在该信封面上记录有分段号的信息，再将 TCP 信封塞入 IP 大信封，发送上网。在接受端，一个 TCP 软件包收集信封，抽出数据，按发送前的顺序还原，并加以校验，若发现差错，TCP 将会要求重发。因此，TCP/IP 在 Internet 中几乎可以无差错地传送数据。对普通用户来说，并不需要了解网络协议的整个结构，仅需了解 IP 的地址格式，即可与世界各地进行网络通信。

IPX/SPX 是基于施乐的 XNS 协议，而 SPX 是基于施乐的 SPP（Sequenced Packet Protocol，顺序包协议）协议，它们都是由 Novell 公司开发出来应用于局域网的一种高速协议。它和 TCP/IP 的一个显著不同就是它不使用 IP 地址，而是使用网卡的物理地址。在实际使用中，它基本不需要什么设置，装上就可以使用了。由于其在网络普及初期发挥了巨大的作用，所以得到了很多厂商的支持，包括 Microsoft 等，到现在很多软件和硬件也均支持这种协议。

NetBEUI 即 NetBIOS Enhanced User Interface，或 NetBIOS 增强用户接口。它是 NetBIOS 协议的增强版本，曾被许多操作系统采用，例如 Windows for Workgroup、Win 9x 系列、Windows NT 等。NETBEUI 协议在许多情形下很有用，是 Windows98 之前的操作系统的缺省协议。总之 NetBEUI 协议是一种短小精悍、通信效率高的广播型协议，安装后不需要进行设置，特别适合于在"网络邻居"传送数据。所以建议除了 TCP/IP 协议之外，局域网的计算机最好也安上 NetBEUI 协议。另外还有一点要注意，如果一台只装了 TCP/IP 协议的 Windows98 机器要想加入到 Windows NT 域，也必须安装 NetBEUI 协议。

1.3.4 TCP/IP 协议介绍

在 Windows Server 2003 中，TCP/IP 协议是默认安装的协议。TCP/IP 协议作为一个工业方面的标准，许多大型的网络都依赖于 TCP/IP 来承担大量的网络通信。因此，在一个 Windows Server 2003 的网络中，需要了解有关 TCP/IP 协议的内容。

在这一节我们将要学习有关 TCP/IP 协议的相关知识。

1．TCP/IP 简介

TCP/IP 是用于计算机通信的一组协议，我们通常称它为 TCP/IP 协议族。它是 20 世纪 70 年代中期美国国防部为其 ARPANet 广域网开发的网络体系结构和协议标准，以它为基础组建的 Internet 是目前国际上规模最大的计算机网络，正因为 Internet 的广泛使用，使得 TCP/IP 成了事实上的标准。之所以说 TCP/IP 是一个协议族，是因为 TCP/IP 协议包括 TCP、IP、UDP、ICMP、RIP、TelnetFTP、SMTP、ARP、TFTP 等许多协议，这些协议一起称为 TCP/IP 协议。以下我们对协议族中一些常用协议英文名称和用途作一介绍。

- TCP（Transport Control Protocol）传输控制协议
- IP（Internetworking Protocol）网间网协议
- UDP（User Datagram Protocol）用户数据报协议
- ICMP（Internet Control Message Protocol）互联网控制信息协议
- SMTP（Simple Mail Transfer Protocol）简单邮件传输协议
- SNMP（Simple Network manage Protocol）简单网络管理协议
- FTP（File Transfer Protocol）文件传输协议
- ARP（Address Resolution Protocol）地址解析协议

2．TCP/IP 的分层结构

从协议分层模型方面来讲，TCP/IP 由四个层次组成：网络接口层、网间网层、传输层、应用层，如图 1.10 所示。

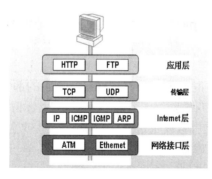

图 1.10　TCP/IP 的分层结构图

其中：

（1）网络接口层：这是 TCP/IP 软件的最低层，负责把数据发送到网络媒体以及从网络媒体上接收数据。接收 IP 数据报并通过网络发送之，或者从网络上接收物理帧，抽出 IP 数据报，交给 IP 层。

（2）网际网（Internet）层：将数据分组并进行必要的路由选择。负责相邻计算机之间的通信。其功能包括三方面：①处理来自传输层的分组发送请求，收到请求后，将分组装入 IP 数据报，填充报头，选择去往信宿机的路径，然后将数据报发往适当的网络接口。②处理输入数据报：首先检查其合法性，然后进行寻径——假如该数据报已到达信宿机，则去掉报头，将剩下部分交给适当的传输协议；假如该数据报尚未到达信宿，则转发该数据报。③处理路径、流控、拥塞等问题。其中：

- IP：负责相应的寻址。
- ARP：地址解析协议，通过目标计算机的 IP 地址查找其 MAC 地址。
- ICMP：Internet 控制消息协议，诊断和报告网络上的数据传输错误。
- IGMP：Internet 组管理协议，负责多路广播。

（3）应用层：向用户提供一组常用的应用程序，提供应用程序与网络之间的接口，所有的应用程序都通过应用层来访问网络。比如 HTTP 用于访问 Web 网页；FTP 用于传输文件等。

1.4 IP 地址基础知识

1.4.1 IP 地址的格式

1．IP 地址格式

目前的全球因特网所采用的协议族是 TCP/IP 协议族。IP 是 TCP/IP 协议族中网络层的协议，是 TCP/IP 协议族的核心协议。

目前 IP 协议的版本号是 4（简称为 IPv4），它的下一个版本就是 IPv6。IPv6 正处在不断发展和完善的过程中，它在不久的将来将取代目前被广泛使用的 IPv4。

Internet 上的每台主机（Host）都有一个唯一的 IP 地址。IP 协议就是使用这个地址在主机之间传递信息，这是 Internet 能够运行的基础。IP 地址的长度为 32 位，分为 4 段，每段 8 位，用十进制数字表示，每段数字范围为 0～255，段与段之间用句点隔开。例如 159.226.1.1。

IP 地址的组成：IP 地址的高位部分标识网络，剩下的部分标识其中的网络设备，用来标识设备所在的网络的部分叫做网络 ID（逻辑上的网），标识网络设备的部分叫做主机 ID。其中网络号（网络 ID）和主机号（主机 ID）不能全为 0 或全为 1。

IP 地址就像是我们的家庭住址一样，如果你要写信给一个人，你就要知道他（她）的地址，这样邮递员才能把信送到，计算机发送信息是就好比是邮递员，它必须知道唯一的"家庭地址"才能不至于把信送错人家。只不过我们的地址使用文字来表示的，计算机的地址用十进制数字表示。众所周知，在电话通讯中，电话用户是靠电话号码来识别的。同样，在网络中为了区别不同的计算机，也需要给计算机指定一个号码，这个号码就是"IP 地址"。如图 1.11 所示。

按照 TCP/IP（Transport Control Protocol/Internet Protocol，传输控制协议/Internet 协议）协议规定，IP 地址用二进制来表示，每个 IP 地址长 32bit，比特换算成字节，就是 4 个字节。例如一个采用二进制形式的 IP 地址是"00001010000000000000000000000001"，这么长的地址，人们处理起来也太费劲了。为了方便人们的使用，IP 地址经常被写成十进制的形式，中间使用符号"."分开不同的字节。于是，上面的 IP 地址可以表示为"10.0.0.1"。IP 地址的这种表示法叫做"点分十进制表示法"，这显然比 1 和 0 容易记忆得多。

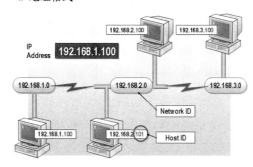

图 1.11 IP 地址示意图

有人会以为，一台计算机只能有一个 IP 地址，这种观点是错误的。我们可以指定一台计算机具有多个 IP 地址，因此在访问互联网时，不要以为一个 IP 地址就是一台计算机；另外，通过特定的技术，也可以使多台服务器共用一个 IP 地址，这些服务器在用户看起来就像一台主机似的。

2．如何分配 IP 地址

TCP/IP 协议需要针对不同的网络进行不同的设置，且每个节点一般需要一个"IP 地址"、一个"子网掩码"、一个"默认网关"。不过，可以通过动态主机配置协议（DHCP），给客户端自动分配一个 IP 地址，避免了出错，也简化了 TCP/IP 协议的设置。

互联网上的 IP 地址统一由一个叫"IANA"（Internet Assigned Numbers Authority，互联网网络号分配机构）的组织来管理。

IANA（Internet Assigned Numbers Authority），Internet 号分配机构。负责对 IP 地址分配规划以及对 TCP/UDP 公共服务的端口定义。国际互联网代理成员管理局（IANA）是在国际互联网中使用的 IP 地址、域名和许多其他参数的管理机构。IP 地址、自治系统成员以及许多顶级和二级域名分配的日常职责由国际互联网注册中心和地区注册中心承担。

目前全世界共有三个这样的网络信息中心。
- InterNIC：负责美国及其他地区。
- ENIC：负责欧洲地区。
- APNIC：负责亚太地区。

我国申请 IP 地址要通过 APNIC，APNIC 的总部设在日本东京大学。申请时要考虑申请哪一类的 IP 地址，然后向国内的代理机构提出。

3．IPv6 简介

IPv6 是 Internet Protocol Version 6 的缩写，其中 Internet Protocol 译为"互联网协议"。

IPv6 是 IETF（互联网工程任务组，Internet Engineering Task Force）设计的用于替代现行版本 IP 协议（IPv4）的下一代 IP 协议。

目前我们使用的第二代互联网 IPv4 技术，核心技术属于美国。它的最大问题是网络地址资源有限，从理论上讲，IPv4 技术可使用的 IP 地址有 43 亿个，其中北美占有 3/4，约 30 亿个，而人口最多的亚洲只有不到 4 亿个，中国只有 3 千多万个，只相当于美国麻省理工学院的数量。地址不足，严重地制约了我国及其他国家互联网的应用和发展。

随着电子技术及网络技术的发展，计算机网络将进入人们的日常生活，可能身边的每一样东西都需要连入全球因特网。但是与 IPv4 一样，IPv6 一样会造成大量的 IP 地址浪费。准确地说，使用 IPv6 的网络并没有 2^{128}-1 个能充分利用的地址。首先，要实现 IP 地址的自动配置，局域网所使用的子网的前缀必须等于 64，但是很少有一个局域网能容纳 2^{64} 个网络终端；其次，由于 IPv6 的地址分配必须遵循聚类的原则，地址的浪费在所难免。

但是，如果说 IPv4 实现的只是人机对话，而 IPv6 则扩展到任意事物之间的对话，它不仅可以为人类服务，还将服务于众多硬件设备，如家用电器、传感器、远程照相机、汽车等，它将是无时不在、无处不在的深入社会每个角落的真正的宽带网。而且它所带来的经济效益将非常巨大。

当然，IPv6 并非十全十美、一劳永逸，不可能解决所有问题。IPv6 只能在发展中不断完善，也不可能在一夜之间发生，过渡需要时间和成本，但从长远看，IPv6 有利于互联网的持续和长久发展。 目前，国际互联网组织已经决定成立两个专门工作组，制定相应的国际标准。

与 IPv4 相比，IPv6 具有以下几个优势。

（1）IPv6 具有更大的地址空间。IPv4 中规定 IP 地址长度为 32，即有 2^{32}-1 个地址；而 IPv6 中 IP 地址的长度为 128，即有 2^{128}-1 个地址。

（2）IPv6 使用更小的路由表。IPv6 的地址分配一开始就遵循聚类（Aggregation）的原则，这使得路由器能在路由表中用一条记录（Entry）表示一片子网，大大减小了路由器中路由表的长度，提高了路由器转发数据包的速度。

（3）IPv6 增加了增强的组播（Multicast）支持以及对流的支持（Flow Control），这使得网络上的多媒体应用有了长足发展的机会，为服务质量（QoS，Quality of Service）控制提供了良好的网络平台。

（4）IPv6 加入了对自动配置（Auto Configuration）的支持。这是对 DHCP 协议的改进和扩展，使得网络（尤其是局域网）的管理更加方便和快捷。

（5）IPv6 具有更高的安全性。在使用 IPv6 网络中用户可以对网络层的数据进行加密并对 IP 报文进行校验，极大地增强了网络的安全性。

1.4.2 IP 地址的分类

最初设计互联网络时，为了便于寻址以及层次化构造网络，每个 IP 地址包括两个标识码（ID），即网络 ID 和主机 ID。同一个物理网络上的所有主机都使用同一个网络 ID，网络上的一个主机（包括网络上工作站，服务器和路由器等）有一个主机 ID 与其对应。IP 地址根据网络 ID 的不同分为 5 种类型，A 类地址、B 类地址、C 类地址、D 类地址和 E 类地址。

（1）A 类 IP 地址

一个 A 类 IP 地址由 1 字节的网络地址和 3 字节主机地址组成，网络地址的最高位必须是"0",地址范围从 1.0.0.1 到 126.255.255.254。可用的 A 类网络有 126 个,每个网络能容纳 1600 多万个主机。

10.0.0.0~10.255.255.255 是私有地址。

127.0.0.0~127.255.255.255 是保留地址,用做循环测试用的。

0.0.0.0~0.255.255.255 也是保留地址,用做表示所有的 IP 地址。

(2) B 类 IP 地址

一个 B 类 IP 地址由 2 个字节的网络地址和 2 个字节的主机地址组成,网络地址的最高位必须是"10",地址范围从 128.0.0.1 到 191.255.255.254。可用的 B 类网络有 16384 个,每个网络能容纳 6 万多个主机 。

172.16.0.0~172.31.255.255 是私有地址

169.254.0.0~169.254.255.255 是保留地址。如果你的 IP 地址是自动获取 IP 地址,而你在网络上又没有找到可用的 DHCP 服务器,这时你将会从 169.254.0.0 到 169.254.255.255 中临时获得一个 IP 地址。

(3) C 类 IP 地址

一个 C 类 IP 地址由 3 字节的网络地址和 1 字节的主机地址组成,网络地址的最高位必须是"110"。范围从 192.0.0.1 到 223.255.255.254。C 类网络可达 209 万余个,每个网络能容纳 254 个主机。

192.168.0.0~192.168.255.255 是私有地址。

(4) D 类地址用于多点广播(Multicast)。

D 类 IP 地址第一个字节以"1110"开始,范围:224.0.0.1~239.255.255.254。它是一个专门保留的地址。它并不指向特定的网络,目前这一类地址被用在多点广播(Multicast)中。多点广播地址用来一次寻址一组计算机,它标识共享同一协议的一组计算机。

(5) E 类 IP 地址

E 类地址也不分网络地址和主机地址,它的第 1 个字节的前五位固定为 11110,范围:240.0.0.1 到 255.255.255.254,仅作为 Internet 的实验和开发之用。

全零("0.0.0.0")地址对应于当前主机。全"1"的 IP 地址("255.255.255.255")是当前子网的广播地址。

什么是公有地址和私有地址?

公有地址(Public address)由 Inter NIC(Internet Network Information Center 因特网信息中心)负责。这些 IP 地址分配给注册并向 Inter NIC 提出申请的组织机构。通过它直接访问因特网。

私有地址(Private address)属于非注册地址,专门为组织机构内部使用。

1.4.3 IP 地址的确定

网络上常常需要将大型的网络划分成若干小网络,这些小网络称为子网,如图 1.12 所示。

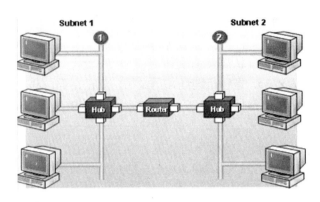

图 1.12　子网示意图

1．子网掩码

将 IP 地址中的网络号全改为 1，主机号全改为 0，则是子网掩码。将子网掩码与 IP 地址进行"与（and）"运算，用来分辨网络号和主机号，确定某 IP 地址的网络号。以下是 A、B、C 三类网络的默认子网掩码。

A 类：255.0.0.0

B 类：255.255.0.0

C 类：255.255.255.0

例如：IP 地址是 131.107.33.10，子网掩码是 255.255.0.0。

```
      131   .    107   .    33   .    10
   10000011.01101011.00100001.00001010
   11111111.11111111.00000000.00000000
   10000011.01101011.00000000.00000000
```

网络 ID　131．　　　107．　　　0．　　　0

主机 ID　0．　　　　0．　　　　33．　　　10

对于 A、B、C、D 类的地址网络 ID 和主机 ID 确定比较方便，可以简单地把 IP 地址对应 255 和对应 0 的分成两部分，对应 255 的部分后面补零即是网络 ID，对应 0 的前面部分补 0 即是主机 ID。

2．IP 地址的定址原则

IP 地址的定址原则：

- IP 地址的第一个数（最高位）不能为 127。127.x.y.z 格式的地址为回环地址，表示本机；
- 主机部分不能全为 0，全为 0 时表示本网络；
- 主机部分不能全为 1，全为 1 时表示本网段广播地址；
- IP 地址在整个网络中必须是唯一的。

（1）指定网络号

同一子网中所有的计算机的 IP 地址网络号必须相同；互联的每一个子网必须有不同的

网络号；如果直接连接到 Internet，必须申请有效的网络号，如图 1.13 所示。

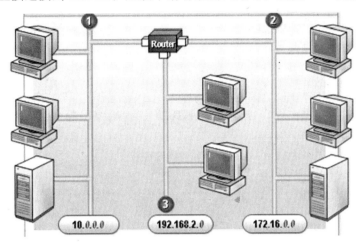

图 1.13　网络号指定示意图

（2）设置主机号

同一子网中主机号不能相同（防止 IP 地址冲突）；默认网关是路由器与本子网的网络接口的 IP 地址，用于转发发往其他子网的数据包，如图 1.14 所示。

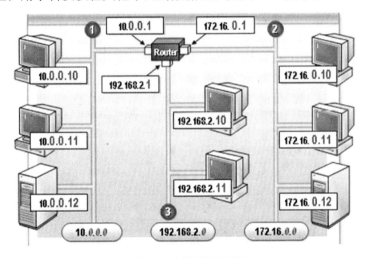

图 1.14　主机号指定示意图

3．确定本地和远程主机

当计算机 A 访问计算机 B 时，会用计算机 A 的子网掩码与 A 的 P 地址以及 B 的 IP 地址作"与"运算，对所得到的两个网络号进行比较，看是否一致。如果一致，表明 A 与 B 在一个网络上，B 是本地主机，直接通信；否则在不同网络上，B 为远程主机，通过路由器进行通信，如图 1.15 所示。

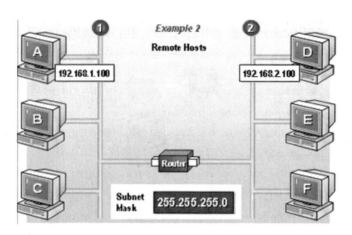

图 1.15　子网之间计算机通信

1.4.4　关于 CIDR（Classless Inter-Domain Routing）无类域间路由技术

1．分类 IP 地址的局限性

以 2000 台计算机为例，我们来看一下分类 IP 地址的局限性。

（1）地址浪费：若申请 B 类网址，则浪费了 63534 个 IP 地址。

（2）过多的路由表配置：若申请 C 类网址，则需要 8 个 C 类网络，在路由器的路由表中就需要为这 8 个网络添加 8 条记录。

（3）IP 地址缺乏：如果继续使用分类 IP 地址，IP 地址最终将用完。

为了解决以上问题，产生了 CIDR（无类别域间路由）技术。CIDR 不再采用 A、B、C 三种分类方法，而是可以连续的划分网络部分和主机部分，即可以根据网络中的计算机的数量来确定网络部分和主机部分的位数。对于以上例子，可以使后 11 位作为主机 ID，前 21 位作为网络 ID，如图 1.16 所示。

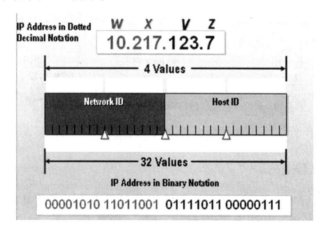

图 1.16　IP 地址构成

2．CIDR 表示法

CIDR 表示法实用任意位的二进制划分网络号与主机号，不再按 A、B、C 将地址进行分类，在表示 IP 地址时，采用"IP 地址/子网掩码位数"的表示方法，如图 1.17 所示。

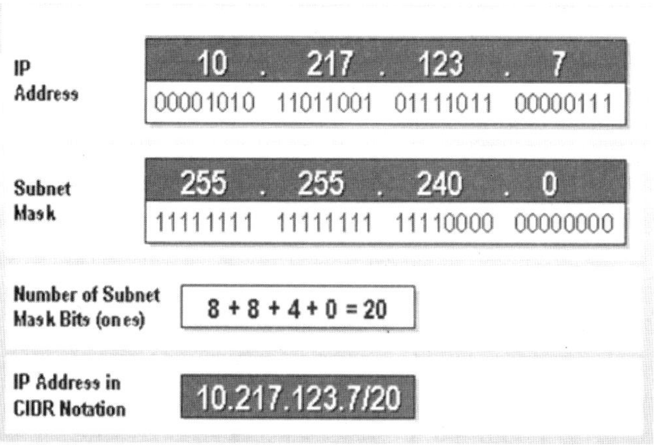

图 1.17　IP 地址的 CIDR 记法示意图

CIDR 表示方法如下。
IP 地址：10.217.123.7。
子网掩码：255.255.240.0。
先把子网掩码转换成二进制：11111111.11111111.11110000.00000000。
确定前面连续 1 的个数：20。
那么这个 IP 地址用 CIDR 记法表示为 10.217.123.7/20。
A、B、C 三类网络的默认子网掩码二进制表示：
A 类：11111111.00000000.00000000.00000000
B 类：11111111.11111111.00000000.00000000
C 类：11111111.11111111.11111111.00000000
二进制与十进制子网掩码对应如图 1.18 所示

二进制表示法	十进制表示法
11111111	255
11111110	254
11111100	252
11111000	248
11110000	240
11100000	224
11000000	192
10000000	128
00000000	0

图 1.18　二进制表示法和十进制表示法

3．二进制与十进制的转换

通常情况下，IP 地址采用的是十进制的表示方法，但是，当进行网络号的运算时，需要先将十进制转换成二进制的格式才行。我们在这个部分将学习有关二进制的相关内容。

二进制的格式转换：因为所有的 IP 地址和子网掩码都是由标准长度的 32 位二进制数字组成，所以它们被计算机视为并分析成单个的二进制数值型字符串，例如：

10000011 01101011 00000111 00011011

使用点分隔的十进制符号，每个 32 位地址被视作四个不同的分组，每组 8 位。由 8 个连续位组成的 4 个分组之一被称为"八位字节"，如图 1.19 所示。

第一个八位字节使用前 8 位(第 1 位到第 8 位)。第二个八位字节数使用其次的 8 位(第 9 位到第 16 位)，接下来是第三个八位字节数（第 17 位到第 24 位）和第四个八位字节数（第 25 位到第 32 位）。英文句点用于分隔四个八位字节（在 IP 地址中分隔十进制数）。

表 1.1 是一个八位字节中每一位的位置以及等价的十进制数的科学表示法。

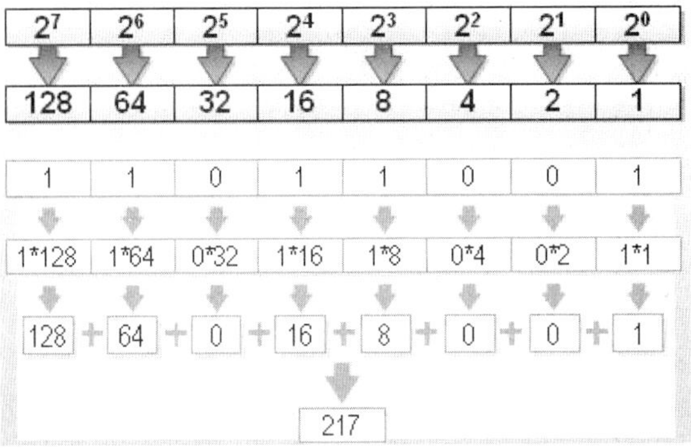

图 1.19　二进制转换为十进制示意图

表 1.1　二进制位与十进制数值对照表

八位字节	第一位	第二位	第三位	第四位	第五位	第六位	第七位	第八位
科学符号	2^7	2^6	2^5	2^4	2^3	2^2	2^1	2^0
十进制数	128	64	32	16	8	4	2	1

这样，可以逐步将十进制数转换成为二进制数或将二进制数转换为十进制数。

简便方法可以使用计算器将十进制转换成为二进制，如图 1.20 所示。

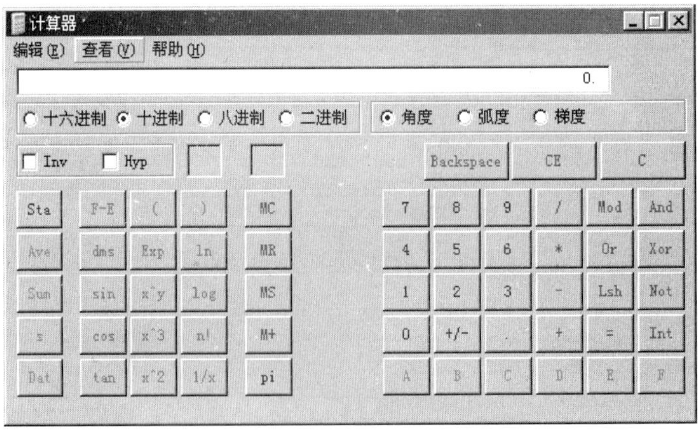

图 1.20　科学计算器

使用计算机可以很方便地完成数制的转换，方法如下：

单击"查看"菜单中的"科学型"→键入要转换的数字→单击要转换到的某种数制→单击要使用的显示大小。

4．计算网络号

例：已知 CIDR 为 10.217.123.7/20，计算器网络 ID。
子网掩码的二进制形式：　　11111111.11111111.11110000.00000000
IP 地址的二进制形式：　　00001010.11011001.01111011.00000111
计算出网络 ID：　　00001010.11011001.01110000.00000000
用十进制表示的网络 ID 为：　10.217.112.0
例：已知 IP 地址：10.217.123.7，子网掩码：255.248.0.0，求网络 ID
IP 地址的二进制形式：　　00001010.11011001.01111011.00000111
子网掩码的二进制形式：　　11111111.11111000.00000000.00000000
计算出网络 ID：　　00001010.11011000.00000000.00000000
用十进制表示的网络 ID 为：　10.216.0.0
用 CIDR 表示：10.217.123.7/13

5．用 CIDR 分配 IP 地址

使用 CIDR 的格式分配 IP 地址时，应首先确定主机 ID 部分有多少位才能满足网络的要求，可以使用一下公式：

$2^N-2 \geqslant$ 主机数量

N 即为主机部分的位数，则网络部分为：（32-N）位，如图 1.21 所示。

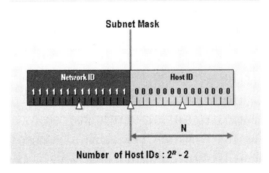

图 1.21　主机位计算示意图

例如：当主机数量为 2000 台时，可使用 11 位作为主机部分，23 位作为网络部分，则此网络能容纳的主机数量为 2046 台。

5．建立超网

超网可以用来简化路由器的配置，即减少路由表中记录的数量，超网是通过把多个相关的路由表记录合并成一个，来达到简化路由配置的目的的，如图 1.22 所示。

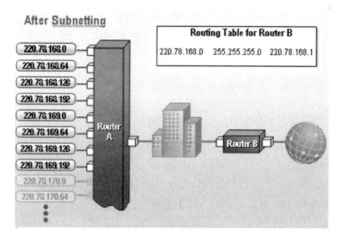

图 1.22 超网建立

例：某公司共有 200 台计算机，要建立 TCP/IP 网路。如果分配 8 个 C 类地址：

200.78.168.0/24
200.78.169.0/24
200.78.170.0/24
200.78.171.0/24
200.78.172.0/24
200.78.173.0/24
200.78.174.0/24
200.78.175.0/24

则外部路由器中需添加 8 条记录，如何优化外部路由器的路由记录？

首先我们看以下 8 个 C 类网络的二进制形式：

200.78.168.0/24	110111100.01001110.10101000.00000000
200.78.169.0/24	110111100.01001110.10101001.00000000
200.78.170.0/24	110111100.01001110.10101010.00000000
200.78.171.0/24	110111100.01001110.10101011.00000000
200.78.172.0/24	110111100.01001110.10101100.00000000
200.78.173.0/24	110111100.01001110.10101101.00000000
200.78.174.0/24	110111100.01001110.10101110.00000000
200.78.175.0/24	110111100.01001110.10101111.00000000

第三个八位体只有最右边的 3 位不同，其余的位均相同，因此可以认为，只要某个地址的前 21 位是 220.78.168.0/21，则应该发送给该公司，该公司的网络在路由表中的条目为：

220.78.168.0　　255.255.248.0　　220.78.168.1

1.4.5 标识应用程序

应用层通过传输层进行数据通信时，TCP 和 UDP 会遇到同时为多个应用程序进程提供并发服务的问题。多个 TCP 连接或多个应用程序进程可能需要通过同一个 TCP 协议端口传输数据。为了区别不同的应用程序进程和连接,许多计算机操作系统为应用程序与TCP/IP协议交互提供了称为套接字(Socket)的接口。

区分不同应用程序进程间的网络通信和连接,主要有 3 个参数:通信的目的 IP 地址、使用的传输层协议(TCP 或 UDP)和使用的端口号。Socket 原意是"插座",通常称为套接字。通过将这 3 个参数结合起来,与一个"插座"Socket 绑定,应用层就可以和传输层通过套接字接口,区分来自不同应用程序进程或网络连接的通信,实现数据传输的并发服务,如图 1.23 所示。

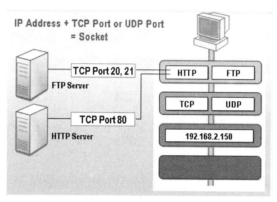

图 1.23　标识应用程序

- IP 地址:用于标识计算机。
- TCP/UDP 端口号:用来标识应用程序,取值在 0—65535 之间,1024 以下的端口已保留给常用的服务器端应用程序。
- SOCKET(套接字):由 IP 地址+TCP 或 UDP 端口构成;用于唯一识别应用程序。

1.4.6　为计算机指定 IP 地址

1. 指定静态 IP 地址

在 Windows 2003 Server 操作环境中,通过"网络连接属性"手动配置 TCP/IP 协议的属性,可以为本机分配 IP 地址、子网掩码、默认网关、DNS 服务器和 WINS 服务器等网络连接参数。在有多个网段而没配置 DHCP 服务器的网络中,手动配置是必需的。

设置主机的 IP 地址,操作步骤如下:

(1)单击"开始"→"设置"→"网络连接",打开网络连接;

(2)右键单击需配置的本地连接,然后单击"属性";

(3)在"常规"选项卡(如图 1.24 所示)上单击"Internet 协议(TCP/IP)",然后单击"属性";

(4)单击"使用下面的 IP 地址"(如图 1.25 所示),在"IP 地址"、"子网掩码"和"默认网关"中键入 IP 地址、子网掩码和默认网关的地址。

Windows 服务器管理与维护

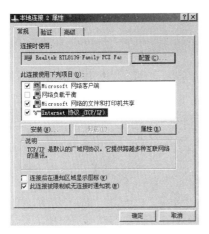

图 1.24　本地连接属性

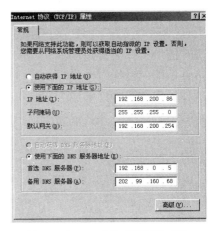

图 1.25　Internet 协议（TCP/IP）属性

（5）如果需要为本机配置多个 IP 地址，需要单击协议属性右下角"高级"按钮，在高级 TCP/IP 设置界面里添加（如图 1.26 所示）。

2．动态获取 IP 地址

通过使用 DHCP 服务器，启动计算机时将自动并动态获取 TCP/IP 配置。默认情况下，运行 Windows Server 2003 操作系统的计算机是 DHCP 客户机。通过正确配置 DHCP 服务器，TCP/IP 主机可以或得 IP 地址、子网掩码、默认网关、DNS 服务器、NetBIOS 节点类型以及 WINS 服务器的配置信息。对于中型或大型 TCP/IP 网络，推荐使用动态配置。

为动态寻址配置 TCP/IP，操作步骤如下：

（1）单击"开始"→"设置"→"网络连接"，打开网络连接；

（2）右键单击需配置的本地连接，然后单击"属性"；

（3）在"常规"选项卡上单击"Internet 协议（TCP/IP）"，然后单击"属性"；

（4）单击"自动获取 IP 地址"和"自动获取 DNS 服务器地址"，然后单击"确定"（如图 1.27 所示）。

图 1.26　高级 TCP/IP 设置

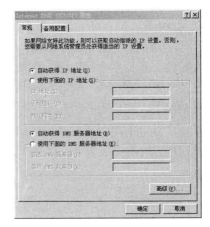

图 1.27　TCP/IP 属性

注意： 如果计算机不能联系到有效的 DHCP 服务器，它会自己分配一个 IP 地址：169.254.x.y。

3．查看 IP 地址的设置

步骤如下：

（1）单击"开始"→"设置"→"网络连接"，打开网络连接；

（2）右键单击需配置的本地连接，然后单击"状态"，打开本地连接状态窗口，单击"支持"选项卡，查看当前的 IP 地址等信息（如图 1.28 所示）；

（3）如需查看 IP 详细信息，单击状态窗口里"详细信息"按钮（如图 1.29 所示）。

图 1.28　本地连接状态窗口

图 1.29　网络连接详细信息

4．使用 IPConfig 命令查看 IP 地址的配置

IPConfig 显示所有当前的 TCP/IP 网络配置值、刷新动态主机配置协议（DHCP）和域名系统（DNS）设置。使用不带参数的 IPConfig 可以显示所以适配器的 IPv4 地址或 IPv6 地址、子网掩码和默认网关。

具体使用方法：

（1）利用 Windows "运行" CMD 命令，打开命令行窗口，输入 "IPConfig？"可查看此命令的具体使用方法（如图 1.30 所示）。

图 1.30　IPConfig 使用帮助

（2）输入"IPConfig"命令，不带任何参数，可查看 IP 地址、子网掩码和默认网关等信息（如图 1.31 所示）。

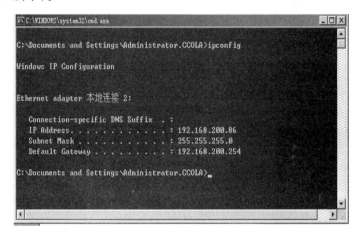

图 1.31　IPConfig 输出界面

（3）输入"IPConfig /ALL"命令，可查看详细的 IP 配置信息（如图 1.32 所示）。

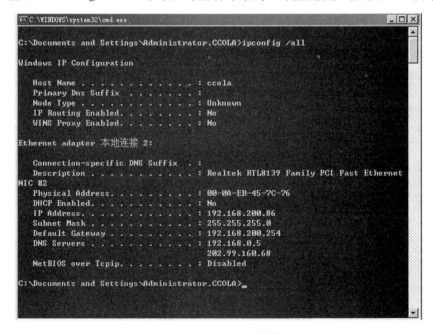

图 1.32　IPConfig /ALL 输出界面

提示：命令输入不区分大小写字母。

复习题

1-1　什么是计算机网络？计算机网络有哪些作用？

1-2　计算机网络的分类标准有哪些？每一类有哪些类型？

1-3 子网掩码的作用是什么？

1-4 连接网络的主要设备有哪些？

1-5 路由器和交换机有什么区别？

1-6 CIDR产生的原因是什么？写出IP地址的CIDR记法的表示形式？

1-7 IP地址是135.117.133.10，子网掩码是255.255.0.0，求取网络ID和主机ID。

1-8 已知IP地址CIDR：110.217.121.9/20，计算器网络ID。

1-9 已知IP地址：120.117.132.5，子网掩码：255.248.0.0，用CIDR表示出来并求网络ID。

1-10 已知计算机A的IP地址为10.217.151.9/10，计算机B的IP地址为10.218.102.31/10，判断A和B是否在同一子网中。

1-11 已知计算机A的IP地址为45.217.123.7/20，计算机B的IP地址为45.218.112.95/20，判断A和B是否在同一子网中。

第 2 章　安装 Windows Server 2003

本章学习目标：
（1）了解 Windows Server 2003 家族构成
（2）了解 Windows Server 2003 安装硬件需求
（3）掌握 Windows Server 2003 安装过程
（4）掌握 Windows Server 2003 的基本设置和输入法管理

本章主要介绍 Windows Server 2003 家族构成、安装硬件要求和基本的安装过程；系统的基本设置、驱动程序和输入法的管理。

2.1　Windows Server 2003 家族简介

在安装操作系统之前，首先要对准备安装的操作系统又一定的了解，需要知道有关 Windows Server 2003 操作系统版本的一些知识。

2.1.1　Windows Server 2003 各版本简介

1．Windows Server 2003 Web Edition（Web 版）

（1）专门为使用 Windows Server 2003 的 Web 服务器所设计，包含有最先进的 IIS6.0。但是，它有时无法运行一些常用的应用程序。另外，这款产品也不支持集群，所以功能有限（只局限在 Web 服务器上）；

（2）此版本的客户端不受许可证数量（CALS）的限制；

（3）不能用作域控制器（DC）。但是可以将此服务器加入到域；

（4）不支持证书服务等。

2．Windows Server 2003 Standard Edition（标准版）

（1）不支持群集，但是其他的应用程序一般可以运行；

（2）Windows Server 2003 标准版对 Windows 2000 Server 中首次采用的很多技术进行了改进。对于 Internet Information Services 6.0（IIS 6.0）、公钥结构（PKI）和 Kerberos 的改进使 Windows Server 2003 的安全保证更加方便；

（3）Windows Server 2003 系列有多种重要的新的自动管理工具，包括有助于自动部署的 Microsoft 软件更新服务（SUS）；

第 2 章 安装 Windows Server 2003

（4）用新的组策略管理平台（GPMC）简化了管理组策略，同时使更多的企业能更好地使用活动目录（Active Directory）并利用它强大的管理功能。另外，命令行工具使管理员能在命令控制台中执行大部分任务。

3．Windows Server 2003 Enterprise Edition（企业版）

（1）企业版分为 32 位和 64 位两个版本，支持更强大的功能。主要体现在对集群的支持方面；

（2）是一种全功能的服务器操作系统，支持多达 8 个处理器；

（3）提供企业级功能，如 8 节点群集、支持高达 32GB 内存等；

（4）可用于基于 Intel 安腾系列的计算机；

（5）将可用于能够支持 8 个处理器和 64GB RAM 的 64 位计算平台。

4．Windows Server 2003 Datacenter Edition（数据中心版）

（1）是 Microsoft 迄今为止开发的功能最强大的服务器操作系统；

（2）支持高达 32 路的 SMP 和 64GB 的 RAM；

（3）提供 8 节点群集和负载平衡服务是它的标准功能；

（4）将可用于能够支持 64 位处理器和 512GB RAM 的 64 位计算平台。

2.1.2 Windows Server 2003 家族对比

不同版本的操作系统对硬件的支持也有所不同（参见表 2.1）。如果需要更多的功能，或者有更多的硬件配置方面的要求，这时就可能要考虑购买某些版本的 Windows Server 2003 的操作系统。

表 2.1　Windows Server 2003 版本比较

	Web 版	标准版	企业版	数据中心版
CPU 数量	2	4	8	32/64*
内存容量	2GB	4GB	32GB 64GB*	64GB 512GB*
作域控制器	否	是	是	是
集群支持	否	否	8 节点	8 节点
64 位支持	否	否	是	是

带*表示 64 位系统支持

2.2　安装前的准备工作

在安装 Windows Server 2003 的过程中，除了要阅读相应的重要文档以外，还需要了解以下一些知识：

（1）了解安装 Windows 2003 的最小系统要求；

（2）了解相应的软件和硬件的兼容性；

(3) 为全新安装规划磁盘分区或卷；
(4) 为安装分区选择文件系统；
(5) 在工作组和域之间进行选择。

2.2.1 安装前的硬件需要（最低的硬件需求）

要安装或升级到 Windows Server 2003 的计算机需要满足系统最基本的需求。为确保良好的性能，应符合下列要求。

(1) 中央处理器（CPU）

对于基于 x86 的计算机，可使用最小速度为 233MHz 或者更高的一个或多个处理器。

(2) 内存

推荐使用最小为 128MB 的内存。

(3) 硬盘

需要具有足够可用空间，建议允许可用空间比运行安装程序所要求的最小空间大很多，在基于 x86 的计算机上，该空间大约为 1.25GB 到 2GB。

(4) 显示器

VGA 或较高分辨率监视器。

(5) 网络

适用于 Windows Server 2003 家族产品的一个或多个网络适配器及相关电缆。

(6) 其他硬件

CD-ROM 驱动器或 DVD 驱动器，键盘和鼠标或其他指针设备。

为确保良好的性能，安装或升级到 Windows Server 2003 Enterprise Edition 的计算机应符合下列要求。

- 对于基于 x86 的计算机

使用一个或多个速度不低于 550MHz 的处理器。最低受支持的速度为 133MHz。每台计算机最多支持 8 个处理器。建议使用 Intel Pentium/Celeron 家族、AMD K6/Athlon/Duron 家族或兼容处理器。

建议使用不低于 256MB 的 RAM，支持的最小内存容量是 128MB，最大为 32GB。对于 RAM 大于 4GB 的计算机，务必通过单击 Support Resources 中的适当链接验证硬件兼容性。

- 对于基于安腾体系结构的计算机

最低速度为 733MHz 的一个或多个处理器。每台计算机最多支持 8 个处理器。

RAM 最小为 1GB，最大为 1024GB（1TB）。

对于 RAM 大于 4 GB 的计算机，务必通过单击 Support Resources 中的适当链接验证硬件兼容性。

- 对于基于 x64 的计算机

速度不低于 1.4GHz 的一个或多个处理器。每台计算机最多支持 8 个处理器。

RAM 最小为 1GB，最大为 1024GB（1TB）。

对于 RAM 大于 4GB 的计算机，务必通过单击 Support Resources 中的适当链接验证硬件兼容性。

硬盘分区或卷具有可适用于安装过程的足够可用空间。为确保日后使用操作系统时的灵活性，建议保留的空间应明显大于运行安装程序所需的最小空间：对于基于 x86 的 Windows Server 2003 计算机，此空间大约为 2GB 到 3GB；对于基于安腾和基于 x64 的 Windows Server 2003 计算机，此空间为 4 GB。如果是跨网络运行安装程序而不是从光盘上安装，或者要在基于 x86 或 x64 的 Windows Server 2003 计算机上的 FAT 或 FAT32 分区上安装，则需要更大的空间。（对于基于 x86 和 x64 的 Windows Server 2003 计算机，建议使用 NTFS 文件系统；基于安腾的 Windows Server 2003 计算机只支持 NTFS）。如果您正在通过网络而不是通过光盘运行安装程序，或者如果您正在 FAT 或 FAT32 分区（NTFS 是推荐使用的文件系统）上进行安装，则需要更大的空间。

2.2.2 检查硬件和软件的兼容性

安装或升级前最重要的步骤之一是确保硬件与 Windows Server 2003 家族中的产品兼容。可以通过从安装光盘运行预安装兼容性检查或者通过在 Windows Catalog 网站上查看硬件兼容性信息来执行此操作。此外，作为确认硬件兼容性的一部分，请检查是否已获得更新的硬件设备驱动程序以及更新的系统 BIOS。

无论是否运行了预安装兼容性检查，安装程序都会在安装或升级开始时检查硬件和软件的兼容性，并且在发现不兼容情况时显示一份报告。

2.2.3 为全新安装计划磁盘分区或卷

1. 计划磁盘分区

只有在同时满足下面两种情况时，才必须在运行安装程序之前计划磁盘分区：
(1) 进行全新安装，而不是升级；
(2) 在基本磁盘上进行安装，而不是动态磁盘。

基本磁盘是指 Windows 2000 之前存在的磁盘类型；大多数磁盘都是基本磁盘。动态磁盘是指，曾经是基本磁盘但使用 Windows 2000、Windows XP 或 Windows Server 2003 家族产品更改为动态磁盘的磁盘。如果计划安装到动态磁盘，则无法在安装程序运行过程中更改磁盘上的卷或分区大小，因此不需要进行有关分区大小的计划。

磁盘分区是一种划分物理磁盘的方法，以便使每一部分都能够作为单独的单元运行。在基本磁盘上创建分区时，可将磁盘分成一个或多个区域，然后可以用 FAT 或 NTFS 等文件系统分别对它们进行格式化。不同的分区通常具有不同的驱动器号（例如，C:和 D:）。

一个基本磁盘最多可以创建四个主要分区，或者三个主要分区和一个扩展分区。（扩展分区可以细分为逻辑驱动器，而主分区无法再细分。）

如果计划在硬盘上删除或创建分区，请预先备份磁盘内容，因为这些操作将会毁坏所有现有的数据。与对磁盘内容的任何重要更改一样，建议在处理分区之前备份硬盘的全部内容，即使计划保留一个或多个分区，也应这样做。

只在基本磁盘上能够创建分区，分区类型有主要分区、扩展分区两种类型。扩展分区必须继续划分为逻辑驱动驱动器才能建立文件系统使用，而主要分区不能再分，直接建立文件系统使用。

在 Windows 环境下使用的动态磁盘上划分的使用空间称为卷。

在运行安装程序以执行全新安装之前，请确定将要在上面进行安装的分区大小。没有固定的公式用来计算分区大小。基本的原则是为操作系统、应用程序和计划放在安装分区的其他文件预留较大的空间。Windows Server 2003 Enterprise Edition 的安装文件对于基于 x86 的计算机大约需要 1.25 GB 到 2GB 的磁盘空间，对于基于 Itanium 体系结构的计算机大约需要 3GB 到 4GB，如在系统需求中所描述的那样。建议预留的磁盘空间要比最小需求多许多，在分区上为大型安装留出 4GB 到 10 GB 或更多空间是非常合理的。这些预留的空间可用于各种项目，包括可选组件、用户账号、活动目录信息、日志、未来的 Service Pack、操作系统使用的分页文件，以及其他项目。

Windows 操作系统中的硬盘分区按照功能进行分类有两种。

（1）系统分区

系统分区是指包含启动 Windows 所需的、特定于硬件的文件（例如 Ntldr、Boot.ini 和 Ntdetect.com）的磁盘分区或卷。注意：在动态磁盘上，这称为系统卷。

在基于 Intel 286 和更新的处理器的计算机上（仅限于"x86"系列），系统分区必须是被标记为活动的主分区。在这一系列 Intel 计算机上，它始终是驱动器 C：，即当操作系统启动时系统 BIOS 所搜索的驱动器。

系统分区可以但不必与启动分区是同一个分区。

（2）启动分区

启动分区是指包含 Windows 操作系统文件（默认情况下位于 Windows 文件夹中）及其支持文件（默认情况下位于 Windows\System32 文件夹中）的磁盘分区或卷。

注意：在动态磁盘上，这称为启动卷。

启动分区可以但不必与系统分区是同一个分区。

有且只能有一个系统分区，但是在多重启动系统中，每个操作系统都有一个启动分区。

2．对磁盘进行分区时的选择

仅当您在执行全新安装而不是升级安装时，才可以在安装过程中更改磁盘的分区。安装完成后可以用"磁盘管理"修改磁盘的分区。

如果正在执行全新安装，则安装程序会检查硬盘来确定现有的配置，然后提供下列选项：

（1）如果硬盘未分区，可创建要安装 Windows Server 2003 家族产品的分区，并调整其大小；

（2）如果硬盘已分区但还有足够的未分区磁盘空间，可以用未分区的空间为 Windows Server 2003 家族产品创建分区。

如果硬盘的现有分区足够大，则可将 Windows Server 2003 家族产品安装在该分区上（可以先对其重新格式化，也可以不重新格式化）。重新格式化分区将会清除分区上的所有数据。如果不重新格式化分区，而安装 Windows Server 2003 家族产品所在的分区上已存在某个操作系统，该操作系统将被覆盖，您必须重新安装要与 Windows Server 2003 家族产品一起使用的所有应用程序。

如果硬盘具备现有的分区，则可以将其删除，从而为 Windows Server 2003 家族产品的分区创建更多未分区的磁盘空间。注意删除现有的分区也会清除该分区上的所有数据。

2.2.4 选择文件系统

文件系统是操作系统用于明确磁盘或分区上的文件存储方法和数据结构；即在磁盘上组织文件的方法。也指用于存储文件的磁盘或分区，或文件系统种类。

Windows Server 2003 支持三种文件系统：FAT、FAT32 和 NTFS。

- FAT 文件系统应用最广泛，从 DOS 到 Windows Server 2003，几乎所有的操作系统都支持。
- FAT32 文件系统的使用相对有限，仅被 Windows 95 第二版、Windows 98 和 Windows 2000 和 Windows 2003 支持。
- NTFS 文件系统仅被 Windows NT、Windows 2000 和 Windows 2003 所支持。NTFS 分区上的文件或文件夹具有本地安全性，可以设置相应的权限控制用户对资源的访问。除此之外，NTFS 还具有其他的特点，如文件压缩、磁盘配额、文件加密等特性。

补充知识：

如果要在一台计算机上实现 Windows 98 与 Windows 2003 的双重引导，则系统分区（也就是 C 区）必须是 Windows 98 和 Windows Server 2003 都支持的文件系统，如 FAT 或 FAT32。

在 Windows Server 2003 的安装过程中，当试图将某个大于 2G 的分区格式化成 FAT 文件系统时，Windows Server 2003 将自动把它格式化为 FAT32 文件系统。

多个操作系统和文件系统的兼容性在包含多个操作系统的计算机上将变得更加复杂。

通常建议采用 NTFS 文件系统，因为它效率更高、更可靠，而且支持包括活动目录（活动目录（Active Directory）和基于域的安全性在内的重要功能。然而，对于 NTFS，在考虑是否将计算机设置为包含多个操作系统时，需要考虑文件系统的兼容性，因为对于 Windows Server 2000 和 Windows Server 2003 家族来说，NTFS 还具有 Windows NT 中所没有的新功能。使用任何新功能的文件将只有在计算机以 Windows Server 2000 或 Windows Server 2003 家族产品启动的情况下才完全可用或可读。

注意：

如果要在计算机上同时安装 Windows NT 和 Windows Server 2003 Enterprise Edition，并且要使用 NTFS 分区，唯一合适的 Windows NT 版本是版本 4.0（必须具备 Service Pack 5 或更高版本）。使用最新的 Service Pack 可以最大限度地提高 Windows NT 4.0 和 Windows Server 2003 Enterprise Edition 之间的兼容性。然而，即使有了最新的 Service Pack，也不能访问使用了 NTFS 中的新功能的文件。

建议不要在同时包含 Windows Server 2003 Enterprise Edition 和 Windows NT 的计算机上只使用 NTFS 文件系统。在这些计算机上，包含 Windows NT 4.0 操作系统的 FAT 分区确保启动 Windows NT 4.0 时，计算机可以访问需要的文件。此外，如果 Windows NT 未安装在系统分区（通常是磁盘上的第一个分区）上，建议系统分区也用 FAT 格式化。

2.3 安装 Windows Server 2003

2.3.1 手工安装 Windows Server 2003

通过从光盘启动计算机可以启动全新安装的安装程序。除了最开始的文本模式的阶段以外，安装过程还包含以下几个阶段：提示输入信息、复制文件和重新启动计算机等等。如果需要其他功能，还需要对服务器进行配置。

在 Windows 2003 安装光盘\I386 目录下有两个用于安装 Windows 2003 的文件：winnt.exe 和 winnt32.exe。winnt.exe 是个 16 位的应用程序，它既可以在 16 位的操作系统（如 DOS 和 Windows 3.x）下使用，也可以在 32 位的操作系统（如 Windows 9x 和 Windows 2000）下使用。winnt32.exe 是个 32 位的应用程序，它只能在 32 位的操作系统下使用。

如果想从网络启动安装程序，可以在网络服务器上，通过插入光盘并共享 CD-ROM 驱动器来共享安装文件，也可通过将安装文件从光盘的 I386 文件夹复制到共享文件夹来共享安装文件。查找并运行光盘的 I386 目录中或共享文件夹中适合的文件。

Windows Server 2003 的安装过程如下。

（1）计算机从安装光盘启动后将自动进入 Windows Server 2003 安装界面，如图 2.1 和图 2.2 所示。按【Enter】键选择安装 Windows。

图 2.1 安装程序启动界面

图 2.2 安装程序引导界面

（2）开始安装进入 Windows 授权协议画面，按【F8】键选择同意，继续安装，否则推出安装，如图 2.3 所示。

（3）然后选择安装的磁盘分区，也可以在此将磁盘重新分区，如图 2.4 所示。

图 2.3 Windows 授权协议

图 2.4 创建磁盘分区

第2章 安装 Windows Server 2003

（4）选择已存在磁盘分区或创建新的磁盘分区后，将选择以何种文件系统格式化磁盘分区，如图 2.5 所示。Windows Server 2003 可以同时支持 FAT 和 NTFS 两种文件系统，但作为系统服务器，从安全性角度考虑，应该选择使用 NTFS 文件系统，按【Enter】键继续。

（5）如果是已经存在的磁盘分区，安装程序将确认是否要格式化该分区，按【F】键确认格式化；如果是新建立的磁盘分区就会立即进行格式化，如图 2.6 所示。

图 2.5 选择分区的文件系统

图 2.6 格式化进程

（6）分区格式化完成后将进行系统文件复制，如图 2.7 所示。

（7）文件复制完成后，系统将自动重启，至此安装程序的第一阶段工作完成，如图 2.8 所示。

图 2.7 文件复制过程

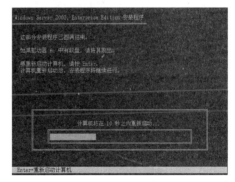
图 2.8 重新启动计算机

（8）重启后自动进入安装程序的第二阶段，如图 2.9 和图 2.10 所示。

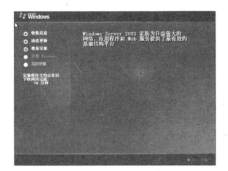
图 2.9 安装 Windows 图形界面

图 2.10 继续安装的界面

(9) 接着是区域设置，直接单击【下一步】按钮即可，如图 2.11 所示。

(10) 输入用户的姓名和单位，单击【下一步】按钮，如图 2.12 所示。

 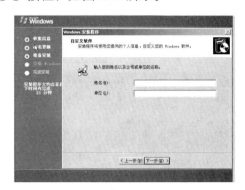

图 2.11　区域和语言选项　　　　　　　　　图 2.12　输入用户的名称和单位

(11) 输入产品的密钥，单击【下一步】按钮，如图 2.13 所示。

图 2.13　输入产品密钥

(12) 设置授权模式，可以选择"每服务器"还是"每设备或每用户"模式，如图 2.14 所示。

图 2.14　设置授权模式

第 2 章 安装 Windows Server 2003

（13）设置计算机名称和管理员密码，计算机名称在网络中必须唯一，密码可以为空，但建议设置具有一定复杂度的密码，如图 2.15 和图 2.16 所示，然后单击【下一步】按钮继续。

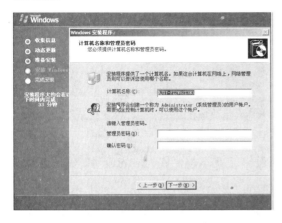

图 2.15　设置计算机名称和管理员密码

图 2.16　密码的基本要求

（14）接着设置时间和日期，在此界面可以修正时间和日期或直接单击【下一步】继续，如图 2.17 所示。

（15）接着进行网络设置，这里选择"自定义设置"单选按钮，然后单击【下一步】按钮，如图 2.18 所示。

图 2.17　设置时间和日期

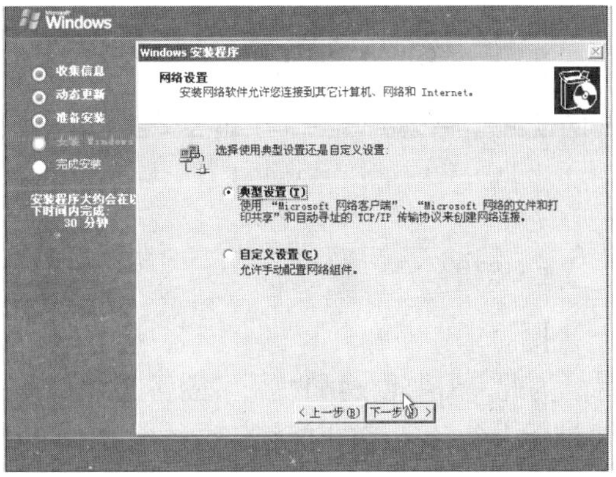

图 2.18　网络设置

（16）在打开的对话框中选择"Internet 协议（TCP/IP）"复选框，并单击【属性】按钮，如图 2.19 所示。

（17）在打开的"Internet 协议（TCP/IP）"属性对话框中，选择"使用下面的 IP 地址"单选按钮，然后分别设置 IP 地址、子网掩码、默认网关及 DNS 服务器地址，最后单击【确定】按钮保存设置，如图 2.20 所示。

图 2.19 选择网络协议组件

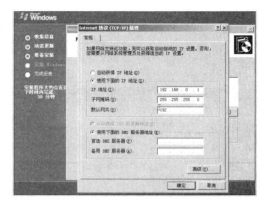
图 2.20 TCP/IP 属性界面

（18）继续后设置工作组或计算机域，如果没有域就不需要称为域的成员，保留在默认的工作组中即可，直接单击【下一步】按钮继续，如图 2.21 所示。

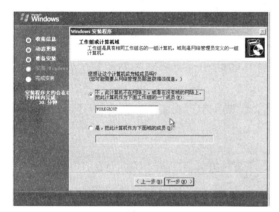
图 2.21 加入工作组或计算机域

图 2.22 正常启动后的登录画面

2.3.2 自动安装 Windows Server 2003

要简化在多台计算机上安装 Windows Server 2003 家族产品的过程，可运行无人参与安装。为此，需要创建和使用"应答文件"，此文件是自动回答安装问题的自定义脚本。然后，通过无人参与安装的适当选项运行 winnt32.exe 或 winnt.exe。

为了简化在多台计算机上安装 Windows Server 2003 的过程，可以运行无人值守的安装。要达到这样的目的，用户需要创建并使用一个应答文件。该文件是自动回答安装问题的一个字定义脚本。有了应答文件，就可以使用适当的无人值守安装选项。

应答文件保存了安装过程中需要手动填写的内容。在安装过程中，安装程序将从应答文件中读取相应的信息，避免手工填写。应答文件可通过文本编辑工具（如记事本）手工制作，也可以同 setup manager 向导来制作。

要用 setup manager 向导来制作应答文件,需要先安装光盘\support\tools 下的 depioy.cab 文件包，解压缩到一个文件夹中。在该文件夹中运行 setupmgr.exe 文件，依据向导提示就可制作应答文件了。

2.4 配置 Windows Server 2003

2.4.1 环境变量

环境变量是包含诸如驱动器、路径或文件名等信息的字符串。它们控制着各种程序的行为。例如，TEMP 环境变量指定了程序放置临时文件的位置。

任何用户都可以添加、修改或删除用户环境变量。但是，只有管理员才能添加、修改或删除系统环境变量。

1．用户环境变量

对于特定计算机的每个用户来说，用户环境变量是不同的。该变量包括由用户设置的所以内容，以及由程序定义的所有变量（如：指向程序文件位置的路径）。

2．系统环境变量

管理员可以更改或添加应用到系统（从而应用到系统中的所有用户）的环境变量。在安装过程中，Windows 安装程序会配置默认的系统变量，例如：处理器数目和临时目录的位置。

注意：请不要将目录添加到 Path 系统变量中，除非您知道它们是安全的，因为恶意用户可能会将特洛伊木马程序或其他恶性程序放置在该目录中。Windows 在执行这种文件时，可能会泄漏敏感数据，导致数据丢失，或者引起部分或全部系统故障。

3．优先顺序

系统启动时，Windows Server 2003 搜索启动文件，并设置环境变量。Windows Scrver 2003 中设置的环境变量按照下列顺序来实施：autoexec.bat 文件、系统环境变量、用户环境变量。如果产生了冲突，以后面的设置为准。

4．设置方法

（1）修改环境变量具体操作如下：单击"开始"，指向"设置"，单击"控制面板"，在"控制面板"中双击"系统"图标，如图 2.23 所示，打开系统属性窗口。也可以在桌面上右键单击"我的电脑"图标，在弹出的菜单里单击"属性"，打开系统属性窗口，如图 2.24 所示。

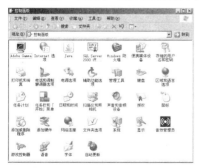

图 2.23　控制面板

图 2.24　我的电脑右键菜单

(2) 在系统属性窗口中单击"高级"标签，在打开的标签下部单击"环境变量"按钮，如图 2.25 所示。

(3) 使用环境变量窗口下部的【新建】、【编辑】、【删除】按钮维护用户环境变量和系统环境变量，如图 2.26 所示。

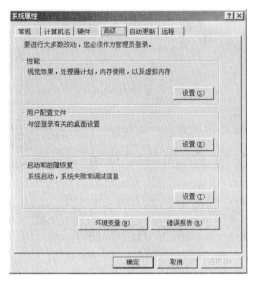
图 2.25　高级标签

图 2.26　环境变量

注意：

1. 要执行该过程，您必须是本地计算机 Administrators 组的成员，或者您必须被委派适当的权限。如果将计算机加入域，Domain Admins 组的成员可能也可以执行这个过程。作为安全性的最佳操作，可以考虑使用运行方式来执行这个过程。
2. 如果你未用管理员身份登录到本地计算机，则唯一能更改的环境变量是用户变量。
3. Windows 更改保存在注册表中，以便下次启动计算机时将自动应用这些更改。
4. 只有已登录的用户才能更改用户变量。例如，如果以管理员身份登录并更改用户变量，则只有管理员账号的变量可以更改。然而，更改系统变量将更改每个用户的设置。
5. 可能需要关闭正在运行的程序然后重新将其打开，新设置才能对其生效。
6. 还可以使用"计算机管理"管理单元中的"系统属性"远程添加或更改环境变量值。

2.4.2　管理虚拟内存

如果计算机在较低的内存（RAM）环境下运行，并且立即需要更多 RAM，则 Windows 会用硬盘空间来模拟系统内存，这叫做虚拟内存，通常称为页面文件。页面文件类似于 Unix 的"交换文件"。在安装过程中创建的虚拟内存页面文件（名为"pagefile.sys"）的默认大小是计算机上内存大小的 1.5 倍。

在多个驱动器之间划分虚拟内存空间，并从速度较慢或者访问量大的驱动器上删除虚拟内存，可以优化虚拟内存的使用。要最优化虚拟内存空间，应将其划分到尽可能多的物

理硬盘上。在选择驱动器时,请记住下列准则:
- 尽量避免将页面文件和系统文件置于同一驱动器上。
- 避免将页面文件放入容错驱动器,例如镜像卷或 RAID-5 卷。页面文件无需容错,而且有一些容错系统的数据写操作会减慢,因为它们需将数据写到多个位置。
- 不要在同一物理磁盘驱动器中不同的分区上放置多个页面文件。

更改虚拟内存页面文件大小的操作如下。

(1) 如前面步骤打开系统属性窗口。

(2) 在系统属性窗口的"高级"选项卡上,单击"性能"组里的【设置】按钮,打开性能选项窗口,如图 2.27 所示。

(3) 单击"性能选项"对话框中的"高级"选项卡,单击"虚拟内存"组里的【更改】按钮,打开虚拟内存的设置窗口,如图 2.28 所示。

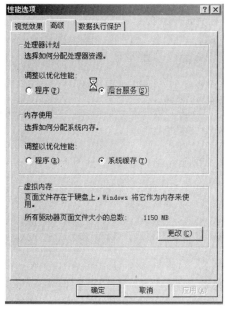

图 2.27　性能选项　　　　　　　　　图 2.28　虚拟内存

在"驱动器[卷标]"里,单击包含要更改的页面文件的驱动器。

单击"所选驱动器的页面文件大小"下的"自定义大小",然后在"初始大小(MB)"或"最大值(MB)"框中以 MB 为单位键入新的页面文件大小,然后单击【设置】按钮,完成后单击【确定】按钮保存设置退出设置画面。

如果减小了页面文件设置的初始值或最大值,则必须重新启动计算机才能看到这些改动的效果,增大通常不要求重新启动计算机。

注意:

1. 要执行该过程,您必须是本地计算机 Administrators 组的成员,或者您必须被委派适当的权限。如果将计算机加入域,Domain Admins 组的成员可能也可以执行这个过程。作为安全性的最佳操作,可以考虑使用运行方式来执行这个过程。

2. 要让 Windows 选择最佳页面文件大小，请单击"系统管理的大小"。
3. 为获得最佳性能，请不要将初始大小设成低于"所有驱动器页面文件大小的总数"下的推荐大小最低值。推荐大小等于系统内存大小的 1.5 倍。尽管在使用需要大量内存的程序时您可能会增加页面文件的大小，但还是应该将页面文件保留为推荐大小。
4. 要删除页面文件，请将初始大小和最大值都设为零，或者单击"无页面文件"。微软强烈建议不要禁用或删除页面文件。
5. 在配备有 8 个（或 8 个以上）处理器并且安装了最大内存容量内存的计算机上，可通过将页面文件拆分为多个页面文件来改善性能。每一个页面文件必须在单独的物理磁盘上；出于可靠性的考虑，每一个磁盘必须是硬盘 RAID-5 卷的一部分。
6. 可使用"计算机管理"管理单元中的"系统属性"远程更改虚拟内存页面文件的大小。

2.4.3 选择如何分配处理器资源

在性能选项的"高级"选项卡上，可以选择如何分配处理器资源。

系统处理由 Windows 管理，它可以在不同的处理器之间分配任务，并管理单个处理器上的多个进程。但可将 Windows 设置为向当前运行的程序分配更多的处理器时间。这样会使程序响应得更快。或者，如果有后台程序（例如，工作时要运行打印或者磁盘备份），则可让 Windows 在后台和前台程序之间平均共享处理器资源。

（1）打开性能选项的高级选项卡。
（2）在"处理器计划"下，执行以下操作之一：
- 单击"程序"单选按钮，将更多的处理器资源分配给前台程序而非后台程序。
- 单击"后台服务"单选按钮，对所有程序都分配相同数量的处理器资源。

2.4.4 选择如何分配系统内存

在性能选项的"高级"选项卡上，如图 2.27 所示，可以选择如何分配处理器资源。

您可以进行选择以便优化计算机的内存使用情况。如果计算机主要用作工作站，而不是服务器，则可将更多的内存分配给程序。程序将运行得更快，系统缓存的大小将达到 Windows 提供的默认大小。如果计算机主要用作服务器，或所用的程序要求较大的缓存，那么可选择给较大的系统缓存留出更多的计算机内存。

（1）打开如图 2.27 所示的性能选项的高级选项卡。
（2）在"内存使用"下，执行以下操作之一：
- 单击"程序"单选按钮，将更多的内存分配给程序。
- 单击"系统缓存"单选按钮，选择给较大的系统缓存留出更多的计算机内存。

2.5 设备驱动程序

2.5.1 设备驱动程序的概述

1. 什么是设备

作为操作系统，需要管理大量的硬件设备。所谓设备，是指连接在计算机上的硬件，如显示卡、网卡、声卡等。

设备可以分为两大类：即插即用设备和非即插即用设备。

(1) 即插即用设备

在安装一个即插即用设备时，Windows 会自动配置该设备，这样该设备就能和计算机上安装的其他设备一起正常工作。作为配置过程的一部分，Windows 将一组唯一确定的系统资源分配给正在安装的设备。

(2) 非即插即用设备

在安装非即插即用设备时，该设备的资源设置不是自动配置的。可能必须手动配置这些设置，这取决于所安装设备的类型，设备附带的手册中应该提供如何进行配置操作的指导。

2．什么是设备驱动程序

为了使设备能在 Windows 环境下正常工作，必须在计算机上安装被称作"设备驱动程序"的软件。每个设备都由一个或多个设备驱动制造商提供。但是，某些设备驱动程序是包含在 Windows 中的。如果属于即插即用硬件，则 Windows 能自动检测到该设备并安装适当的设备驱动程序。

2.5.2 驱动程序的管理

驱动程序的管理利用系统提供的设备管理器进行管理，打开设备管理器的方法有多种，常用的有两种：一种是在计算机管理控制台里打开；另一种是在系统属性窗口的"硬件"选项卡里。本节步骤是第一种，后面会提示到第二种。

1．驱动程序的更新、禁用、卸载

(1) 打开设备管理器的步骤：单击"开始"，指向"设置"，单击"控制面板"，依次双击"管理工具"和"计算机管理"，再单击"设备管理器"，如图 2.29 所示。

(2) 双击要查看的设备类型，右键单击指定的设备，利用弹出的菜单（如图 2.30 所示）直接更新设备驱动程序、禁用驱动程序（启用时再次弹出此菜单即可）或卸载驱动程序。

图 2.29　设备管理器

图 2.30　设备的右键菜单

2．查看设备和驱动程序的详细信息属性

（1）打开设备管理器的步骤：单击"开始"，指向"设置"，单击"控制面板"，依次双击"管理工具"和"计算机管理"，再单击"设备管理器"，如图2.29所示。

（2）双击要查看的设备类型，右键单击指定的设备，利用弹出的菜单（如图2.30所示）单击"属性"，在"驱动程序"选项卡上有设备的信息（如图2.31所示），单击"驱动程序详细信息"，查看驱动程序文件的详细信息（如图2.32所示）；在"驱动程序"选项卡上，也可以单击【更新驱动程序】以安装更新的驱动程序；单击【卸载】按钮以卸载驱动程序。

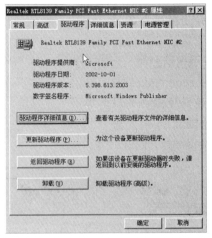

图2.31 驱动程序选项卡

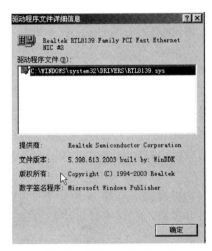

图2.32 驱动程序文件详细信息

3．设备驱动程序的回滚

与Windows Server 2003不同，当我们因为安装了错误的驱动导致系统出现了问题，在Windows Server 2000时，因为新的驱动会覆盖旧的驱动，所以只有重新安装驱动程序，但是在Windows Server 2003中，可以回滚驱动程序来迅速地恢复错误。

在Windows Server 2003中，当安装了新的驱动程序后，旧的驱动程序会被系统所保留，这样，当驱动出现了问题后，就可以方便地进行修复了。

回滚驱动程序步骤如下：

单击"开始"，指向"设置"，单击"控制面板"，依次双击"管理工具"和"计算机管理"，再单击"设备管理器"（如图2.29所示）。

双击要查看的设备类型，右键单击指定的设备，利用弹出的菜单（如图2.30所示）单击"属性"，在"驱动程序"选项卡上有设备的信息（如图2.31所示），单击"返回驱动程序"。

2.5.3 驱动程序签名管理

设备驱动程序和Windows中的操作系统文件有一个Microsoft数字签名。数字签名表明某个特殊的驱动程序或文件已经达到了一定水平的测试要求，并且没有被其他程序的安装过程更改或覆盖。具有"Designed for Microsoft Windows"或"Designed for Microsoft

第2章 安装 Windows Server 2003

Windows Server 2003"徽标的硬件设备的设备驱动程序都有来自 Microsoft 的数字签名,以表明该产品已经过 Windows 兼容性测试并且自测试以来未发生变化。

根据管理员配置计算机的方式,Windows 可能会忽略没有经过数字签名的设备驱动程序,并在它检测到没有数字签名的设备驱动程序时发出警告消息(默认行为),也可能会阻止您安装没有数字签名的设备驱动程序。

Windows 包含以下功能,用于确保设备驱动程序和系统文件保持原始的数字签名状态:

- Windows 文件保护
- 系统文件检查程序
- 文件签名验证

1. 查看驱动程序数字签名信息

在查看驱动程序的详细信息是能够看到驱动程序的数字签名信息,如图 2.31 和图 2.32 中的数字签名程序信息。如能够看到就表明驱动程序已经有数字签名并且可以知道进行数字签名的程序名称。

2. 管理驱动程序的数字签名

设置驱动程序的数字签名选项步骤:

(1) 单击"开始",指向"设置",单击"控制面板",在"控制面板"中双击"系统"图标,打开系统属性窗口。也可以在桌面上右键单击"我的电脑"图标,在弹出的菜单里单击"属性",打开系统属性窗口。

(2) 单击"硬件"选项卡,如图 2.33 所示。在此单击【驱动程序签名】按钮就进入"驱动程序签名选项"的窗口,如图 2.34 所示。

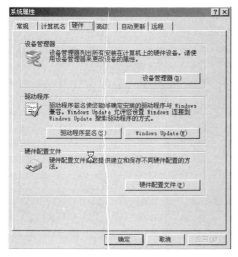

图 2.33 系统属性的硬件选项卡

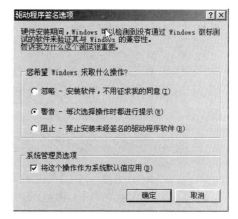

图 2.34 驱动程序签名选项

注意在此单击【设备管理器】按钮就进入设备管理器窗口，即前面介绍的第二种打开设备管理器的方法。

（3）在"你希望 Windows 采取什么操作？"下，单击单选项以确定让系统对未签名的驱动程序采取响应的管理措施。

- "忽略"，允许该计算机上安装所有设备驱动程序，无论这些驱动程序是否具有数字签名。除非你以管理员或 administrators 组的成员登录，否则该选项不可用。
- "警告"，只要安装程序或 Windows 尝试安装没有数字签名的设备驱动程序，就会显示警告信息。这是 Windows 默认行为。
- "阻止"，阻止安装程序或 Windows 安装没有数字签名的设备驱动程序。

（4）如果你以管理员或 administrators 组成员的身份登录，请单击"系统管理员选项"下的"将这个操作作为系统默认值应用"，将所选设置作为登录该计算机的所以用户的默认值。

2.6 关于区域和语言选项设置

2.6.1 "区域和语言选项"概述

默认情况下，Windows Server 2003 家族中的产品将为 Windows 支持的大多数输入语言安装文件。但是，如果要以其他东亚语言（日语或朝鲜语）或者复杂文种及从右向左书写的语言（阿拉伯语、亚美尼亚语、格鲁吉亚语、希伯来语、印度语、泰国语或越南语）输入或显示文本，则可以通过 Windows CD-ROM 或者（如果适用的话）网络安装语言文件。

每种语言都有默认的键盘布局，但许多语言还有可选的版本。即使您使用一种语言完成大多数工作，也有可能希望尝试使用其他布局。例如在英语中，使用"美国英语-国际"布局键入带重音的字母可能较为简单。

可以使用"区域和语言选项"来更改 Windows 用来显示日期、时间、货币量、大数和带小数数字的格式。还可以使用很多输入语言和文字服务，例如其他键盘布局、输入方法编辑器及语音和手写识别程序。

写字板和记事本允许利用其他语言创建文档，但是字处理程序可以包括其他特性（例如，拼写检查程序），从而有助于用多种语言创作文档。

如果向其他人发送文档，收件人的计算机上也必须安装有相同的语言，这样才能阅读和编辑文件。

2.6.2 区域日期、时间、货币量

可以通过"控制面板"中的"区域和语言选项"更改 Windows 中日期、时间、货币金额、大数字以及含小数的数字的显示格式。

改变日期、时间格式的步骤如下。

（1）打开"控制面板"，如图 2.35 所示；

第 2 章 安装 Windows Server 2003

(2) 双击"区域和语言选项"图标，打开"区域和语言选项"窗口，如图 2.36 所示；

(3) 在"区域选项"选项卡上选择匹配的项目或自定义各项的格式。

图 2.35 控制面板

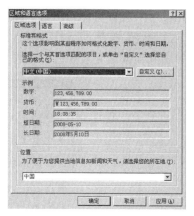

图 2.36 区域和语言选项

2.6.3 区域文字输入方法管理

Windows 安装程序默认会安装上适当的几种输入方法，可以根据自己的日常使用习惯定制输入方法，如把不常用的输入方法删除或把要使用输入方法安装上等。

1．添加和删除输入法步骤

在"区域和语言选项"窗口的语言选项卡上，单击【详细信息】按钮，在"文字服务和输入语言"窗口的"设置"选项卡上通过【添加】、【删除】按钮来进行输入法的添加和删除，如图 2.37 所示。

图 2.37 文字服务和输入语言

2. 输入法属性设置

具有属性的区域语言输入方法可以通过更改输入方法的属性来定制相应的输入方法。步骤：在文字"服务与输入语言"窗口（如图 2.37 所示）里单击选中相应的输入方法，单击亮起的【属性】按钮即可打开属性设置窗口，如图 2.38 所示，完成后单击【确定】按钮退出或单击其他按钮完成相应的动作。

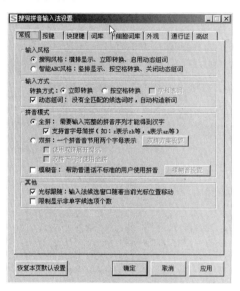

图 2.38 输入法属性

3. 语言栏和高级键设置

通过设置可以定制语言栏是否显示在桌面上或定义打开相应输入方法的快捷键等。

（1）设置语言栏步骤：在文字"服务与输入语言"窗口（如图 2.37 所示）下方单击【语言栏】按钮，打开"语言栏设置"窗口（如图 2.39 所示），单击相应的复选框即可完成相应的设置。

（2）定义高级键步骤：在文字"服务与输入语言"窗口（如图 2.37 所示）下方单击【键设置】按钮，打开"高级键设置"窗口（如图 2.40 所示），单击选中相应的项然后单击下方【更改键顺序】按钮设置组合快捷键，在这里也可以选择关闭大写输入状态的按键。

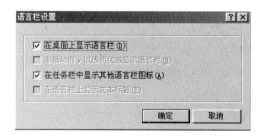

图 2.39 语言栏设置

图 2.40 高级键设置

第 2 章 安装 Windows Server 2003

复习题

2-1 Windows Server 2003 网络操作系统家族有哪些常用的版本？

2-2 企业版的安装在硬件上应满足哪些基本的条件？

2-3 区域设置项里面有哪些常用的设置？

2-4 实训：管理常用汉字输入方法。

第 3 章 管理本地用户账号和组账号

本章学习目标：
(1) 了解 Windows Server 2003 中用户账号和组账号的作用
(2) 了解系统的预定义用户账号和组账号
(3) 掌握用户账号的管理
(4) 掌握组账号的管理
(5) 了解使用用户账号和组账号的原则

本章讲解网络操作系统的用户账号和组账号的基本知识，用户账号的管理和组账号的在管理。了解在系统中创建和管理用户账号和组账号的基本原则。

3.1 本地用户账号概述

Windows Server 2003 中如果不使用用户账号，没有人可以使用任何一台安装了 Windows Server 2003 系统的计算机或者连入任何网络。用户账号就像车的钥匙，没有这把钥匙就无法开动汽车。

3.1.1 什么是用户账号

这个问题看上去有点莫名其妙，但是在本地计算机上（或 Windows 网络域中），用户账号的定义与自动过程、网络对象（设备和计算机）和人都有关系。人类用户利用机器或网络来完成工作，但是网络或过程中需要调用其他对象的任何过程、机器或技术也被 Windows 操作系统看做用户。Windows Server 2003 安全子系统并不会区别人类和使用其资源的设备，它指识别相应的账号。其实用户账号就是计算机操作系统中或网络中表示使用者的一个标识。

3.1.2 本地用户账号

用户账号在 Windows Server 2003 中共有两类：本地用户账号和域用户账号。本地用户账号是指登录到本地 PC、工作站、服务器的用户账号；域用户账号是指通过网络登录到域的用户账号。

本地用户账号的适用范围仅限于某台计算机。每台 PC、工作站、独立的服务器或成员服务器上都拥有本地用户账号，并存放在该机的数据库（SAM）中。Windows Server 2003 中对用户账号的安全管理使用了安全账号管理器 SAM (Security Account Manager) 的机制，

第 3 章 管理本地用户账号和组账号

安全账号管理器对账号的管理是通过安全标识进行的，安全标识在账号创建时就同时创建，一旦账号被删除，安全标识也同时被删除。安全标识是唯一的，即使是相同的用户名，在每次创建时获得的安全标识都时完全不同的。因此，一旦某个账号被删除，它的安全标识就不再存在了，即使用相同的用户名重建账号，也会被赋予不同的安全标识，不会保留原来的权限。

安全账号管理器的具体表现就是%SystemRoot%\system32\config\sam 这个文件。SAM 文件是 Windows Server 2003 的用户账号数据库，所有用户的登录名及口令等相关信息都会保存在这个文件中。

3.1.3 预定义账号

安装 Windows Server 2003 后，不论是独立机器或成员服务器，还是支持活动目录的域控制器，操作系统都将建立默认账号。在独立机器（服务器或工作站）上，默认账号是针对本地域的本地账号，并被存放在 SAM 中。

默认的账号包括管理账号，它使你能够登录、管理网络或本地计算机，同时 Windows Server 2003 还安装了内置计算机或 Guest 账号以及匿名 Internet 用户账号。有些账号默认为禁用，必须被显式地激活。

一旦可行就重新命名管理账号是一个很好的做法，这样可以达到隐藏其用途以及访问和安全等级（在 Windows NT 中无法隐藏，但在 Windows Server 2003 中，已经实现）的目的。如果仍有安全顾虑，可以审查管理员的行为，确定谁或者何时使用账号。

当用户把一个域控制器（DC）降级为独立服务器时，特别当它是网络上最后一个 DC 时，操作系统将会提示输入本地 Administrator 账号的密码。操作系统能在发生变化后保障可以本地登录和访问计算机。当服务器从域里脱离后，它将机器的控制权返还给特定计算机的账号安全管理器（SAM）。

1．Administrator 账号

无论安装的是 Windows Server 2003 哪一个版本，Administrator 账号都是安装 Windows Server 2003 后创建的第一个用户账号。它创建在本地 SAM 和活动目录中。

在 Windows Server 2003 及其所有更早的版本中，Administrator 是 CEO。以 Administrator 身份登录，可以访问整个系统和网络，如果没有内置用户的这种功能，建立第一个对象将是不可能的。

然而，Administrator 账号并不安全。随着时间的推移，密码会被传出去，网络都会陷入困境。我们曾经见过大公司的 Administrator 账号密码泄露出去的可怕局面，它甚至允许外来域中的用户进入破坏，而不需要总部里管理信息系统（MIS）人员的密钥。

那么如何才能防止账号滥用？对于初级用户来说，既不能删除账号也不能禁用账号，因为那样很容易被系统锁到外面，或者成为拒绝服务（DOS）攻击的牺牲品。

但是可以重新命名该账号，或者提供了一个隐藏 Administrator 真实身份和锁定访问的机会。

在新的 Administrator 被添加到域之前，在文档中记录下管理员密码，然后把它锁在一个安全的位置：

（1）重新命名 Administrator 账号。一旦重新命名了真实账号，就可以创建一个伪账号。

（2）创建一个新用户作为伪 Administrator，并赋予其向管理员组分配账号的权利或者根本就不给它管理能力。

（3）终止使用真实 Administrator，锁定密码。

这时可能你会说"这样仍旧不能阻止别人得到其他管理员账号的密码而滥用账号"。但是现在如果账号成为安全隐患，那么你能够进行监控、审计、禁用以及删除它们。当然，在特定的情况下删除以及在特定期间里重建管理员都要付出代价。

2．Guest 账号

Guest 账号是在第一次安装 Windows Server 2003 时第二个预建的默认账号，此账号对于那些在任何域中都没有账号或者账号失效的客户和访问者来说十分有用。

Guest 账号并不需要密码，可以给与其访问计算机资源的特定权限。

一些组织并不信任 Guest 账号，他们从一开始就禁用这些账号。如果禁用 Guest 账号，就等于拒绝那些没有账号的用户登录。在高级安全环境中，这个策略可能有效。但是即使在敏感环境中，这些账号也是非常便利的。在取消这种便利、禁用这些账号之前，考虑一下下面这些因素：

（1）利用 Guest 账号，正在等待用户账号的新用户可以在计算机上完成部分工作。例如，他们可以获取一些开放资源。

（2）利用 Guest 账号，可以使已经因为某些原因被锁定的用户登录到域，访问企业的 Intranet 和本地资源。锁定问题会并且将经常发生。

当账号被封的原因还在调查之中时，被怀疑有犯罪行为的雇员可能被要求登录到 Guest 账号。这有助于缓解可能的紧张气氛。这将会给用户留下自己仍能登录的印象，但是某些访问权利已经被删除了。

3．Internet 用户账号

Windows Server 2003 也为匿名访问 IIS 提供默认或内置的账号。可以操纵这样的账号，但最好放弃这样做，因为默认设置对 IIS 来说是足够的。

3.1.4 安全标识符

安全标识符（SID）是一个可变长度的用来鉴定相对于安全子系统的账号的唯一值。SID 并不等同于对象标识符（OID）。SID 保证账号机器相关权限和许可的唯一性。如果删除某一个账号，然后以同样的名称创建，就会发现原先此账号所有的权限和许可都不见了，这是因为原有的 SID 随着先前的账号一起被删除了。

创建一个账号时。系统同时会创建一个 SID 并把它存储在 SAM 中，SID 的第一部分识别创建 SID 的域，第二部分成为相关 ID（RID）指的是实际创建的对象（因此和域相关）。

用户登录计算机或域时，SID 重新从数据库中找回放在用户访问凭证中。从登录的那一刻开始，SID 就用来鉴别用户所有与安全相关的行为和交互。

Windows NT，Windows 2000 和 Windows Server 2003 中使用 SID，是出于下列目的：
- 鉴别对象所有者。
- 鉴别对象所有者组。
- 鉴别账号用户访问相关的行为。

在安装过程中系统创建众所周知的特定的 SID 用来鉴别内置用户和组。当用户作为客户登录系统时，用户的访问凭证将包括为客户组服务的众所周知的 SID，它将防止客户进行破坏或访问没有权力访问的对象。

3.1.5 SAM 和 LSA 鉴别

Windows Server 2003 SAM 由 Windows 2000 SAM 派生而来，所以他们的工作机制相同。但是它不再在网络域管理中起作用。独立服务器和成员服务器使用 Windows Server 2003 SAM 验证或确认持有本地账号的用户以及自动过程。SAM 仍旧隐藏在注册表中，并在 Windows Server 2003 中起重要作用。而且 SAM 是本地安全鉴别（LSA）中的一个必要组成部分。LSA 验证之所以存在，有下面一些原因。

（1）处理本地登录请求。

（2）允许有特殊请求的 ISV（独立软件开发商）和使用 LSA 的客户获得本地验证服务，访问控制应用程序可能利用 LSA 验证磁卡控制访问的持有者等。

（3）为设备提供特定的本地访问，为了安装某设备或获得系统资源访问，需要获得 LSA 验证。磁带备份设备就是一个很好的例证，它需要获得对本地数据库管理系统或要求本地登录的计算保护程序的验证才能访问。

提供不同类的本地验证。并不是每一个人都可以利用活动目录鉴别和登录程序，这也并不是一个人想做的，因此 LSA 给这部分用户（过程）提供他们所惯用的或者为 Windows NT 4.0 及更早版本建立的本地登录工具。

当建立独立服务器时，Windows 会创建默认或内置账号。这些账号是被创建在存储于本地 SAM 中，两个被创建的本地域分别为 Account 和 Butltin。

当首次安装 Windows Server 2003 时，这些本地域系统都是在机器的 NetBIOS 类型名称之后命名的。如果改变机器名称，则下一次重启服务器时域名称也会变成新机器的名称。也就是说，如果设置一台独立服务器并取名为 LONELY1，一个名为 LONELY1 的本地域就会自动创建在本地 SAM 中。同时操作系统将会为这个域创建内置账号，之后就可以在本地遗留域中创建任意本地账号。

3.1.6 熟悉运行方式（RunAs）

在继续创建和管理账号之前，应该花些时间了解以何其他用户身份运行（RunAs）应用程序和服务。这对于管理工作，尤其是解决账号问题时有预想不到的作用。

RunAs 也称为次级或预备登录。RunAs 允许用户执行应用软件，访问资源或者载入某一环境或配置文件等，以及使用另一个用户账号的凭证，而不必从原先登录的计算机上的账号上注销。RunAs 是非图形化的可执行程序，它驻留在服务器和工作站中的 %System%\System32 文件夹中。它还是一项从操作系统中的不同地址访问的服务。可以从桌面链接到 RunAs 或者创建能利用其服务的脚本和应用软件。还可以建立应用程序的快捷方式，允许其通过任何一个用户账号凭证被执行（条件是拥有另外账号的密码）。

　　RunAs 从根本上允许用户在另一个用户账号的安全环境中操作某一界面或应用软件，于此同时保留当前的用户安全环境和登录状态。RunAs 特征很简单但是很有用，它能帮助用户在不从工作站注销的情况下验证登录用户和密码。举一个简单的例子，也许是描述RunAs 用法的最好途径。

　　（1）在桌面的快捷方式图标上右键单击，在弹出的菜单（如图 3.1 所示）中单击"运行方式"（如果菜单中没有出现"运行方式"可在右键单击时先按下【Shift】键即可）即可打开用户账号输入验证窗口，如图 3.2 所示，确定后即以确认的用户账号运行该快捷方式。

　　（2）如果双击快捷方式上运行时总是出现选择运行用户账号的界面，可以设置快捷方式的高级属性。步骤：在右键菜单中（如图 3.1 所示）单击属性，在属性窗口的"快捷方式"选项卡下部（如图 3.3 所示）单击【高级】按钮打开"高级属性设置窗口，如图 3.4 所示，选中"以其他用户身份运行"复选框，确定即可。

图 3.1　快捷方式的右键菜单

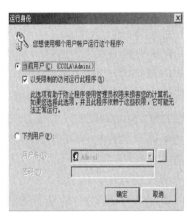

图 3.2　运行身份

图 3.3　快捷方式的属性窗口

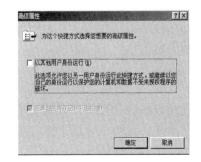

图 3.4　高级属性

　　再次右键单击快捷方式时，会发现"运行方式"行已经被以粗体形式添加到了上下文菜单中。然而，只需双击快捷方式图标，"以其他身份运行"的对话框就会出现。可以在这里输入用户账号和密码。

深入研究一下会发现可以进行预备登录和故障解决问题的测试，例如对共享文件、打印机的访问等。可以登录网络，然后转换到预备账号提供的环境。这样管理员就可以允许用户在另一账号的环境下运行应用软件程序。

3.2 本地用户账号管理

用户账号与银行账号类似。没有银行账号，就不能享受银行的服务，诸如存款、支付账单、借贷和处理金融事务等。如果用户准备工作时不能登录，接下来的情景就如同银行账号突然被冻结了一样。

3.2.1 命名用户账号和设置密码的注意事项

1．命名用户账号的要求

如果管理员遵循推荐的用户账号命名规范，可以使自己的工作变得更为轻松。管理员能够并且应当谨慎地规划用户名字空间，发布围绕规范制定的规则和策略，并且始终如一地坚持。没有比继承一个不存在命名规范的账号目录更糟糕的事情了。

用户账号的命名规范考虑以下几点：

（1）用户账号名称在创建账号的域中必须是独一无二的。

（2）用户账号前缀最多能包含 20 个大小写字符。登录过程并不区分大小写。然而域（field）保留了大小写的区别，允许用户新增命名规范，例如 JohnS 不同于 johns。

（3）下列字符不允许出现在账号名称中："<>?*/\|;:=,+[]。

（4）可以使用字母和破折号或下划线命名，但要注意，账号名也可能用作电子邮件地址。

2．设置密码的要求

账号不总是必须有密码，这受到组策略的控制。许多管理员使用组合大些首字母和数字的方法编制密码，保持他们在整个企业中的一致性。

密码规范考虑以下几点：

（1）密码长度最多可以达到 128 个字符。但是，这并不表示微软希望用户设定需要一整天才能输入完毕的密码。然而智能卡或非交互式登录设备可以使用那种长度的密码。

（2）创建的密码不能少于 5 个字符，本书推荐最少为 8 个字符。

（3）密码中不允许含有："<>?*/\|;:=,+[]这些字符。

密码管理对每一个人来说都是一件可怕的事情。通常大多数管理员把密码列表放在各种数据库文件和帮助文档中。因为用户会经常发现他们被无缘无故地锁在计算机、域和资源之外，为了帮助用户解决故障，管理员经常需要登录到用户账号上"体验"一下出了什么毛病。许多管理员采用这种方式查找并检修故障，因为在用户环境中查找故障十分有效。以其他身份运行（RunAs）服务就是一个管理用户账号和查找检修故障的有用工具。

密码的发布和管理问题在各种平台上均相似，尤其在 NetWare 和 Windows NT 以及 Windows Server 2003 上。在给予用户密码时，有以下三种适合的形成策略的方式。

（1）指定密码。

（2）让用户自己选择密码。

（3）给部分用户指定密码，其余用户自设密码。

以上三种方式各有利弊，不同的公司可以根据情况自己选择其中一项。

如果选择了第一种方式，必须采用一种易于管理人员记忆的密码命名方案（和开放领域中的一样安全），或者在安全数据库中输入用户密码。

然而前者并不真正安全，因为很容易判断出管理员使用的是哪种方案。制作密码的通用方法是将用户名的大写首字母和社会保障号、驾照号码或其他形式的号码的一部分相结合。例如：Zh0934。由于一个方案下建立的账号就有几千个，所以要更改它们是件可怕的事。

第二种方式允许用户自己选择密码。这种方法较为放心但是充满了危险。首先，一些用户在机器上或文件夹中存放了大量敏感资料，而他们设定的密码通常很容易被破译。许多用户选择 12345678 作为密码，当被问起时，他们解释说这省事，打算以后再更改密码。

其次，在公司的网络上让用户自选密码，可能造成不便。在寻找维修故障时，管理员通常不得不通过电话（所有人都能听到）或者电子邮件询问密码。那样，因为密码主人不在岗位或者 Windows Server 2003 拒绝此密码，管理员需要重新设置密码的情况有时也会出现。

最好的策略是选择第三种方式，为大多数用户指定密码，并允许经由挑选的用户（证明自己需要保密的用户）自己设置密码。

产生安全的密码，而不是明显地只取首字母的缩写词。把密码记录在一个安全的位置，或者是难以侵入的数据库管理系统，如加密的 Microsoft Access 数据库文件；或者是 SQL Server 表格。这种选择的另一个弱点就是给予新用户密码时，通常密码在到达最终用户前会几经周转，因此用户需要创建临时密码指定方案。

3.2.2 创建用户账号

安装完后首先要做的第一件事就是创建用户账号。以普通用户的身份使用计算机有利于保护系统，防止误操作破环系统的完整性。

用户账号的管理在计算机管理控制台完成，打开计算机管理控制台的步骤。

（1）单击"开始"→"设置"→"控制面板"，双击"管理工具"图标，在"管理工具"窗口，如图 3.5 所示。

（2）在窗口里双击"计算机管理"，打开计算机管理控制台，如图 3.6 所示。单击"本地用户和组"，在"用户"项上右键单击，在弹出的菜单（如图 3.7 所示）里单击"新用户"，或单击"用户"项后，在右侧的明细窗口的空白位置右键单击，在弹出的菜单里单击"新用户"，如图 3.8 所示。

第 3 章　管理本地用户账号和组账号

图 3.5　管理工具

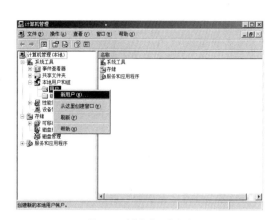

图 3.6　计算机管理控制台

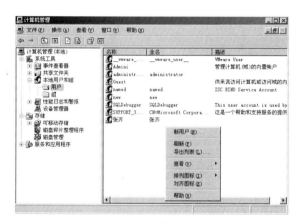

图 3.7　弹出的菜单

图 3.8　新用户窗口

（3）在"新建用户"窗口（如图 3.9 所示）里输入唯一的用户名和全名，描述部分输入对用户账号的必要说明；在密码栏和确认密码栏填写初始密码。

（4）下部的复选框说明："用户下次登录时须更改密码"选中后会要求用户账号在第一次登录时设置心得密码，用于由管理员设置简单的密码后用户自己设置复杂的密码；"用户不能更改密码"选中后用户不能更改密码，只能由管理员进行更改，用于公用用户账号，本项和前面项不能同时选中；"密码永不过期"选中后本用户账号会忽略密码策略，安全子系统不再根据密码策略监视、提醒此账号密码的更新情况；"账号已禁用"用于临时禁止此用户账号登录。当维护此账号时，会出现"账号已锁定"项，此项由系统根据用户账号的安全策略自动设置和解除，用于防止非法猜测此账号密码，输错一定次数后此账号锁定一定的时间间隔，之后解除，防止连续猜测密码，非法利用此账号侵入系统。

3.2.3　重新命名用户账号

Windows Server 2003 允许重新命名用户账号，因为 SID 不会改变。用户要做的只是改变这个对象的某些属性值。

步骤如下：在计算机管理控制台的用户明细窗口，右键单击需要重新命名的用户账号，在弹出的菜单里单击重命名，如图 3.9 所示；或者直接点击用户名进行重命名，如图 3.10 所示。

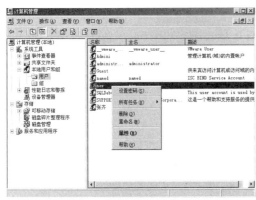

图 3.9　用户账号管理窗口　　　　　　　图 3.10　用户账号重命名窗口

3.2.4　重新设置密码和删除用户账号

当用户账号的密码由于某些原因泄露或者被粗心的使用者遗忘后需要管理员及时重新设置密码。

步骤：在图 3.9 所示窗口的菜单里单击"设置密码"，在密码设置窗口中输入新的密码，确认即可。

从常识上说，删除账号不能犹豫不决。一旦账号被删除，就不能再收回。SID 可以被追逐，但不能恢复。因此缺少恢复被删除文件这个特征，所以作为活动对象的用户账号和 SID 就永远丢失了。

可以考虑把特定期限（例如 6 个月）内被禁用的账号删除。然而，本书建议除非有充足的理由删除账号，否则就保持其禁用状态。因为被删除的用户账号的使用人员通常会在 6 个月后返回，做类似的工作。这样就不得不再次恢复同样的用户账号，使其拥有与原用户账号相同的权限和许可、组成员资格等。所以删除账号是无益之举。

步骤：在图 3.9 所示窗口的菜单里单击"删除"后，在确认窗口里确认即可删除此账号。

3.2.5　禁用用户账号或设置账号的其他属性

如果想使一个账号失效，可以禁用此账号。步骤：在如图 3.9 所示的窗口中单击账号的右键菜单"属性"，打开用户账号的属性窗口，如图 3.11 所示。可以在各选项卡上设置所需的账号属性。

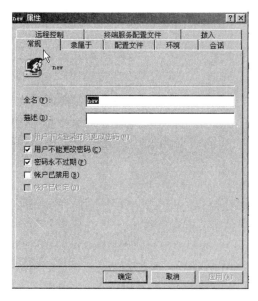

图 3.11　用户账号属性

3.3 组账号管理

3.3.1 组账号概述

在 Windows Server 2003 中，组管理相对于 NT 中的组管理有很大的改进。管理员能够科学地创建和使用组，的唯一用途是作为安全主体提供和控制对计算机和网络资源的访问。

组只是一个管理用户账号的容器。然而，组最重要的作用是用户可以把许可授权给它，而不必对每一个用户都授予许可。甚至唯一的管理员账号也被放进若干个组中，来获得对敏感资源和信息的访问。

3.3.2 预定义组

1. 预定义组

当安装 Windows Server 2003 操作系统中的特定组件和特征时，系统会安装预定义组。仅仅安装操作系统带有的各项服务，并不能自动地同时安装所有的组。预定义组一般已经赋予了特别的管理或访问权力和权限。

组的创建是为了方便管理用户账号，它们有着广泛的用途。当计划在进行中时（计划永远不会完成），可能处于严密的安全需要创建新组。下面列出的预定义组并不全面，可以在"本地用户和组"管理单元列表中找到更多的组。同时，许多第三方应用软件也会创建对它们自己有特效的附加组。一些组件应用软件如 CRM 和 ERP 就是很好的例子。

（1）Adminastrators（管理员组）：在安装过程中放入组中的唯一用户就是 Administrator。该组的成员具有对服务器的完全控制权限，并且可以根据需要向用户指派用户权利和访问控制权限。管理员账号也是默认成员。当该服务器加入域中时，Domain Admins 组会自动添加到该组中。由于该组可以完全控制服务器,所以向该组添加用户时请谨慎。还可以向这个组中添加任何用户账号,并给予它们广泛的访问和权力。

本组的成员具有如下具体的权利:从网络访问此计算机;调整某个进程的内存配额;允许本地登录;允许通过终端服务登录;备份文件和目录;忽略遍历检查;更改系统时间;创建页面文件;调试程序;从远程系统强制关机;提高调度优先级;加载和卸载设备驱动程序;管理审核和安全日志;修改固件环境变量;执行卷维护任务;调整单一进程;调整系统性能;从扩展坞中取出计算机;恢复文件和目录;关闭系统;取得文件或其他对象的所有权。

但仅仅依靠组中被授予的权限,管理员并不能访问每个人的文件和文件夹。如果文件或文件夹不许可访问,那么管理员也会被锁在外。这样做确保了对敏感的共享资料、文件和文件夹的保护,使它们的所有者和管理者能够安全锁定这些资源。

(2) Users(用户组):本地用户组是为 Windows Server 2003 中的用户账号创建的默认组,不要把这个组与存放 Anonymous 账号或 Guest 账号的用户文件夹相混淆。

该组的成员可以执行一些常见任务,例如运行应用程序、使用本地和网络打印机以及锁定服务器。用户不能共享目录或创建本地打印机。默认情况下,Domain Users、Authenticated Users 以及 Interactive 组是该组的成员。因此,在域中创建的任何用户账号都将成为该组的成员。

本组成员具有如下具体权利:从网络访问此计算机;允许本地登录;忽略遍历检查。

(3) Backup Operators(备份操作员组):组成员可以备份和恢复系统,但是它们只能使用备份程序来备份文件和文件夹。

(4) Print Operators(打印操作员组):组成员可以在打印服务器上创建、删除和管理打印共享点。他们也可以关闭打印服务器。

2. 系统组

系统安装是同时创建几个特殊组或称为系统组,这些组不能被编辑、禁用或删除,也没有添加成员的权限,它的成员有系统随时添加和删除。它们可以从共享文件、文件夹和许可列表中移走,但是在"本地用户和组"管理单元中并不可见。Windows Server 2003 把需要即时提供给安全子系统的对象存储在这些组中。

(1) Everyone(所有人组):这个组意思是正在使用计算机和网络的每一个人。只需允许这个对象共享,所有用户就可以访问这个对象,即使是一个来自于遥远星球的外星操作系统的账号。只要他们存在,就能够访问这个对象,因此建议将 Everyone 组从用户资源中删除,而是用 Users 组(包括 Domain user)。无论何时得到命令把某人从公开的共享资源中删除,只需把他从 Domain User 说 Users 组中剔除即可。

(2) Interactive(交互组):成员为所有正在使用计算机的本地用户账号。

(3) Network(网络组):在网络上和计算机相连的所有用户,Network 组和 Interactive 组结合形成了 Everyone 组。

(4) System(系统组):这个组包括特定的组、账号和操作系统所依赖的资源。

(5) Creator Owner(创建者拥有者组):这个组包括拥有者和(或)文件夹、文件和打

第3章 管理本地用户账号和组账号

印作业的创建者。

另一个值得提及的组是 Power User 组，这个组中的成员没有全部控制权。这将帮助计算机的管理员更加严密地管理本地用户账号。

3.3.3 创建组账号

创建组账号步骤如下。

（1）打开计算机管理控制台，展开"本地用户和组"管理单元，右键单击"组"，如图 3.12 所示；或单击"组"后在右侧组的明细窗口空白位置右键单击，如图 3.13 所示。

（2）在弹出的菜单里单击"新组"，如图 3.14 所示。输入组名和关于组的描述即可，如果需要添加组的成员，单击右下角【添加】按钮，添加成员。

图 3.12　计算机管理控制台"组"

图 3.13　新建组菜单

图 3.14 新建组

3.3.4 管理组的成员

添加组成员有两种方式。

第一种是在用户账号属性窗口的"隶属于"选项卡上，如图 3.15 所示。

图 3.15 用户账号属性

(1) 单击左下角的【添加】按钮，打开选择组窗口，如图 3.16 所示，在输入对象名称框中输入组名，多个组名用";"分割。

(2) 如果不直接输入组名而是选择组名，可以单击选择组窗口（如图 3.16 所示）左下角的【高级】按钮，打开选择组的高级窗口（如图 3.17 所示）单击【立即查找】按钮查找存在的组，在查找结果列表上选中相应的组账号，双击或单击后点击【确定】按钮。

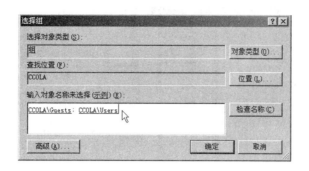

图 3.16 选择组窗口

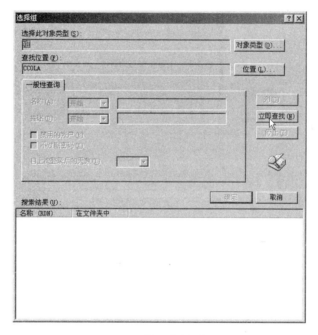

图 3.17 选择组的高级窗口

第二种是在组账号的属性窗口里添加成员，成员可以是用户账号或者系统组。具体步骤如下。

（1）在组账号明细窗口中在相应的组账号上单击右键，在弹出的菜单中单击"添加到组"或"属性"，如图 3.18 所示。

（2）打开组账号的属性窗口，如图 3.19 所示。在此能够看到已经存在的成员，添加成员要单击左下角的【添加】按钮，打开选择用户窗口，如图 3.20 所示。

（3）在选择用户窗口中输入要添加的用户账号或系统组账号，多个账号之间用";"分隔。

（4）如果需要查找用户账号或系统组账号，单击图 3.20 左下角的【高级】按钮，打开选择用户的高级窗口（如图 3.21 所示），单击【立即查找】按钮查找存在的组，在查找结果列表上选中相应的用户账号或组账号，双击或单击后点击【确定】按钮。

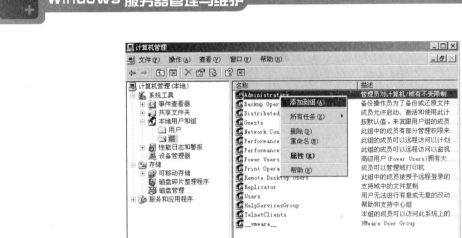

图 3.18 打开组账号的属性

图 3.19 组账号属性

图 3.20 选择用户窗口

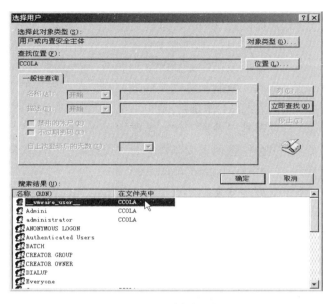

图 3.21 选择用户的高级窗口

3.4 管理用户和组之道

管理用户账号要求很高,它需要管理员具有果断的性格。大家认可能管理一个小组(例如 25 人)不是一件难事,但是随着用户数量的增加,任务会变得越来越复杂,需要借助于网络完成工作。因此管理员或用户管理者的生活是一项永不终止的对容忍力、自信、专心和领悟力的训练,管理员对管理技能的悟性越少,能够消减的工作就越多。

3.4.1 委托责任

管理策略和更改控制的最好方法是邀请部门领导和小组负责人参加进来。考虑到这一点,进行委托时应该考虑以下几项。

(1) 各部门领导是否需要新职责?它们是否有太多的负担而回避管理自己的组的意见?他们是否有足够的权限去管理同级人员?

(2) 如果策略规定他们必须参与,那么新的主动权下的管理是否能执行策略?

一旦部门领导同意参与管理各自的组,他们是否必须把管理职责委托给需要一些管理培训的人员?

(3) Windows Server 2003 下改变用户和组的管理尤为重要,因为随着管理权限的转移,权限变得分散起来,甚至在中心位置也是如此。因此,非常有必要建立一个由人力资源部、信息系统安全委员会和网络管理员组成的许可申请委员会或用户访问申请委员会。

(4) 一旦新用户被清除,负责新用户工作的小组过个人应该收到来自人力资源部的用户和组账号申请。一封电子邮件或表格送到信息系统安全委员会的人员那里,他负责根据用户的基本需要,在它们被指派的组织单位中设置建立用户的运转步骤。信息系统安全委员会的人员能够获得公司里使用的所有资源的敏感信息。例如,他知道在某台服务器上何种共享代表什么，或者如何提供对 AS400、远程访问服务器的访问等。

（5）雇员和小组负责人也可以促进或请求对他们掌管的工作人员配置文件和权限进行更改。例如：如果一名用户升职或被指派新的管理职责，他（她）可能需要把特定的只读权利改为全面控制，或者删除、复制和移动文件的权利。这些申请者不需要知道自己处于哪个组中。人力资源部的管理员的工作是帮助部门让一名新雇员清除原有公司雇员的记录，并尽可能高效地使新雇员获得她（她）工作所需要的全部资源。

（6）信息系统安全委员会检查列表或账号申请和设置表格可能包含以下内容：
- 用户 ID（登录）：jeffrey.shapiro@mcity.org
- 密码：依据系统或策略建立
- 设备：打印机、驱动器、扫描仪等
- 共享点：文件夹或目录共享
- 应用软件：能够使用哪些应用软件
- 工具：帮助、训练、设置工作站等
- 登录时间：登录日期和时间段
- 信息传递：电子邮件、语音邮件、传真邮件
- 组织单位或组：由人力资源部指派
- 描述用户需要和任何特殊情况

一旦完成这个列表（或长或短），就可交给各自组织单位中的负责用户账号创建的网络管理员或工程师。他不会询问怎样或者为何要建立该账号，以及指派了什么；他只管创建用户。

3.4.2 用户和组管理策略

要密切关注 TCO。什么是 TCO？它代表 Total Cost of Ownership（总拥有成本）。简单地说，它表示计算机、网络、应用软件即一个完整的 IT 部门的总成本。一旦获得财产，就必须对其进行管理、维护，所有维持系统运行的功能都会使 TCO 增大。

几乎所有此处所论述的项目都会影响 TCO。两种最基本的考虑是：管理组，而不是管理用户。拒绝新组的申请。

1．管理组，而不要管理用户

不合理的用户管理会使 TCO 底线增高，所以无论在什么地方，都不要以个人身份去管理访问、安全需求和用户特权。但有时可能会有如下情况：管理员别无选择，只有提供给用户"直接"访问资源的权利，而不能首先把该用户添加到组中。如果这样做了，要尽可能保持这种状态的暂时性。然后尽快把这个用户添加到组中，消除单独的指派。

2．拒绝新组的申请

需要学习的第一条规则是当处理新组申请时，要尽可能顽固和武断。每创建一个新组，就从一下几个方面增加了 TCO：

（1）增加了网络和系统通信量。新组需要许可访问资源，需要活动目录中的存储空间，

还需要被复制到域控制器和全局目录中等。

（2）为少许需求创建组是一种浪费。如果两个组需要访问同一资源，如打印机，为何要允许两个组访问资源呢？只保留一个组，或者把所有需要同一级别访问的用户添加到这个组中，或者进行嵌套。

（3）给自己添加了记载和维护组的工作。

为了减轻负担，在创建新组前，首先做好下面的工作：

（1）核查内置组是否满足需要。为每一个小设备都创建一个组没有意义。例如，如果一个打印机对象容许所有访问，就没有必要为其创建另一个组（除非有特定的审计或安全需要）。

（2）核查自己或他人以前创建的组是否能满足需要。十有八九会应以发现很多组已变为多余的，因为创建新组时，人们并不检查是否适合他们的组已经存在。

3.4.3 决定所需的访问和特权

从申请表格中，管理员应该能够确定用户或组的需要，用来决定采取何种组创建或管理的行动。如果发现必须返回申请人询问更多的信息，那就是表格做得不好或是申请人没有遵守协议。为了确定需求，需要以下信息：

（1）访问应用程序和库：如果应用程序在服务器中或者用户是终端服务客户，它们将需要访问包含有应用程序的文件夹和共享资源。它们也需要访问策略和脚本文件夹、主目录、专门路径、附件（例如对于 SQL 服务器）等。

（2）访问数据：应用程序和用户需要访问数据：数据库表、独立数据文件、电子表格、FTP 站点、存储等。确定所需的数据以及如何才能更好地进行访问。

（3）访问设备：用户和应用程序需要访问打印机，通信设备，例如传真服务器和调制解器池、扫描仪、CD 转换器等。所有的网络设备都被当作对象，对它们的访问也有许多控制。

（4）通信：用户需要右键服务器、语音信箱上和组件应用程序中的账号。

（5）特权和登录权限：用户需要特定的权限和权利以便在最短的时间内有效地执行任务。

通常，很容易满足申请，例如，用户 X 需要一个账号，他需要被放入 B 组访问 C 共享资源。X 需要电子邮件，并且必须能够在白天或夜晚的任何时间拨号到 RAS 中去等。这并不是一个困难的申请，但是处理复杂的申请时，就需要得到尽可能多的信息。

3.4.4 确定安全等级

申请表格中关于用户及其访问资源所需的安全等级内容应当清晰。如果数据端是珍贵或者非常敏感，则需要考虑核查对象，跟踪文件和文件夹访问等。所要保护的资源的等级和时间长度取决于每一个组织的需要。例如，可能考虑短期密码、限制登录时间、限制登录地点等。

3.4.5 保护资源和减轻本地组负担

组管理的最佳实践是从处理 Windows NT 的经验继承而来的：首先创建"门卫"组，它是控制资源访问的本地组，它还能为范围宽广的甚至控制严密的目的列出需要列出的资源。然后在本地组中嵌套全局组和通用组（如果在本地模式下），用以提供二级访问控制和许可。

创建门卫组织的实践有利于职责授权和实行分散管理模式，当然这种分散仍然是安全和可以控制的。指派人员管理本地组，他只需在接受申请时接纳全局组和通用组。然后把全局组的成员资格指派给部门或组织单位管理员。

复习题

3-1 什么是本地用户账号？Windows Server 2003 系统有哪些预定义的用户账号？
3-2 预定义的组账号有哪些？各有什么权限指派？
3-3 观察实际的系统，特殊组或称系统组有哪些？它们的成员管理有什么特殊？
3-4 什么是委托责任？
3-5 组的创建和成员管理需要考虑的因素有哪些？

第4章 系统维护

本章学习目标:
(1) 掌握 Windows 系统任务管理的内容和方法
(2) 掌握 Windows 系统性能监视的内容与方法、熟悉相关日志操作
(3) 了解网络监视
(4) 熟悉灾难恢复的方法

本章主要介绍了 Windows 系统中任务管理器的使用;性能监视器的使用;各种警报参数的设置;网络监视器的使用;以及如何进行灾难恢复。

4.1 任务管理

Windows 的任务管理器提供了有关计算机性能的信息,并显示了计算机上所运行的程序和进程的详细信息,可以显示最常用的度量进程性能的单位;如果连接到网络,那么还可以查看网络状态并迅速了解网络是如何工作的,下面我们就来全面了解任务管理器的方方面面。

任务管理器的用户界面提供了文件、选项、查看、窗口、关机、帮助等六大菜单项,例如"关机"菜单下可以完成待机、休眠、关闭、重新启动、注销、切换等操作,其下还有应用程序、进程、性能、联网、用户等五个标签页,窗口底部则是状态栏,从这里可以查看到当前系统的进程数、CPU 使用比率、更改的内存容量等数据,默认设置下系统每隔两秒钟对数据进行一次自动更新,当然也可以点击"查看→更新速度"菜单重新设置。

4.1.1 启动任务管理器

启动任务管理器的方法:
(1) 最常见的方法是同时按下"Ctrl+Alt+Del"组合键来启动任务管理器。
(2) 右键单击屏幕最下方任务栏的空白处,然后单击选择"任务管理器"命令。
(3) 按下"Ctrl+Shift+Esc"组合键也可以打开任务管理器。当然,你也可以为\Windows\System32\taskmgr.exe 文件在桌面上建立一个快捷方式,然后为此快捷方式设置一个热键,以后就可以一键打开任务管理器了。

4.1.2 应用程序管理

应用程序管理是任务管理器的一个重要功能。任务管理器的应用程序选项显示了所有

当前正在运行的应用程序,不过它只会显示当前已打开窗口的应用程序,而 QQ、MSN Messenger 等最小化至系统托盘区的应用程序则并不会显示出来。

在这里选择一个或多个程序,可以执行的操作有:

(1)切换:把选定程序切换为活动(从一个任务切换到另一个任务,类似于快捷键 Alt+Tab);

(2)前置:把选定程序切换至前台显示;

(3)最小化最大化:将选定程序最小化或最大化;

(4)横向和纵向平铺:必须选择两个以上程序(按着 Ctrl 可多选任务)才能激活这两个按钮,作用是在桌面在平铺选定程序。

可以在这里点击"结束任务"按钮直接关闭某个应用程序,如果需要同时结束多个任务,可以按住 Ctrl 键复选。

点击"新任务"按钮,可以直接打开相应的程序、文件夹、文档或 Internet 资源,如果不知道程序的名称,可以点击"浏览"按钮进行搜索,其实这个"新任务"的功能看起来有些类似于开始菜单中的运行命令。

4.1.3 进程管理

Windows 任务管理器中的进程选项显示了当前系统中正在运行的进程信息,同时按下 Ctrl+Alt+Del 键,可以打开 Windows 任务管理器,单击"进程",可以看到很多正在运行的进程,对进程管理的界面如图 4.1 所示。

图 4.1 进程管理界面

选择一个进程,可以执行的操作如下。

(1)显示所有用户的进程:如果用了用户切换,即同时有两个或以上的用户登录了系统,那么选择该选项可以显示出所有用户的进程。

每个进程里的包括:名称、用户名、CPU、内存。

① 名称:指该进程名称。

② 用户名：运行该程序的用户的名称。

③ CPU：该程序占用 CPU 资源的百分比。

④ 内存：该程序占用的内存资源。

（2）结束进程：当某个进程不再需要或占用内存或 CPU 资源较多时，可以结束该进程。具体操作是选中该进程，单击鼠标右键选择"结束进程"，或者单击窗口右下方的结束进程按钮。这里显示了所有当前正在运行的进程，包括应用程序、后台服务等，那些隐藏在系统底层深处运行的病毒程序或木马程序都可以在这里找到，前提必须是你要知道它的名称。找到需要结束的进程名结束进程，不过这种方式将丢失未保存的数据，而且如果结束的是系统服务，则系统的某些功能可能无法正常使用。

（3）结束进程树：通常一个应用程序运行后，还可能调用其他的进程来执行操作，这一组进程就形成了一个进程树（进程树可能是多级的，并非只有一个层次的子进程）。该应用程序称之为父进程，其所调用的对象称之为子进程。当我们结束一个进程树后，即表示同时结束了其所属的所有子进程。

（4）设置优先级：如果你同时运行了几个程序，在看影碟同时杀毒软件在扫描病毒，或者还开着 QQ 等。如果看影碟觉得卡时，就可以用到设置优先级的选项。在进程列表了找到播放器的对应进程，然后选择设置优先级，把播放器的优先级设置为高（让计算机优先处理该程序），影片播放时会更为流畅。

以下是最基本的系统进程，这些进程是系统运行的基本条件，有了这些进程，系统才能正常运行。

（1）smss.exe 该进程调用对话管理子系统负责操作系统的对话。

（2）csrss.exe 子系统服务器进程。

（3）winlogon.exe 管理用户登录。

（4）services.exe 包含很多系统服务。

（5）lsass.exe 管理 IP 安全策略以及启动 ISAKMP/Oakley （IKE）和 IP 安全驱动程序。产生会话密钥以及授予用于交互式客户/服务器验证的服务凭据（ticket）。

（6）svchost.exe 用于执行 DLL 文件。这个程序对系统的正常运行是非常重要的。

（7）spoolsv.exe 将文件加载到内存中以便随后打印。

（8）explorer.exe 是 Windows 程序管理器或者 Windows 资源管理器，它用于管理 Windows 图形壳，包括开始菜单、任务栏、桌面和文件管理。删除该程序会导致 Windows 图形界面无法适用。

（9）internat.exe 微软 Windows 多语言输入程序。

以下是附加的系统进程，这些进程不是必要的，可以根据需要通过服务管理器来增加或减少，为保证系统的安全性，应该关闭不必要的进程。

（1）mstask.exe Windows 计划任务程序,用于管理计划任务，包括备份和更新，定时运行。如果删除该进程，计划任务将无法运行。

（2）regsvc.exe Windows 服务集中的一个系统服务,用于远程计算机访问本地注册表。一些本地程序也能够通过该服务编辑注册表。

（3）winmgmt.exe 提供系统管理信息，用于系统管理员创建 Windows 管理脚本。

（4）inetinfo.exe 主要用于支持微软 Windows IIS 网络服务的除错，通过 Internet 信息服务的管理单元提供 FTP 连接和管理。

（5）tlntsvr.exe 属于微软 Telnet 程序的一部分，Telnet 是一个基于 TCP/IP 网络的终端程序，允许远程用户登录到系统并且使用命令行运行控制台程序，允许通过 Internet 信息服务的管理单元管理 Web 和 FTP 服务。

（6）tftpd.exe 用于实现 TFTP Internet 标准，该标准不要求用户名和密码，是远程安装系统服务的一部分。

（7）termsrv.exe 是 Windows 终端服务相关程序，用于进行远程控制。

（8）dns.exe 微软 Microsoft Windows DNS 服务相关程序，应答对域名系统（DNS）名称的查询和更新请求。

4.1.4　性能管理

从任务管理器的性能选项卡可以了解当前系统的性能情况，例如 CPU 和各种内存的使用情况，如图 4.2 所示。

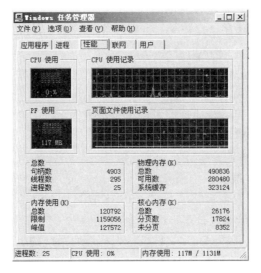

图 4.2　性能管理界面

（1）CPU 使用情况：表明处理器工作时间百分比的图表，该计数器是处理器活动的主要指示器，查看该图表可以知道当前使用的处理时间是多少。

（2）CPU 使用记录：显示处理器的使用程序随时间的变化情况的图表，图表中显示的采样情况取决于"查看"菜单中所选择的"更新速度"设置值，"高"表示每秒两次，"正常"表示每两秒一次，"低"表示每四秒一次，"暂停"表示不自动更新。

（3）PF 使用情况：PF 是页面文件 page file 的简写。这个数字是正在使用的内存之和，包括物理内存和虚拟内存。

（4）页面文件使用记录：显示页面文件的量随时间的变化情况的图表，图表中显示的采样情况取决于"查看"菜单中所选择的"更新速度"设置值。

（5）总数：显示计算机上正在运行的句柄、线程、进程的总数。

（6）内存使用：分配给程序和操作系统的内存，由于虚拟内存的存在，"峰值"可以超过最大物理内存，"总数"值则与"页面文件使用记录"图表中显示的值相同。

（7）物理内存：计算机上安装的总物理内存，也称 RAM，"可用数"指物理内存中可被程序使用的空余量。但实际的空余量要比这个数值略大一点，因为物理内存不会在完全用完后才去转用虚拟内存的,也就是说这个空余量是指使用虚拟内存（page file）前所剩余的物理内存。"系统缓存"指被分配用于系统缓存用的物理内存量。主要来存放程序和数据等。一旦系统或者程序需要，部分内存会被释放出来，也就是说这个值是可变的。

（8）核心内存：操作系统内核和设备驱动程序所使用的内存，"分页数"是可以复制到页面文件中的内存，一旦系统需要这部分物理内存的话，它会被映射到硬盘，由此可以释放物理内存；"未分页"是保留在物理内存中的内存，这部分不会被映射到硬盘，不会被复制到页面文件中。

4.1.5　网络管理

任务管理器的"联网"选项卡显示了本地计算机所连接的网络通信量的相关信息，如图 4.3 所示。使用多个网络连接时，可以在这里比较每个连接的通信量，当然只有安装网卡后才会显示才会显示"网络"选项卡。

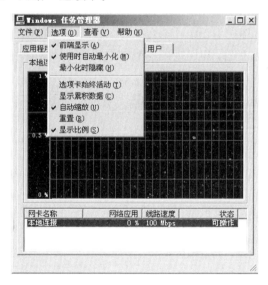

图 4.3　网络管理界面

（1）通过"选项"→"显示累积数据"可以显示所有通过网络适配器传递的数据；
（2）通过"查看"→"网卡历史记录"可以查看发送、接收以及总共的字节数。
（3）通过"查看"→"选择列" 可以设置显示选项。

4.1.6　用户会话管理

Windows 任务管理器中的用户选项显示了当前已登录和连接到本机的用户数、标识(标识该计算机上的会话的数字 ID)、活动状态（正在运行、已断开）、客户端名，如图 4.4 所示。可以点击"注销"按钮重新登录，或者通过"断开"按钮连接与本机的连接，如果是局域网用户，还可以向其他用户发送消息。

图 4.4 用户管理界面

这里列举了当前系统已登录和连接到本机的用户，选择某个用户，可以进行的操作有：

(1) 发送消息：给该用户发送一个消息。

(2) 断开：断开该用户，该用户还保持登录状态，该用户正在运行的相关任务不会被宗旨，还可选择连接，继续进行操作。

(3) 注销：让该用户退出登录，该用户的相关运行程序全部关闭。

4.2 性能监视

监视系统性能是维护和管理操作系统的重要组成部分。通过对服务器中各个对象的监测，可以获得有效的数据，来改善服务器的性能以及排除相应的错误。进行性能监视的目的有以下几个方面。

(1) 了解工作负荷及对系统资源的影响。

(2) 观察工作负荷和资源使用的变化，以便对以后的升级进行计划。

(3) 测试配置更改或其他调整活动。

(4) 诊断问题和目标组件或进程，用于优化处理。

Windows 自带的性能监视器包括系统监视器和性能日志警报两部分。

4.2.1 启动性能监视器

使用系统监视器，可以收集和查看大量有关硬件资源使用以及所管理的计算机上系统服务活动的数据。单击"开始"→"管理工具"→"性能",打开"性能"窗口,也可以通过控制面板打开。进入性能监视器后的界面,如图4.5所示。

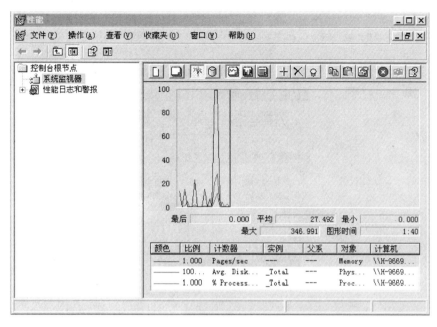

图4.5 性能监视器窗口

4.2.2 系统监视器

任务管理器所提供的性能监视工具虽然简便,但是其功能太弱,对于复杂、系统的服务器性能监视工作,还需借助于系统监视器进行。系统监视器属于核心管理工具之一,其功能强大,可以用来监视服务器活动或监视所选时间段内服务器的性能。系统监视器即可以在实时图表或报告中显示性能数据,又可以在文件中收集数据或在关键事件发生时生成警告。下面先对系统监视器的相关概念作一个说明。

(1)性能对象:系统监视器中计数器的逻辑集合,与可受监视的资源或服务相关联。

(2)性能计数器:在系统监视器中,与性能对象相关联的数据项。对每个选定的计数器,系统监视器都提供一个与性能对象定义的某方面性能相对应的值。

(3)性能对象实例:在系统监视器中,用来区分计算机上相同类型的多个性能对象的术语。

单击"开始"→程序→"管理工具"→"性能",打开"性能"窗口。

启动系统监视器之后并没有任何缺省的监视内容运行,必须添加计数器才能让系统监视器工作。

添加计数器的步骤如下。

(1)在图4.5所示界面的左侧选中"系统监视器",在右侧工具栏中单击添加按钮,弹出计数器对话框,如图4.6所示。

首先应指定监视对象位于哪台服务器上,默认为监视本地服务器,选择"从计算机选择计数器"后也可在列表中指定监视网络中其他计算机的对象。鉴于性能监视工作本身也会对系统性能造成影响，故通常在远程计算机上监视诸如 CPU、内存之类的对象。

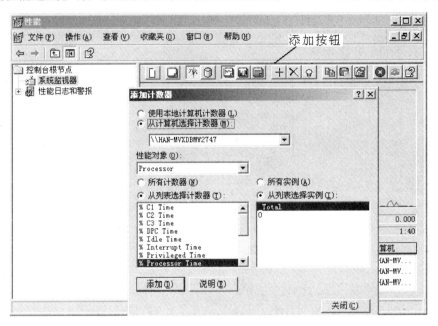

图 4.6 添加计数器

（2）随后从"性能对象"下拉列表中指定要监视的对象，如 Processor。每个对象包括若干计数器，计数器是系统监视器进行监视的最基本单位。

（3）选定对象后单击"从列表选择计数器"，则在列表框中列出当前对象的全部计数器，计数器代表对象的某一方面特性，例如 Server 包括"Bytes Total/sec"指服务器从网络上发送和接收的字节数，该值显示了服务器大体上有多忙。

鉴于每一对象包含的计数器数量庞大，管理员不太可能对所有计数器的功能了如指掌，因此需要随时查阅计数器说明。在列表中选择计数器后，单击"说明"，打开"说明文字"对话框，可以从中获得所选计数器的解释信息。

（4）单击选择计数器后，要监视所选的实例，可单击"从列表选择实例"来选择要监视的实例。例如，如果计算机装有多个处理器，则每个处理器都可看作 CPU 对象的一个实例。选择实例就是选择计数器监视的具体目标，选择实例列表中的"所有实例"项代表监视的前对象的所有实例。

选择计数器并单击"添加"，则系统监视器开始工作，一次可以添加多个计数器同时进行监视。系统监视器默认以曲线形式反映监视计数器的活动情况，单击工具栏中的"查看直方图"和"查看报告"图标，可将系统监视器显示方式更改为柱型直方图或摘要报告的形式。

添加多个计数器的情况下，区分这些事件的曲线活动并不容易，特别是当它们具有相似的值时。系统监视器通常以不同的颜色和线形区分计数器，在计数器列表中可以对缺省分配的计数器颜色及线形进行修改。全部计数器的统一外观属性属于监视器的整体属性，选中系统监视器，从右侧菜单中选择属性按钮，可以打开系统监视器属性对话框，其"外观"选项中的"颜色"和"字体"选项卡分别定义了监视器的显示外观属性。

当需要在诸多计数器中突出显示某一计数器时，先在计数器列表中选中它，单击工具栏中的"突出显示"图标即可。

若某个计数器添加错误或不再对现有监视工作有效，可从监视列表中删除。删除显示器的操作：从系统监视器右下方的计数器列表中选中要删除的计数器，然后在右上方的工具栏中单击删除按钮，该计数器将被删除。

4.2.3 监视服务器内存

内存不足是计算机系统中引起严重性能问题的常见原因，监视服务器内存的大小、利用率、内存数据交换频率等指标，可以了解内存的性能，及时发现有内存带来的问题。

虽然在运行速度上硬盘不如内存，但在容量上内存是无法与硬盘相提并论的。当运行一个程序需要大量数据、占用大量内存时，内存就会被"塞满"，并将那些暂时不用的数据放到硬盘中，而这些数据所占的空间就是虚拟内存。它用磁盘空间的一部分作为物理内存的扩充，以页面文件（Pagefile.sys）的形式存在于磁盘上。现在我们就明白为什么 pagefile.sys 的大小会经常变化了。默认情况下页面文件保存在启动分区的根目录下。

在性能监视工具中有几个常用的与内存有关的计数器如下：

（1）Pages/sec 表示内存数据和页面文件每秒交换多少页。此数值越大表示无力内存的数据和虚拟内存交换越频繁，说明物理内存空间小。当此数值大于 20 时，表明内存是整个系统性能的瓶颈，需要及时增加内存。

（2）Page file 的%Usage 表示页面文件的使用率，值越大，说明可用的内存越少。

（3）Available Bytes 指以字节表示的物理内存数量。等于分配给缓存的、空闲和零分页列表内存的总和。

（4）Committed Byte 指确认的虚拟内存，以字节表示。

（5）Pool Nonpaged Bytes 指在非分页池中的字节数，非分页池是指系统内存（操作系统使用的物理内存）中可供对象（指那些在不处于使用时不可以写入磁盘上而且只要分派过就必须保留在物理内存中的对象）使用的一个区域。

（6）Page Faults/sec 指每秒钟出错也免得平均数。由于每个错误操作中只有一个页面出错，计算单位为每秒出错页面数量，因此该数值也等于页面错误操作的数量。

利用系统监视器监视服务器内存的步骤如下：

（1）单击"开始"→程序→"管理工具"→"性能"，打开"性能"窗口；

（2）右键单击"系统监视器"详细信息窗格并单击"添加计数器"；

（3）要监视运行监视控制台的所有计算机，请单击"使用本地计算机计数器"。如果要监视特定计算机，无论监视控制台在哪里运行，都应该单击"从计算机选择计数器"并指定计算机名称或 IP 地址；

（4）在"性能对象"中，单击选择要监视的对象"Memory"，如图 4.7 所示；

（5）要监视选定的计数器，请单击"从列表选择计数器"，然后选择要监视的计数器；

（6）单击"添加"，然后单击"确定"。

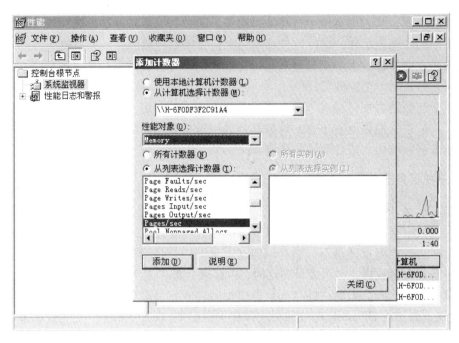

图 4.7 监视服务器内存

4.2.4 监视处理器

处理器就是我们所说的 CPU（Central Processing Unit），又叫中央处理器，其主要功能是进行运算和逻辑运算。处理器对数据的处理能力直接影响了系统的性能。

在性能工具中有如下几个常用的与处理器有关的计数器：

（1）%Processor time 表示 CPU 被占用的时间的百分比。当系统正常运行时，此数值经常超过 80%,就表明处理器是影响系统性能的瓶颈。

（2）Interrupts/sec 指处理器接受和处理硬件中断的平均速度。这个值说明生成中断的设备（如系统时钟、鼠标、磁盘驱动器、数据通讯线、网络接口卡和其他外缘设备）的活动。这些设备通常在完成任务或需要注意时中断处理器。正常线程执行因此被中断。

（3）Processor Queue Length 指处理器队列的线程数量。即使运行多处理器的计算机只有一个处理器队列。因此，如果一台计算机有几个处理器，需要将此值除以处理工作量的处理器数量。每个处理器，不管工作量的大小，如果保持 10 个以下线程的处理器队列，通常是可以接受的。

（4）Queue Length 指这台 CPU 当前的服务器作业队列长度。队列长度长时间超过 4，可能表示处理器堵塞。该值为即时计数，不是一段时间的平均值。

监视处理器需要将处理器计数器添加到系统监视器，监视处理器的步骤如下：

（1）单击"开始"→程序→"管理工具"→"性能"，打开"性能"窗口；

（2）右键单击"系统监视器"详细信息窗格并单击"添加计数器"；

（3）要监视运行监视控制台的所有计算机，请单击"使用本地计算机计数器"。如果要

监视特定计算机,无论监视控制台在哪里运行,都应该单击"从计算机选择计数器"并指定计算机名称或 IP 地址;

(4) 在"性能对象"中,单击组合框选择"Processor",如图 4.8 所示;

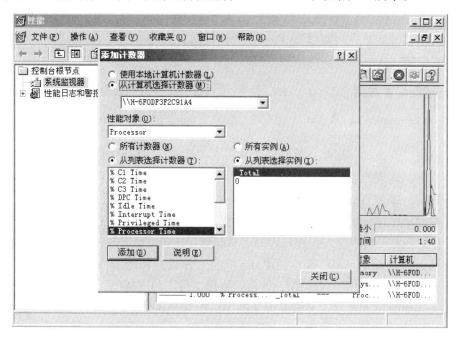

图 4.8 监视处理器

(5) 要监视选定的计数器,请单击"从列表选择计数器",然后选择要监视的计数器;
(6) 单击"添加",然后单击"确定"。

4.2.5 创建和配置计数器日志

在性能监视控制台中,管理员除了可以利用系统监视器的图形化窗口对系统中的对象性能进行实时监控外,还可以通过日志对系统进行非实时监控和分析。日至监控的类型包括计数器日志和跟踪日志。

可以使用计数器日志来记录各方面的性能对象,创建计数器日志的步骤如下:

(1) 单击"开始"→程序→"管理工具"→"性能",打开"性能"窗口;
(2) 双击"性能日志和警报",再单击"计数器日志"。任何现有的计数器日志将在详细信息窗格中列出。绿色图标表明日志正在运行;红色图标表明日志已停止运行;
(3) 右键单击详细信息窗格中的空白区域,选择 "新建日志设置";
(4) 在"名称"框中键入计数器日志名称,然后单击"确定";
(5) 在"常规"选项卡上,单击"添加对象"并选择要添加的性能对象,或者单击"添加计数器"选择要记录的单个计数器;
(6) 如果要更改默认的文件和计划的信息,请在"日志文件"选项卡和"计划"选项卡上进行更改。在"计划"选项卡中指定日志起止时间,可选的方式有:手动、指定起止时间或者指定记录时间。单击"确定"。如果选择手动起止日志，则在日志列表中右击日志，选择"开始"，日志图标变为绿色。

删除计数器日志的操作步骤：

（1）打开"性能"控制台；

（2）双击"性能日志和警报"，再单击"计数器日志"；

（3）右键单击详细信息窗格中想要删除的计数器日志，选择"删除"。

4.2.6　创建和配置跟踪日志

1．创建跟踪日志

（1）单击"开始"→程序→"管理工具"→"性能"，打开"性能"窗口。

（2）双击"性能日志和警报"，再单击"跟踪日志"。所有现存的跟踪日志将在详细信息窗格中列出。绿色图标表明日志正在运行；红色图标表明日志已停止运行。

（3）右键单击详细信息窗格中的空白区域，再单击"新建日志设置"。

（4）在"名称"框中键入跟踪日志的名称，然后单击"确定"。默认情况下，在系统驱动器根目录下的 PerfLogs 文件夹中创建日志文件，序列号将附加到输入的文件名中，后面是带扩展名.etl 的顺序跟踪文件类型。使用"日志文件"和"高级"选项卡修改日志的这些参数或定义其他参数。若要定义需要记录的提供程序和事件，可使用"常规"选项卡。若要指定生成记录的时间，可使用"计划"选项卡。

注意：要执行此过程，必须是本地计算机管理员组或性能日志用户组的成员，或者被委派了适当的权限。如果计算机已加入某个域，则域管理员组的成员可以执行该过程。作为安全性最佳操作，请考虑使用"运行方式"执行此过程。

2．选择跟踪日志提供程序和事件

（1）单击"开始"→程序→"管理工具"→"性能"，打开"性能"窗口。

（2）双击"性能日志和警报"，再单击"跟踪日志"。

（3）在详细信息窗格中，双击日志。

（4）要了解已安装的提供程序及其状态列表（启用与否），请单击"提供程序状态"。

无论何时，每个跟踪提供程序只能有一个实例被启用。默认情况下，选中"非系统提供程序"选项，以便将跟踪记录的开销保持在最小。

（5）如果单击"由系统提供程序记录的事件"，则默认提供程序（Windows 内核跟踪提供程序）会用来监视进程、线程和其他活动。要定义记录的事件，可单击相应的复选框。

（6）如果单击"非系统提供程序"，您可以选择所需的数据提供程序，例如，如果您已经编写了自己的提供程序。根据需要使用"添加"或"删除"按钮。

3．定义跟踪日志缓冲区

（1）单击"开始"→程序→"管理工具"→"性能"，打开"性能"窗口；

（2）双击"性能日志和警报"，然后单击"跟踪日志"；
（3）在详细信息窗格中，双击日志，然后在出现的对话框上双击"高级"选项卡；
（4）在"缓冲区大小"中，以 KB 为单位指定要用于收集跟踪数据的缓冲区大小；
（5）在"最小值"中，指定要用于跟踪数据的缓冲区最小数。
（6）在"最大值"中，指定要用于跟踪数据的缓冲区最大数。
（7）要让跟踪提供程序定期刷新缓冲区，请选中"从缓冲区向日志文件传送数据时间间隔至少为"复选框，并指定传输间隔（以秒为单位）。

4.2.7 创建和配置警报

系统监视器能够持续地记录某个计数器的值，但是在某些情况下，仅需要及时地获知某一计数器的值是否超过特定的上限或者下限，这就要用到性能警报。

1．在系统监视器中创建和启动警报

（1）打开"性能"控制台。
（2）双击"性能日志和警报"，再单击"警报"。任何现有的警报将在详细信息窗格中列出。绿色图标表明警报正在运行；红色图标表明警报已停止运行。
（3）右键单击详细信息窗格中的空白区域，然后单击"新建警报设置"。
（4）在"名称"中键入警报名称，然后单击"确定"。
（5）指定需要创建警报的对象和计数器，以及计数器实例，然后单击"添加"。
（6）在计数器列表中选择计数器，指定警报范围，即被选中计数器的值一旦超过或者低于限制值，即启动警报。从下拉列表中指定限制方式为"超过"或"低于"，并在"限制"栏中指定限制值。
（7）在"常规"选项卡下部指定计数器数据采样的间隔，对于实时数据类型，监视器以指定的采样间隔为基准作数据平均值，并用该平均值与限制作比较确定是否发送警报。
（8）单击"计划"选项卡，指定警报服务工作的有效时间段，可选的方式有：指定起止时间、指定连续工作时间、手工启动。对于连续的警报需求，应当采用手工方式启动警报，直到不需要警报时再手工停止。
（9）单击"操作"选项卡，指定计数器超过限制时将警报发往何处。一般应选择"计入应用程序事件日志"复选框以保留警报事件备份。选择"发送网络信息到"复选框并指定将警报发送到网络管理员所在的计算机。也可选择"执行这个程序"并指定发出警报后自动执行的程序，或者单击"命令行参数"指定发出警报后自动执行的系统命令。
（10）单击"确定"关闭对话框。
（11）根据需要手工启动警报服务。右击列表中的警报，选择"开始"启动警报。一旦启动警报，系统监视器将持续的监视警报计数器，发现其值超过限制时立即将警报信息发送到指定的网络位置或执行预定应用程序，同时在应用程序日志中记录一个警报事件。最常见的警报是监视服务器可用磁盘空间警报，它及时的向管理员发出磁盘空间不足的信息，避免了由此带来的损失。

4.3 网络监视

尽管系统监视器提供了相当多的网络属性计数器，但它们都偏重于网络物理性能的情况而非网络数据的内容。Windows 2003 提供了专门用于采集网络数据流并提供分析能力的工具：网络监视器。

网络监视器能提供网络利用率和数据流量方面的一般性数据，还能够从网络中捕获数据帧，并能够筛选、解释、分析这些数据的来源、内容等信息。当监视工作的主要着眼点是网络时，应使用网络监视器进行数据采集和处理。鉴于大多数网络在网络结构上是基于广播工作的以太网，广播的工作方式决定了在一台计算机上可以采集到子网内的全部通信量，因此网络监视器的有效范围遍及路由器以内的全部计算机通信。

单击"开始"、"程序"、"管理工具"、"网络监视器"，打开网络监视器窗口。单击"捕获"菜单，选择"开始"，启动网络监视器捕获功能。 默认情况下，网络监视器作为 Windows2003 的组件未安装，需要在"控制面板"的"添加/删除 Windows 组件"中添加网络监视器。

网络监视器的缺省显示模式分为三块窗格，左上侧窗格显示网络利用率和每秒帧数等有关网络物理特性的信息。这些信息是判断网络的繁忙程度是关键数据。经常处于高利用率的网络显然应该进行升级。右侧窗格显示网络监视器的统计信息，包括网络统计、每秒统计、捕获统计和错误统计。网络监视器下部的窗格提供了针对每台网络主机的监视工具，从中可以获知其他计算机的工作状态，也可以查找未经授权的计算机。

网络监视器还提供了捕获筛选程序，主要的筛选方式是主机地址，双击"捕获筛选程序"对话框中的"地址对"，指定捕获特殊主机之间的数据包。

4.4 灾难恢复

灾难恢复是指系统崩溃后，无需重新安装操作系统，直接通过备份的磁盘，将系统恢复出来。恢复时，不用重装操作系统，应用软件，备份软件。下面介绍几种灾难恢复的方法。

4.4.1 自动系统故障恢复（ASR）

自动系统故障恢复（ASR）作为系统出现故障时整个系统恢复方案的一部分，只有在使用其他方式，如"安全模式"和"最后一次正确的配置"等启动选项无效的情况下，才可以将 ASR 作为系统恢复的最后手段。ASR 选项由两部分组成：ASR 备份和 ASR 还原。可以通过"备份"实用程序中的"自动系统故障恢复准备向导"来使用备份功能。"自动系统故障恢复准备向导"能够备份系统状态数据、系统服务以及所有与操作系统组件相关的磁盘。同时向导还会创建一张软盘，其中包含有关备份、磁盘配置（包含基本卷和动态卷）以及如何执行还原的信息。

在启动过程中的文本模式下出现提示时，可以按 F2 使用 ASR 的还原功能。ASR 将从软盘中读取磁盘配置，并至少还原用于启动计算机的磁盘上的所有磁盘签名、卷和分区。（ASR 将尝试还原所有磁盘配置，但在某些情况下，ASR 不可能还原全部磁盘配置。）在这之后 ASR 将安装 Windows 的基本组件，并使用由"自动系统故障恢复准备向导"所创建的 ASR 备份集自动开始还原。

使用 ASR 进行系统备份时的步骤：

(1) 点击"开始"→"程序"→"附件"→"系统工具"→"备份"；
(2) 在"备份"窗口中单击"高级模式"选项，打开如图 4.9 所示对话框；
(3) 在备份工具高级模式窗口中单击自动系统恢复向导，按照提示逐步完成备份工作。

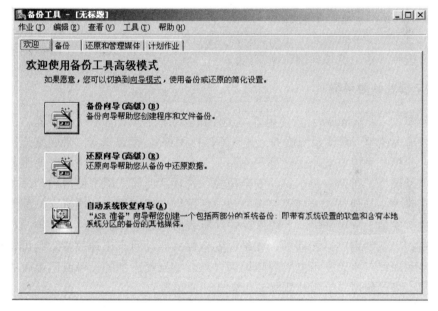

图 4.9 备份工具高级模式窗口

在使用 ASR 进行系统故障恢复时需要注意：

(1) ASR 不包括数据文件。请定期单独备份数据文件，并在系统正常工作以后将其还原；
(2) 使用该向导中的"这台计算机上的所有信息"也可以创建 ASR 软盘和 ASR 集；
(3) ASR 对 FAT16 格式的卷仅支持 2.1 GB。ASR 不支持簇大小为 64K 的 4 GB FAT16 格式的分区。如果您的系统包含 4.GB FAT16 格式的分区,请在使用 ASR 之前将其从 FAT16 转换为 NTFS。

1．使用自动系统故障恢复来恢复系统

使用自动系统故障恢复来恢复系统的步骤如下。

(1) 确保开始恢复过程前已经准备好下列项目：

① 以前创建的"自动系统故障恢复（ASR）"盘；
② 以前创建的备份媒体；
③ 原始操作系统安装光盘；
④ 如果你拥有大容量存储控制器，并且知道制造商已为其提供了一个单独的驱动程序文件（与安装 CD 上提供的驱动程序文件不同），在开始该过程之前应获取该文件。

(2) 将原始操作系统安装 CD 插入 CD 驱动器中。

(3) 重新启动计算机。如果提示按某个键以便从 CD 启动计算机，请按相应的键。

(4) 如果你拥有步骤（1）中所述的单独的驱动程序文件，请在出现提示时按 F6，这样可将该驱动程序作为安装程序的一部分进行安装。

(5) 当安装程序开始处于文本模式，请在出现提示时按 F2。系统将提示你插入以前创建的 ASR 盘。

(6) 请按照屏幕上的指导进行操作。

(7) 如果已获得步骤(1)中所述的单独驱动程序文件，当系统重新启动之后出现提示时，再次按 F6。

(8) 请按照屏幕上的指导进行操作。

4.4.2 安全模式恢复系统

在安全模式下，Windows 只使用基本文件和驱动程序（即鼠标、监视器、键盘、大容量存储器、基本视频、默认系统服务，并且不连接网络）。可以选择"带网络连接的安全模式"选项，此模式可以安装以上全部文件和驱动程序，以及启动网络的必要服务和驱动程序，或者可以选择"带命令提示符的安全模式"选项，此模式除了使用启动命令行提示代替用户界面以外，其他与安全模式完全一致。还可以选择"最后一次正确的配置"启动选项，此模式将使用上一次关机时系统保存的注册表信息启动计算机。

安全模式可帮助用户诊断问题。如果以安全模式启动时未出现故障，则可将默认设置和最小设备驱动程序排除在可能的故障原因之外。如果新添加的设备或已更改的驱动程序产生了问题，可以使用安全模式删除该设备或还原更改。

某些情况下，安全模式不能帮助你解决问题，例如当启动系统所必需的 Windows 系统文件已经毁坏或损坏时。在这种情况下，可以利用"恢复控制台"提供帮助。

使用安全模式恢复系统的操作步骤：

(1) 当计算机启动时，在进入启动画面前点击 F8，然后选择进入安全模式。

(2) 使用箭头键突出显示适当的安全模式选项，然后按 Enter。必须关闭 Num Lock，数字键盘上的箭头键才能工作。

(3) 使用箭头键突出显示要启动的操作系统，然后按 Enter。

4.4.3 使用最后一次正确的配置启动计算机

如果对计算机进行更改后无法启动 Windows 2003，或者如果担心刚做的更改会出问题，可使用"最后一次正确的配置"功能。例如，如果在安装新的视频适配器驱动程序后无法启动 Windows 2003，或者安装了错误的驱动程序且尚未重新启动计算机，则可以使用该功能。"最后一次正确的配置"功能是一个恢复选项，可以使用该功能以最后一次的有效设置启动计算机。"最后一次正确的配置"功能可恢复计算机最后一次成功启动时的有效注册表信息和驱动程序设置。

使用最后一次正确的配置启动计算机的步骤如下：

（1）当计算机启动时，在进入启动画面前点击 F8，然后选择进入安全模式。

（2）使用箭头键突出显示"最后一次正确的配置"，然后按 Enter。必须关闭 Num Lock，数字键盘上的箭头键才能工作。

（3）使用箭头键突出显示要启动的操作系统，然后按 Enter。

使用最后一次正确的配置需要注意的是：

（1）选择"最后一次正确的配置"启动选项是从问题（如新添加的驱动程序与硬件不相符）中恢复的一种方法。它并不能解决由于驱动程序或文件被损坏或丢失所导致的问题。

（2）选择"最后一次正确的配置"时，只还原注册表项 HKLM\System\CurrentControlSet 中的信息。任何在其他注册表项中所作的更改均保持不变。

4.4.4 故障恢复控制台

Windows 故障恢复控制台的功能是帮助基于 Windows 的计算机在未正确启动或根本无法启动时进行恢复操作。在安全模式和其他启动方法都无效时，可以考虑使用故障恢复控制台。因为故障恢复控制台的功能相当强大，建议只有高级用户和管理员使用。必须具有管理员身份，才能使用故障恢复控制台。

使用故障恢复控制台，可以进行如下操作。

（1）包括启用和禁用服务。

（2）格式化驱动器。

（3）修复引导扇区。

（4）在本地驱动器上读写数据（包括被格式化为 NTFS 文件系统的驱动器）。

（5）从软盘或 CD-ROM 复制文件到硬盘。

启动故障恢复控制台有直接启动和安装启动两种方法。

直接启动故障恢复控制台的步骤如下：

① 插入安装光盘并从光盘驱动器重新启动计算机；

② 当开始基于文本部分的安装时，请按照提示操作；按 R 键选择修复或恢复选项；

③ 如果使用双启动或多启动系统，请从故障恢复控制台选择要访问的安装；

④ 系统提示时，键入本地管理员账号的密码；

⑤ 在系统提示符下，键入相关故障恢复控制台命令；键入 help 可访问命令列表，键入 help commandname 可访问有关特定命令的帮助；

⑥ 要退出故障恢复控制台并重新启动计算机，请输入 exit。

安装启动故障恢复控制台的步骤如下：

① 在 Windows 运行时，将安装光盘插入光盘驱动器；

② 单击"开始"—"运行"，键入"F:\i386\winnt32.exe /cmdcons"，其中的 F 代表 CD-ROM 驱动器号；

③ 屏幕会出现提示窗口，询问是否安装，选择"是"，系统开始拷贝文件，最后出现提示已经完成系统故障恢复控制台的安装。

故障恢复控制台可使用的命令如下。

(1) Attrib 用于更改一个文件或子目录的属性。

(2) Batch 执行文本文件中指定的命令。

(3) Bootcfg 用于对引导文件 Boot.ini（设置启动配置和恢复）进行操作。

(4) Chkdsk 检查磁盘并显示报告。

(5) Cls 用于清除屏幕。

(6) Copy 将文件复制到目标位置。

(7) Del（Delete）删除文件。

(8) Dir 显示所有文件的列表，包括隐藏文件和系统文件。

(9) Disable 禁用 Windows 系统服务或驱动程序。

(10) Diskpart 管理硬盘卷上的分区。

(11) Enable 启用 Windows 系统服务或驱动程序。

(12) Exit 用于退出故障恢复控制台并重新启动计算机。

(13) Expand 展开一个压缩文件。

(14) Fixboot 在系统分区上写入新的启动扇区。

(15) Fixmbr 修复引导扇区分区的主引导目录。

(16) Format 格式化磁盘。

(17) Help 列出故障恢复控制台支持的命令列表。

(18) Listsvc 显示计算机上所有可用服务和驱动程序。

(19) Logon 登录到 Windows 操作系统安装。

(20) Set 显示和设置环境变量。

4.4.5 Windows 启动盘

在系统缺少引导文件时，可以使用 Windows 启动盘来启动系统。

制作启动盘的具体步骤：

(1) 首先将软盘利用格式化工具进行格式化；

(2) 打开资源管理器，找到 C 盘，打开"工具"菜单，选择"文件夹选项"，清除"隐藏受保护的操作系统文件"选项，然后找到操作系统的引导文件；

(3) 将文件 Boot.ini、Ntdetect.com、Ntldr 复制到 A 盘，如果系统中还有 Bootsect.dos 或者 Ntbootdd.sys，也将它们一并复制到软盘上；

(4) 打开命令行工具，输入：attrib –h –s –r a:*.*；

(5) 打开"工具"菜单，打开"工具"菜单，选择"文件夹选项"，选中"隐藏受保护的操作系统文件"，单击"确定"。该软盘即成为引导盘。

复习题

4-1 任务管理器的作用是什么？可以进行哪些方面的管理？

4-2 创建一个计数器监视内存的 Pages/sec 值，并创建一个警报，当所创建计数器的值达到 20 时，系统向管理员发送信息。

4-3 通过多种方法练习进行系统恢复。

第 5 章 管理文件和文件夹资源

本章学习目标：
- 了解和使用 NTFS 权限
- NTFS 权限的几种重要特性
- 共享文件夹的创建与访问
- 共享权限的设置
- 文件的压缩属性和加密属性
- 磁盘的配额管理

Windows 系统提供了很好的文件资源的访问控制和存储手段，利用这些手段文件能够被安全的访问和有效的存储。本章将详细的介绍如何利用 NTFS 权限来限制对文件资源的访问，利用共享权限限制对共享资源的访问，以及利用 NTFS 文件系统的高级特性设置文件的加密和压缩的存储属性。本章最后还介绍了磁盘配额让读者了解到如何监视和控制单个用户使用的磁盘空间量。

5.1 NTFS 权限简介

5.1.1 什么是 NTFS

NTFS（NT File System）文件系统，是一种硬盘上存储信息的格式，它规定了计算机对文件和文件夹进行操作处理的各种标准和机制。它具有文件系统最基本的功能，同时又比以往的文件系统具有更高的性能。NTFS 文件系统是随着 1996 年 7 月的 Windows NT 5.0 诞生的，但直到 Windows 2000 在个人用户中间才得以推广，跨入了主力文件系统的行列。当前的 Windows XP/2003 和 NTFS 早已是"如胶似漆"了。除了 NTFS 外，FAT16 和 FAT32 也是目前比较常见的文件系统，但是它们分别支持的操作系统不同，大致可总结为：
- FAT16 支持 Windows 95/98/ME/NT/2000/2003/XP/DOS；
- FAT32 支持 Windows 95/98/ME/2000/XP；
- NTFS 支持 Windows NT/2000/2003/XP。

NTFS 是微软 Windows NT 内核的系列操作系统支持的、一个特别为网络和磁盘配额、文件加密等管理安全特性设计的文件系统。NTFS 是以簇为单位来存储数据文件，但 NTFS 中簇的大小并不依赖于磁盘或分区的大小。簇尺寸的缩小不但降低了磁盘空间的浪费，还减少了产生磁盘碎片的可能。NTFS 支持文件的加密和权限管理功能，可为用户提供更高层次的安全保证。

NTFS 文件系统与 FAT16 和 FAT32 相比具有几下几点重要的优势：

- 数据的可恢复性

由于 NTFS 对关键文件系统的系统信息采用了冗余存储，即使磁盘上的某个扇区损坏时，NTFS 仍可以访问该卷上的关键数据。另外，NTFS 文件系统还采用了基于事务处理模式的日志记录技术（transaction logging and recovery techniques），成功保证了 NTFS 卷的一致性，实现了文件系统的可恢复性。

- 文件与文件夹级别的安全性

NTFS 文件系统能够将访问控制权限指派到文件（文件夹）级别，使得用户对系统资源的使用限制做的更具体。同时，它还提供了一种文件系统的加密技术（EFS），在不需要任何第三方软件的情况下就可以为 NTFS 文件系统中的文件进行加密。

- 增强的存储管理能力

更好的伸缩性使扩展为大驱动器成为可能。NTFS 的最大分区或卷比 FAT 的最大分区或卷大得多，当卷或分区大小增加时，NTFS 的性能不会降低，而在此情形下的 FAT 的性能会降低。同时，NTFS 分区还支持磁盘配额，可以监视和控制单个用户使用的磁盘空间的量。此外，NTFS 分区还居于压缩功能，包括压缩或解压缩驱动器、文件夹或者特定文件。

- 用户权限的累加性

在 NTFS 分区上，可以针对某一系统资源为用户和组分配权限。如果一个用户被分配多种权限或属于多个组，则该用户对该资源的权限可以按照一定的规则进行累加，从而得出最终的有效权限。

5.1.2　NTFS 权限的定义

权限是一种被赋予的职能权力范围。NTFS 权限是 NTFS 文件系统提供的权限，这也是 NTFS 优于其他文件系统的一个重要表现。NTFS 权限是 Windows 系统应用权限的一种重要手段，它是为了更好的管理对系统资源的访问和使用，降低了非法使用系统资源的风险。因此我们可以这样理解 NTFS 权限的概念:它是一种被授予给用户或组的对某种系统资源的访问类型。通过获得相应的权限，用户就获得了某种操作许可。比如，某用户获得了对某个文件的读权限则该用户就可以查看该文件的内容。

NTFS 权限可以从两个方面理解：首先，它像交给用户的一把钥匙，有了它用户就可以执行某种操作；其次，它又像一把锁，锁住了该指定权限之外的任何其他操作。正如上面提到的那个例子一样，在用户获得了对文件执行读操作的同时，又限制了该用户对这个文件的任何其他操作。

NTFS 权限对 Windows 系统的安全性起了很大的保障作用，它的分配和使用主要涉及两种事物，即附加权限的对象和获得权限的对象。附加权限的对象可以是系统中任何受保护的系统资源，如，文件、文件夹、打印机、共享、活动目录对象或注册表对象等。附加在每一个对象上的权限是不同的，这主要取决于对象的类型，在本章的其他章节将有详细的介绍。但是有些权限是大部分对象共有的如读权限、修改权限和删除权限。获得权限的对象是指权限被指派的目的地，它可以是本机上的系统用户和组，也可以是机器所在域中的域用户和组，或者是某些特殊标识符等。

5.2 设置与管理 NTFS 权限

5.2.1 文件与文件夹的标准权限和特殊权限

根据权限设置的详细程度可以将 NTFS 权限分为标准权限和特殊权限两种。标准权限是几种常用的系统权限，而特殊权限是标准权限的细化或补充。这两类权限都可以用于 NTFS 磁盘分区上的文件或文件夹的权限设置，只是两者稍有不同。

1．标准权限介绍

NTFS 文件系统中可以对文件设置五种标准权限，分别是："完全控制"、"修改"、"读取及运行"、"读取"和"写入"。对文件夹可以设置六种标准权限，除上面五种权限外还有一个"列出文件夹目录"权限，如图 5.1 和图 5.2 所示。

图 5.1　文件的标准权限　　　　　　图 5.2　文件夹的标准权限

图中分别显示了 NTFS 分区中文件和文件夹的标准权限名称，其具体解释见表 5.1 和表 5.2。

表 5.1　文件标准权限的内容

NTFS 文件的标准权限	允许用户进行的操作
完全控制	对文件拥有所有的 NTFS 权限，可以执行任何操作
修改	除了具有写入、读取和运行权限外，还可以修改文件数据、修改文件名、删除文件
读取和运行	读取文件内容、运行应用程序
读取	读取文件内的数据，查看文件的属性、拥有者和权限设置
写入	覆盖文件的内容，修改文件属性，查看文件拥有者和权限设置

表 5.2 文件夹标准权限的内容

NTFS 文件夹的标准权限	允许用户进行的操作
完全控制	对文件夹拥有所有的 NTFS 权限，可以执行任何操作
修改	删除文件夹，重命名子文件夹，包含写入、读取和执行权限
读取和运行	读取和列出文件夹内容权限
列出文件夹目录	查看文件夹内的文件及子文件夹的名称
读取	查看当前文件夹下的文件和子文件夹，查看文件夹的属性、拥有者和权限设置
写入	创建新的文件和文件夹，修改文件夹属性，查看文件夹拥有者和权限设置

2．特殊权限介绍

在图 5.1 和图 5.2 列出的文件和文件夹的标准权限的图中的最下面都有一个"特别的权限"，它表示还可以为文件和文件夹设置一些更特殊的权限。

在 Windows 系统中提供了一些特殊的 NTFS 权限，作为这几种标准权限的补充和细化。例如在特殊 NTFS 权限中把标准权限中的"读取"权限分为"读取数据"、"读取属性"、"读取扩展属性"和"读取权限"四种更加具体的权限。

在上图 5.1 或 5.2 所示的对话框中单击"高级"按钮，然后将弹出 "xxx 的高级安全设置"对话框，如图 5.3 所示。

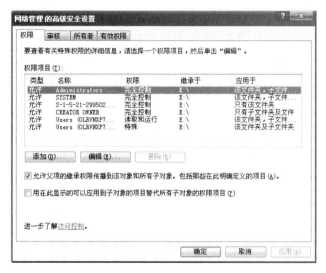

图 5.3 高级安全设置对话框

在该对话框的"权限"选项卡中显示了当前文件或文件夹的相关用户及其所持有的标准权限。若要查看某个标准权限对应的是哪些特殊权限，或对某标准权限进行更加详细的权限设置，则点击"编辑"按钮，进入到"xxx 的权限项目"对话框，如图 5.4 所示。在该对话框中列出了所有的特殊权限选项,可以通过点击允许或拒绝复选框,来设置该特殊权限的有效性。

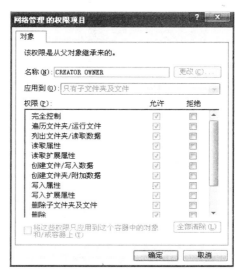

图 5.4 权限项目对话框

从上图可以看出任何一个标准权限都是这些特殊权限的组合,接下来将详细介绍这些特殊 NTFS 权限的功能。

(1) 完全控制

拥有以下所有的权限,对文件或文件夹可以执行任何操作。

(2) 遍历文件夹 / 运行文件

"遍历文件夹"可以让用户即使在无权访问某个文件夹的情况下,仍然可以切换到该文件夹内。这个权限设置只适用于文件夹,不适用于文件。只有当组或用户在"组策略"中没有赋予"绕过遍历检查"用户权力时,对文件夹的遍历才会生效。默认情况下,Everyone 组具有"绕过遍历检查"的用户权力,所以此处的"遍历文件夹"权限设置不起作用。"运行文件"让用户可以运行程序文件,该权限设置只适用于文件,不适用于文件夹。

(3) 列出文件夹/读取数据

"列出文件夹"让用户可以查看该文件夹内的文件名称与子文件夹的名称。"读取数据"让用户可以查看文件内的数据。

(4) 读取属性

该权限让用户可以查看文件夹或文件的属性,例如只读、隐藏等属性

(5) 读取扩展属性

该权限让用户可以查看文件夹或文件的扩展属性。扩展属性是由应用程序自行定义的,不同的应用程序可能有不同的设置。

(6) 创建文件/写入数据

"创建文件"让用户可以在文件夹内创建文件。"写入数据"让用户能够更改文件内的数据。

(7) 创建文件夹/附加数据

"创建文件夹"让用户可以在文件夹内创建子文件夹。"附加数据"让用户可以在文件的后面添加数据，但是无法更改、删除、覆盖原有的数据。

(8) 写入属性

该权限让用户可以更改文件夹或文件的属性，例如只读、隐藏等属性。

(9) 写入扩展属性

该权限让用户可以更改文件夹或文件的扩展属性。扩展属性是由应用程序自行定义的，不同的应用程序可能有不同的设置。

(10) 删除子文件夹及文件

该权限让用户可以删除该文件夹内的子文件夹与文件，即使用户对这个子文件夹或文件没有"删除"的权限，也可以将其删除。

(11) 删除

该权限让用户可以删除该文件夹与文件。即使用户对该文件夹或文件没有"删除"的权限，但是只要他对其父文件夹具有"删除子文件夹及文件"的权限，还是可以删除该文件夹或文件。

(12) 读取权限

该权限让用户可以读取文件夹或文件的权限设置

(13) 更改权限

该权限让用户可以更改文件夹或文件的权限设置。

(14) 取得所有权

NTFS 磁盘分区内，每个文件与文件夹都有其"所有者"，系统默认是建立文件或文件夹的用户，就是该文件或文件夹的所有者，所有者永远具有更改该文件或文件夹的权限能力。"取得所有权"的权限可以让用户夺取文件夹或文件的所有权。

Windows 系统中的文件或文件夹的所有者是可以转移的。是由其他用户来实现转移的。转移者必须有以下权限：

- 拥有"取得所有权"的特殊权限。
- 具有"更改权限"的特殊权限，
- 拥有"完全控制"的标准权限。

任何一个 Administrators 组的用户，无论对该文件或文件夹拥有哪种权限，他永远具有夺取所有权限的能力。

5.2.2 设置文件与文件夹的 NTFS 权限

可以将文件和文件夹的标准权限和特殊权限指派给用户或组，用来实现一定的操作限制。

1．标准权限的设置

将文件或文件夹的标准权限指派给用户或组的步骤大致如下：
(1) 找到要进行权限设置的文件或文件夹，鼠标右键单击，选择属性。

(2) 打开对象的属性窗口后,选择安全选项卡,在此对话框中列出了现有用户和组的权限设置情况,如图 5.5 所示。

(3) 默认情况下已经存在 Administrators、System、Users 三个组的权限。由于他们的权限是继承了上一层的权限,不能直接修改。若要更改则点击"高级"按钮,在权限设置选项卡中清除"允许将来自父系的可继承权限传播给该对象"。

(4) 添加用户:在上图中点击"添加"按钮弹出如下对话框,如图 5.6 所示。

图 5.5 文件安全选项卡

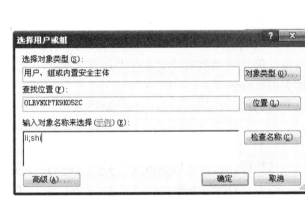

图 5.6 选择用户或组

在该对话框中输入要添加的用户或组,可以点击"检查名称"按钮检验所输入的用户名或组名是否正确,如本例中添加用户 shi 和用户组 li 中间用";"隔开即可,点击"确定"按钮后返回图 5.5 所示的对话框,此时在用户列表中可以看到刚才添加的用户和组,如图 5.7 所示。

(5) 设置权限:在图 5.7 对话框的上部分选中新添加的用户(组),在下部分选择为该用户指定的权限名,点击它所对应的"允许"按钮,或"拒绝"按钮分配权限,表示允许该用户执行权限相对应的操作,或不允许执行相应的操作。

(6) 删除用户及其权限:在上图中选中某个用户(组)后,点击"删除"按钮。

(7) 以新添加的权限用户(如本例中用户 shi)登陆计算机,可以验证刚才设置权限的有效性。

(8) 上面的步骤是以文件为例说明标准权限的设置过程,为文件夹设置标准权限的步骤相同,只是在安全选项卡中列出的权限名稍有不同。

2. 特殊权限的设置

将文件或文件夹的特殊权限指派给用户或组的步骤大致如下:

(1) 在图 5.7 文件属性对话框的"安全"选项卡中点击"高级"按钮,权限的高级安全设置对话框,如图 5.8 所示。

图 5.7　文件属性对话框

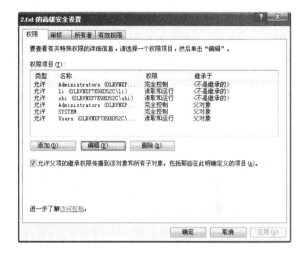

图 5.8　权限高级安全设置

(2)为现有的标准权限重新指派特殊权限:选中某个标准权限点击"编辑"按钮进入图 5.9,在该对话框中指派特殊权限项。可以点击"全部清除"按钮,清除已分配的特殊权限后,重新分配权限项。

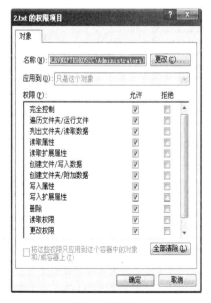

图 5.9　特殊权限

(3)在图 5.8 中可以点击"添加"按钮,添加新的用户和他的特殊权限。

(4)在图 5.8 中可以点击"删除"按钮,删除现有权限用户。

（5）以新添加的权限用户登陆计算机，验证特殊权限的有效性。

（6）上面的步骤是以文件为例说明特殊权限的设置过程，为文件夹设置特殊权限的步骤相同，只是在权限项列表中的特殊权限名不同。

5.2.3 NTFS 权限的几种重要特性

在 Windows 系统中应用 NTFS 文件系统进行权限管理有以下几点重要特性（原则）值得注意，利用它们才能计算出组合后的有效权限。

1．NTFS 权限的继承性

NTFS 权限的首要特性就是继承性，它是指对父文件夹（上层目录）设置权限后，在该文件夹中创建的新文件和子文件夹将继承这些权限。

如果在查看文件（文件夹）的权限时复选框为灰色，则表示该权限是从父文件夹继承过来的权限，如图 5.10 所示。

在该图中的 Administrators 用户组的完全控制权限的"允许"按钮均为灰色，并且不允许修改，这表明该权限就是从父文件夹继承过来的权限。

文件（夹）从父文件夹继承权限可以简化权限的设置过程，但如果不希望与父文件夹具有相同的权限设置，那么就应该阻止这种继承性的发生。具体操作如下：

（1）在图 5.10 中点击"高级"按钮，则进入权限的高级设计窗口如上图 5.8 所示，在图 5.8 中清除"允许将来自父系的可继承权限传播给该对象"。此时将弹出如下对话框，如图 5.11 所示。

图 5.10　安全选项卡

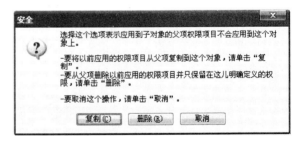

图 5.11　打破继承对话框

（2）在该窗口中若选择"复制"按钮表示：允许将来自父文件夹的可继承权限传播给该子对象，也就是说子对象获得了父对象继承过来的权限。同时子对象可以对这些权限进行修改,返回到图 5.10 后,可以看到这些权限不再是灰色的。

(3) 在该窗口中若选择"删除"按钮表示:删除所有从父文件夹继承过来的权限,只保留不是继承过来的那些权限。

(4) 点击"取消"按钮可以撤销本次操作。

2．NTFS 权限的累加性

如果一个用户同时在两个组或者多个组内,而各个组对同一个文件有不同的权限,那么这个用户对这个文件有什么权限呢?简单地说,当一个用户属于多个组的时候,这个用户会得到各个组的累加权限,但是一旦有一个组的相应权限被拒绝,此用户的此权限也会被拒绝,这是由于拒绝权限的优先级较高引起的。

例如有一个用户 user1,如果 user1 属于 group1 和 group2 两个组,group1 组对某文件有读取权限,group2 组对此文件有写入权限,user1 自己对此文件有修改权限,那么 user1 对此文件的最终权限为读取+写入+修改权限。

又如用户 user2 同时属于组 group3 和 group4,而 group3 对某一文件或目录的访问权限为"只读"型的,而 group4 对这一文件或文件夹的访问权限为"完全控制"型的,则用户 user2 对该文件或文件夹的访问权限为两个组权限累加所得,即:"只读"+"完全控制"="完全控制"。实际上就是取其权限最大的那个。

总之,用户对资源的有效权限是分配给该个人用户账户和用户所属的组的所有权限的总和,拒绝权限除外。

3．NTFS 权限的优先性

NTFS 权限的优先性包含两个子特性,其一是文件的访问权限优先其所在目录的权限,也就是说文件权限可以越过目录的权限,不顾上一级文件夹的设置。另一特性是"拒绝"权限优先其他权限,也就是说"拒绝"权限可以越过其他所有权限。

(1) 文件权限高于文件夹权限

NTFS 文件权限相对于 NTFS 文件夹权限具有优先权,假设用户能够访问某一文件,那么即使该文件位于该用户不具有访问权限的文件夹中,也可以进行访问。

注:条件是该文件没有继承它所属的文件夹的权限,否则上述结论不成立。

例如:用户 User1 对文件夹 Folder1 不具有访问权限,但对该文件夹下的文件 File1.txt 具有访问权限,但没有继承 Folder1 的权限。用户 User1 利用资源管理器无法打开 Folder1 文件夹,因此也无法访问文件 File1.txt,因为该用户对 Folder1 没有访问权限。但是若在运行框中输入文件的完整的路径来访问,如 e:\Folder1\File1.txt,则可以打开该文件,因为用户对文件有直接的访问权限。

(2) 拒绝权限高于其他权限

拒绝权限分为显示拒绝和隐式拒绝。隐式拒绝是指在指派权限时未分配某些权限给用户,则这些权限对于该用户来说就是隐式拒绝权限,即不拥有这些访问权限。隐式拒绝权限的优先级最低,不会覆盖任何其他权限。显示拒绝是指选中某个权限项后面的"拒绝"

框，表示不允许执行该权限指定的操作。显示拒绝的优先权最高，它能够抑制与其相对应的权限不被执行。

当一个组的成员有权访问文件夹或文件，但是该组被拒绝访问，那么该用户本来具有的所有权限都会被锁定而导致无法访问该文件夹或文件。也就是前面所说的权限累加性将失效。

例如：用户 User2 同时属于 Group1 组和 Group2 组。User2 用户对文件 File2 具有读取权限，Group1 组对文件 File2 具有写入权限，Group2 组对文件 File2 具有拒绝写入权限，则该用户就只有读取权限。

4．NTFS 权限的交叉性

交叉性是指当同一文件夹在为某一用户设置了共享权限的同时又为用户设置了该文件夹的访问权限，且所设权限不一致时，它的取舍原则是取两个权限的交集，也即最严格、最小的那种权限。如目录 A 为用户 USER1 设置的共享权限为"只读"，同时目录 A 为用户 USER1 设置的访问权限为"完全控制"，那用户 USER1 的最终访问权限为"只读"。

关于共享权限的内容将在 5.3 节中详细介绍。

5.2.4　复制和移动操作对 NTFS 权限的影响

将文件（夹）复制或移动到某一目的文件夹时，NTFS 权限的变化将遵循以下原则：

- 文件从某文件夹复制到另一个文件夹时：由于文件的复制，相当于产生一个新文件，因此新文件的权限继承目的地的权限。
- 文件从某文件夹移动到另一个文件夹时，它分两种情况：
  - ◆ 如果移动到同一磁盘分区的另一个文件夹内，则仍然保持原来的权限；
  - ◆ 如果移动到另一个磁盘分区的某个文件夹内，则该文件将继承目的文件夹的权限。
- 将文件移动或复制到目的地的用户，将成为该文件的所有者。
- 文件夹的移动或复制与文件的移动或复制原理相同。
- 将 NTFS 磁盘分区的文件或文件夹移动或复制到 FAT/FAT32 磁盘分区下，NTFS 磁盘分区下的安全设置全部取消。
- 只有 Administrators 组内的成员才能有效地设置 NTFS 权限。

5.3　管理共享文件夹

5.3.1　共享文件夹简介

在 Windows 系统中文件和文件夹资源可以共享以方便网络中的其他用户访问。共享文件夹是指已经被设置成共享的文件夹，它可以包含应用程序、公共数据、用户的个人资料等。

文件夹被共享后它里边的所有文件都被共享，但文件不能单独设置为共享，必须被包含在某个文件夹中。当复制或移动一个共享文件夹时其共享属性也会受到影响。复制一个共享文件夹时，会创建一个内容完全一样的新文件夹，它不会被共享，但原来文件夹的共享属性不变。当移动一个共享文件夹时，原来的共享属性将消失。

共享文件夹与普通文件夹相比，从图标上看是一个手托的文件夹图标。共享名可以与文件夹名相同也可以不同，并且一个文件夹可以具有多个共享名。有时，为了隐藏某一共享资源使其在"网上邻居"上不可见，可以在其共享名的后边加"$"，如C$、D$、Print$、Admins$等。

5.3.2 创建共享文件夹

创建共享文件夹和驱动器必须是具有特殊权限的用户组成员才能完成。例如，在Windows 的域控制器上必须是 Administrators（管理员组）或 Server Operators（服务器操作员组）的成员来完成；在 Windows 的成员服务器上必须是 Administrators（管理员组）或 Power Users（超级用户组）的成员来完成，普通用户在默认情况下没有共享资源的权限。

创建共享文件夹的操作比较简单，最常用的有三种方式。

（1）使用计算机控制台创建

右击"我的电脑"图标，在打开的快捷菜单中选择"管理"菜单项，即可打开计算机管理窗口，如图 5.12 所示。

图 5.12　计算机管理

在该窗口中的左侧选中"共享文件夹"选项，右侧将显示当前系统中已共享的所有资源，进一步展开"共享"子项，则右侧将显示已经共享的所有共享文件夹和驱动器的信息。

右击"共享"子项，选中"新建共享"，打开"共享文件夹向导"窗口。用户可以在该向导的引导下逐步完成操作。首先选择需要共享的文件夹路径和文件夹名，然后再为该共享资源输入共享名，最后设置相应的共享权限即可。

（2）使用资源管理器

打开资源管理器后，首先选中要共享的文件夹或驱动器，右击选择"共享和安全"打开如图 5.13 所示对话框。

图 5.13 共享窗口

若第一次为该文件夹创建共享则直接点击"共享此文件夹"按钮，并输入共享名即可。若希望为该文件夹添加多个的共享名，可以点击"新建共享"按钮，并输入共享名、设置相应的共享权限即可。

（3）使用命令行

除了在图形窗口下创建共享以外，还可以利用 Net Share 命令行创建、删除或显示共享资源。它的命令格式是：

NET SHARE sharename= drive:path [/USERS:number ｜ /UNLIMITED] [/REMARK:"text"]。该命令行中的参数如下：

- 键入不带参数的 net share 显示本地计算机上所有共享资源的信息；
- sharename 是用户指定的共享名；
- drive:path 指定共享目录的绝对路径；
- users:number 设置可同时访问共享资源的最大用户数；
- unlimited 不限制同时访问共享资源的用户数；
- remark:"text"添加关于资源的注释，注释文字用引号引住；

例如：net share aa1=e:\ aa   /users:5 /remark:"my first sharename" 则该命令为 e 驱动器的 aa 文件夹创建了一个共享为 aa1，同时访问用户最大量为 5，并设置相应的注释信息。

5.3.3 共享权限的设置

共享权限是指通过网络访问共享资源时需要的权限，对于本地登陆系统的用户不起作用。共享权限分为三种。

（1）读取权限：允许具有该权限的网络用户查看文件名和子文件夹名、文件中的数据和属性、运行应用程序。

（2）更改权限：允许具有该权限的网络用户向共享文件夹中创建文件和子文件夹、修改文件中的数据、删除文件和子文件夹。

（3）完全控制权限：将本机上的 Administrators 组的默认权限分给网络用户，包含读取和更改权限，并允许用户更改 NTFS 文件和文件夹的权限。

为共享文件夹设置共享权限可以利用计算机管理控制台和资源管理器两种工具，具体操作如下。

（1）使用管理控制台设置：按照前面提到的方法打开管理控制台，选中某个共享文件夹后，右键单击选择属性，打开属性窗口后，再选择"共享权限"标签，如图 5.14 所示。

在上述窗口中可以修改现有用户的共享权限，也可以点击"添加"按钮添加新的网络用户及其共享权限，还可以选中某个用户删除他的共享权限。具体操作同前面讲的 NTFS 权限设置过程。

（2）使用资源管理器设置：打开资源管理后，选中某个共享文件夹，鼠标右键单击选择"共享和安全"菜单项，然后在打开的窗口中点击"权限"按钮，打开如图 5.15 所示对话框。

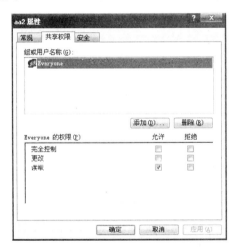

图 5.14　共享权限窗口

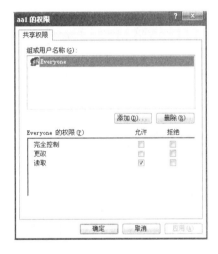

图 5.15　共享权限

在该窗口中设置共享权限的具体操作同前面讲的 NTFS 权限设置过程。

5.3.4　共享权限和 NTFS 权限的组合

在 NTFS 文件系统的分区中，如果某一文件夹在为某一用户设置了共享权限的同时又为该用户设置了 NTFS 的本地访问权限，如果设置的权限不一致，那么该用户对该文件夹的最终有效权限是什么？要回答这个问题可以从以下两个方面考虑：

- 如果该用户从本地机登陆访问该文件夹，则只有本地的 NTFS 权限有效。
- 如果该用户从网络中的其他机器登陆访问该文件夹，则本地的 NTFS 权限和共享权限共同起作用，最终的有效权限取两个权限的交集，即最严格、最小的那种权限。

当然如果是 FAT 和 FAT32 文件系统的中的文件夹，只有共享权限没有 NTFS 本地权限，也就是说如果用户从本机登陆访问文件夹时不受任何权限的影响，但从网络登陆访问共享文件夹时只受到共享权限的影响。

注意：一个文件夹的共享权限默认是"Everyone 组具有只读的权限"，如果希望具有其他的共享权限，必须进行修改或添加新的共享权限。

5.3.5 共享文件夹的访问与发布

1．共享文件夹的访问

创建了共享文件夹后，可以从网络中的其他计算机远程访问，常用的访问方法如下：
- 使用网上邻居进行访问

从所登陆的计算机上打开网上邻居，此时将列出当前机器能连接到的所有计算机列表，然后鼠标双击共享文件夹所在的计算机图标，将出现该计算机中的所有共享的资源列表，最后点击所需要的共享文件夹即可。

使用这种方法比较直观、操作简单，但速度比其他方法要慢。因为在查找目标计算机时使用的是广播的形式，尤其是网络中的计算机数量较多时，这种方法效率更低。
- 使用 UNC 路径进行访问

UNC（Universal Naming Convention）通用命名规则，也叫通用命名标准、通用命名约定，它是网络中资源的通用命名格式。它的语法是：

\\servername\sharename 格式，其中 servername 是服务器名，sharename 是共享资源的名称。例如：\\TeacherComputer\Resource 表示计算机 TeacherComputer 中的 Resource 共享资源。

UNC 名称中可以包括共享名称下的下一级文件或目录路径，格式为：\\servername\sharename\directory\filename。

例如：\\TeacherComputer\Resource\DataFile 文件。
- 映射网络驱动器进行访问

对于经常访问的共享资源可以将其映射为本地的一个网络驱动器，这样用起来更方便、快捷。具体操作：右键单击"我的电脑"，选择"映射网络驱动器"菜单项，将出现图 5.16 所示的对话框。

图 5.16 映射网络驱动器

第 5 章　管理文件和文件夹资源

在上图中选择网络驱动器的盘符，再输入所需要的共享资源的 UNC 路径点击完成即可。

2．共享文件夹的发布（需要活动目录服务支持）

利用上节讲述的三种方法可以访问到共享文件夹，但它们都有一个共同的缺点：作为使用者必须很清楚地了解共享资源的详细路径才可以。本节将介绍一种更方便的方式即发布共享资源，这样用户可以不知道资源具体所在的物理存储位置就可以访问到共享资源，而且即使共享资源的具体物理位置发生变化对于用户来说也不受影响。

发布共享文件夹的常用方法有如下两种。

- 使用计算机管理控制台发布

打开计算机管理控制台后，依次展开"系统工具"→"共享文件夹"→右键单击要发布的共享名，然后选择"属性"，打开属性窗口后，再选择"发布"选项卡，选中"在活动目录中发布这个共享"前面的复选框，最后点击"确定"。

- 使用活动目录管理工具发布

打开活动目录（Active Directory）用户和计算机工具，在控制台树中，右键单击要在其中添加共享文件夹的容器，选择"新建"，然后单击"共享文件夹"，键入文件夹和网络路径的名称，并单击"确定"即可。

当发布了一个共享文件夹后，它会变成计算机账号内的一个子对象。如果想在"活动目录用户和计算机"中查看到相应的内容，需要先选择"查看"菜单中的"将用户、组和计算机作为容器"选项。然后找到相应的计算机账号，来查看已经发布的共享文件夹。

5.4　资源权限设置的策略

利用 A-L-P 策略来管理资源访问权限；A 即账户、L 即本地组、P 权限。

A-L-P 策略的意思就是先建立用户账户，然后把根据账户的访问权限不同把它加入到不同的本地组中，最后设置本地组的相应权限。

如有三个文件夹，其中文件夹甲是销售部门专用文件夹，只有销售员工可以访问；文件夹乙是财务专用文件夹，只有财务部门账户可以访问；文件夹丙是一个公共文件夹，任何部门员工都可以访问。针对这种应用的话，该如何来管理账户的访问权限呢？

最简单也就是最原始的方法，就是没每个账户设置访问权限。但是，为每一个账户配置访问权限，很明显工作量会很大。若果企业有一百个用户，就需要配置一百次。而且，后续若权限需要进行变更的话，仍然需要变更一百次。显然，我们网络管理员不愿意接受工作量这么大的处理方式。

其实，我们可以轻松方便的管理域内账户的访问权限。具体的来说，就是通过组来设置用户的权限。先设置一个组，分配具体的权限；然后把用户加入到这个组中，加入到这个组中的用户就同时具有这个组的权限。这么做的好处，就是不用为每一个用户设置权限，我们可以把相同权限的用户归类为一个组，在组中设置访问权限，然后把用户加入到这个组中即可。如按照文件夹的访问规则，我们可以设置为三个组，分别为销售部门组、管理部门组、与财务部门组。然后让销售部门组具有访问文件夹甲的权限；财务部门组具有访问文件夹乙的权限；文件夹丙授权三个组都能够访问。然后建立各个部门的用户，加入到对应的组中即可。如此的话，就可以大大减轻我们网络管理员的工作量。

5.5 设置文件的存储属性

NTFS 文件系统提供了更多的存储特性，使文件的存储和管理更方便。本节将介绍如何在 NTFS 分区中对文件进行压缩、加密，对存储器进行磁盘配额的设置等内容。

5.5.1 文件的压缩属性

1．NTFS 压缩属性简介

NTFS 文件系统提供了对文件和文件夹压缩的高级特性，这样在不使用任何第三方压缩工具的情况下也可以方便地进行压缩操作，从而节省了存储空间的占用。接下来介绍一下 NTFS 压缩属性的几方面特征。

- 该压缩属性只有 NTFS 文件系统具有

FAT 和 FAT32 分区中的文件（夹）只能通过其他方式压缩。

- NTFS 文件系统对磁盘空间的计算是基于非压缩文件的尺寸计算的

如果复制或移动一个压缩文件到 NTFS 分区时，系统会根据压缩前的文件大小来决定目标位置能否存储该资源。

- NTFS 压缩属性和 EFS 加密属性不能同时设置

NTFS 压缩属性和 EFS 加密属性都是 NTFS 文件系统提供的高级存储管理功能，但不能同时设置。有关 EFS 文件系统的加密设置将在下节中介绍。

- NTFS 压缩后的文件（夹）的读写性能下降

当打开一个压缩文件时，Windows 会将它自动解压，当关闭这个文件时，Windows 又会重新将它压缩。

- 文件夹和里边的文件及子文件夹的压缩属性可以单独设置

利用 NTFS 压缩属性来压缩文件夹可以不影响里边的文件与子文件夹，它们的压缩属性可以单独设置。

- NTFS 压缩后的文件（夹）名称颜色会发生变化，区别于普通的文件（夹）

2．设置 NTFS 压缩属性

打开资源管理器，找到要进行压缩的文件（夹），右键单击选择"属性"菜单项，然后在常规选项卡中点击"高级"按钮，在"压缩或加密属性"复选框中选中"压缩内容以便节省磁盘空间"如图 5.17 所示，最后点击"确定"按钮。

如果当前被压缩的是文件则确定后即可完成操作，如果当前被压缩的是文件夹则点击确定按钮后，会出现如图 5.18 所示的窗口，要求用户选择压缩操作是否影响该文件夹下的文件及子文件夹。

第5章 管理文件和文件夹资源

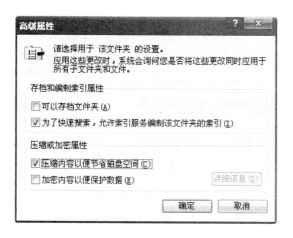

图 5.17 高级属性窗口

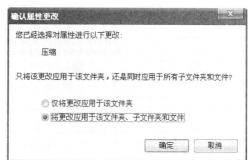

图 5.18 确认属性更改窗口

3．移动和复制操作对压缩属性的影响

利用 NTFS 压缩属性对文件（夹）压缩后，当对其进行复制或移动时，它的压缩属性也会发生相应的变化，其原则如下。

- 当复制压缩后的文件（夹）到某一 NTFS 分区（可以与原分区相同也可以不同）下的文件夹时，文件（夹）副本将继承目标文件夹的压缩属性。
- 当复制压缩后的文件（夹）到某一非 NTFS 分区下的文件夹时，文件（夹）副本的压缩属性将丢失。
- 当移动压缩后的文件（夹）到同一 NTFS 分区下的文件夹时，其压缩属性保持不变。
- 当移动压缩后的文件（夹）到不同的 NTFS 分区下的文件夹时，其压缩属性继承目标文件夹的压缩属性。
- 当移动压缩后的文件（夹）到非 NTFS 分区下的文件夹时，其压缩属性丢失。

5.5.2 文件的加密属性

1．NTFS 加密属性简介

NTFS 文件系统提供了一种对文件和文件夹的加密特性，来保证资源的安全性。加密文件系统（EFS）是 NTFS5.0 的新特性之一，提供了一种核心文件加密技术，该技术用于在 NTFS 分区中存储已加密的文件。加密后的文件和文件夹对于加密的用户来说是透明的，不需解密就可以直接使用，但对于其他用户即使具有完全控制权限的用户也不能对加密文件执行任何操作。如试图执行打开、复制、移动或重命名操作的时候都会收到拒绝访问的消息。

2．设置 NTFS 加密属性

对 NTFS 分区中的文件和文件夹进行加密属性的设置操作比较简单，常见的方法有两种。

(1) 使用资源管理器加密

打开资源管理器，找到要进行加密的文件（夹），右键单击选择"属性"菜单项，然后在常规选项卡中点击"高级"按钮，在"压缩或加密属性"复选框中选中"加密内容以便保护数据"，如图 5.19 所示，最后点击"确定"按钮。

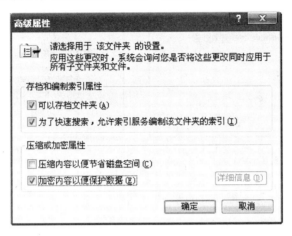

图 5.19　高级属性

如果当前被加密的是文件则确定后即可完成操作，如果当前被加密的是文件夹则点击确定按钮后，会出现如图 5.20 所示的窗口，要求用户选择加密操作是否影响该文件夹下的文件及子文件夹。

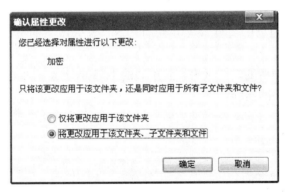

图 5.20　确认属性更改窗口

(2) 使用 cipher 命令加密

使用 cipher 命令也可以加密 NTFS 分区中的数据，具体格式如下：cipher[{/e|/d}][/s:dir][/a][/l][/f][/q][/h][/k][/u[/n]][PathName[…]]|[/r:PathNameWithoutExtension]|[/w:PathName] 其参数的内容如下。

- 在不含带参数的情况下使用，则 cipher 将显示当前文件夹及其所含文件的加密状态。
- /e 加密指定的文件夹。文件夹做过标记后。使得以后添加到该文件夹的文件也被加密。
- /d 将指定的文件夹解密。文件夹做过标记后，使得以后添加到该文件夹的文件也被

第5章 管理文件和文件夹资源

加密。
- /s:dir 在指定文件夹及其全部子文件夹中执行所选操作。
- /a 执行文件和目录操作。
- /l 即使发生错误，仍然继续执行指定的操作。
- /f 对所有指定的对象进行加密或解密.默认情况下.cipher 会跳过已加密或已解密的文件。
- /q 只报告最基本的信息。
- /h 显示带隐藏或系统属性的文件.默认情况下，这些文件是不加密或解密的。
- /k 为运行 cipher 的用户创建新的文件加密。如果使用该选项.CIPHER 将忽略所有其他选项。
- /u 更新用户文件的加密密钥或将代理密钥恢复为本地驱动器上所有已加密文件中的当前文件（如果密钥已经改变）。该选项仅随/N 一起使用。
- /n 防止密钥更新.使用该选项可以查找本地驱动器上所有已加密的文件。pathname 指定样式，文件或文件夹。
- /r:PathNameWithoutExtension 生成新的恢复代理证书和私钥，然后将它们写入文件（该文件的名称在 PathNameWithoutExtension 中指定。）
- /w:PathName 删除卷上的未使用部分的数据。
- /?在命令提示符显示帮助。

例如：cipher /e D:\aa 设 aa 为 D 分区中的一个未加密的文件夹，则该命令指加密 D 分区的文件夹 aa。

3．移动和复制操作对加密属性的影响

利用 NTFS 加密属性对文件（夹）加密后，当对其进行复制或移动时，它的加密属性也会发生相应的变化，其原则如下：
- 将未加密文件复制或移动到已加密文件夹中，这些文件也会自动加密。
- 将已加密文件复制或移动到 NTFS 分区的未加密文件夹中，文件的加密属性保持不变。
- 将已加密文件复制或移动到非 NTFS 分区的文件夹中，文件的加密属性丢失。
- 重命名加密文件后，文件的加密属性不变。
- 只有加密用户本人才可以对其加密的文件（夹）执行复制和移动操作。

5.5.3 磁盘配额

1．磁盘配额简介

NTFS 5.0 的另一个新特性是支持磁盘配额的功能，可以实现对用户使用的磁盘空间进行按需分配。在采用 NTFS 5.0 文件系统格式的驱动器上，通过启用磁盘配额管理功能来实现对用户使用磁盘空间的限制。

可使用配额确保：

- 登录到相同计算机的多个用户不干涉其他用户的工作能力；
- 一个或多个用户不独占公用服务器上的磁盘空间；
- 在个人计算机的共享文件夹中，用户不使用过多的磁盘空间。

磁盘配额是一种基于用户和分区的文件存储管理。通过磁盘配额管理，管理员就可以对本地用户或登录到本地计算机中的远程用户所能使用的磁盘空间进行合理的分配，每一个用户只能使用管理员分配到的磁盘空间。磁盘配额对每一个用户是透明的，当用户查询可以使用的磁盘空间时，系统只将配额允许的空间报告给用户，超过配额限制时，系统会提示磁盘空间已满。

磁盘配额只应用于卷，且不受卷的文件夹结构及物理磁盘上的布局的影响。如果卷有多个文件夹，则分配给该卷的配额将整个应用于所有文件夹。例如，如果\\QUESTION\A-B 和\\QUESTION\C-Z 是 F 卷上的共享文件夹，则用户存储在这些文件夹中的文件不能使用多于 F 卷配额限制设置的磁盘空间。

如果单个物理磁盘包含多个卷，并把配额应用到每个卷，则每个卷配额只适于特定的卷。例如，如果您共享两个不同的卷，分别是 F 卷和 G 卷，则即使这两个卷在相同的物理磁盘上，也分别对这两个卷的配额进行跟踪。

如果一个卷跨越多个物理磁盘，则整个跨区卷使用该卷的同一配额。例如，如果 F 卷的配额限制为 500MB，则不管 F 卷是在物理磁盘上还是跨越三个磁盘，都不能把超过 500MB 的文件保存到 F 卷。

在 NTFS 文件系统中，卷使用信息按用户安全标识符（SID）存储，而不是按用户账户名称存储。第一次打开"配额项"窗口时，磁盘配额必须从网络域控制器或本地用户和组上获得用户账户名称，将这些用户账户名与当前卷用户的 SID 匹配，并使用用户名填充"名称"列上的项目。从域控制器或本地用户和组中获得这些名称时，名称将显示在该字段中。第一次查看配额项时，这个过程立即开始。

当获得名称后，可将其保存到用户的"应用程序数据"目录中的缓存文件中，这样下次打开"配额项"窗口时可立即使用这些名称。但是，因为这些缓存文件可能持续几天使用而没有被 Windows 更新，所以"配额项"窗口可能不反映查看配额项后对域用户账户列表所做的更改。

要获得最新的用户名，请按 F5。然后 Windows 将刷新来自网络域控制器或本地用户和组的每个用户的用户名。根据卷用户的数目和当前的网络速度，此过程可能需要几分钟。在此过程中，如果想尽快查看特定用户的名称，可以选择该项目并把它移到列表的顶部。

磁盘配额处理运行 Windows 2000、Windows XP 或 Windows Server 2003 家族操作系统的计算机上的所有 NTFS 卷。然而，已经从 FAT 或 FAT32 转换到 NTFS 的卷上的文件将自动归属于管理员，因此，这些文件上的配额将由 Administrator 账户管理。这几乎不是问题，因为管理员拥有无限的卷使用权限。该问题只适用于转换为 NTFS 之前存在的文件，而转换之后的文件将属于适当的用户。

因为磁盘配额都是以文件所有权为基础的，所以对卷做任何影响文件所有权状态的更改，包括文件系统转换，都可能影响该卷的磁盘配额。因此，在现有的卷从一个文件系统卷转换到另一文件系统之前，您应该了解这种转换可能引起所有权的变化。

您可在本地计算机和远程计算机的 NTFS 卷上启用磁盘配额。可使用磁盘配额来限制登录到本地计算机的不同用户的卷空间的量，并可限制远程用户对卷的使用。

要启用远程计算机卷上的配额，必须从卷的根目录共享这些卷，并且您必须是远程计算机的 Administrators 组的成员。另外，这些卷必须格式化成 NTFS，而且存在于运行 Windows 2000、Windows XP 或 Windows Server 2003 家族操作系统的计算机上。

在系统卷上实现磁盘配额时，应该考虑 Windows 文件使用的磁盘空间。根据卷上的可用空间，可能必须为安装 Windows 的用户设置高配额限制或者不限制磁盘空间。如果 Windows 是由管理员安装的，则无需此操作。因为管理员及 Administrators 组的成员有不受限制的配额限制。

用户磁盘配额管理是服务器管理中的一项重要任务，特别是在大型企业网络中，网络磁盘空间非常限，如果不恰当地管理用户磁盘配额，一方面将造成网络磁盘空间的大量浪费，另一方面也可能带来严重的不安全因素，还可严重影响整体网络性能，用户可能无法登录。

注意：管理员及 Administrators 组的成员有不受限制的配额限制，这在管理磁盘配额项时能够观察到。

2．启用和禁用磁盘配额

以系统管理员或管理员组成员的身份登录 Windows 系统后，在采用 NTFS 5.0 文件系统格式的分区上单击鼠标右键，选择"属性"菜单项，即可打开磁盘分区的属性窗口，在该窗口中出现一个新的标签页，即"配额"。选择"配额"标签页后，即可打开磁盘配额窗口，如图 5.21 所示。

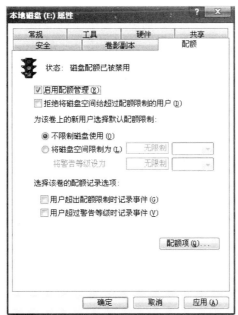

图 5.21　磁盘配额

在上述窗口中可以实现以下几种操作。
- 启用/禁用配额管理功能

选中"启用配额管理"按钮可以启动该分区的磁盘管理功能，取消该选项后磁盘配额管理将被禁用。

当启动磁盘配额后，Windows 系统将计算到那个时间点为止在该驱动器复制文件、保存文件或取得文件所有权的所有用户使用的磁盘空间。然后根据计算的结果将配额限度和配额警告级别应用于当前所有用户，以及从那个时间点开始使用驱动器的用户。然后，可以根据需要为某个或多个用户设置不同的配额或禁用磁盘配额。也可以为那些还没有在驱动器上复制文件、保存文件和取得文件所有权的用户设置配额。

- 设置新用户的默认配额限制

当启用磁盘配额后该设置可以为系统中新建的用户设置一个默认的磁盘配额限制，它包含两个选项：不限制磁盘使用和将磁盘空间限制为两个选项。前者是指不限制新建用户的磁盘空间，后者限制可以使用的磁盘空间大小并设置两个值磁盘配额限度和磁盘配额警告级别。磁盘配额限度指定了允许用户使用的磁盘空间容量。警告级别指定了用户接近其配额限度的值。

例如，可以把用户的磁盘配额限度设为 30MB，并把磁盘配额警告级别设为 25MB。这种情况下，用户可在驱动器上存储不超过 30MB 的文件。如果用户在驱动器上存储的文件超过 25MB，则系统将会发出警告并可以将磁盘配额记录为系统事件。

- 达到配额量后拒绝分配磁盘空间

如果选中"拒绝把磁盘空间给超过配额限度的用户"选项，当用户已经使用的磁盘空间达到了配额限度时，用户会收到"磁盘空间不足"的错误提示，系统将不再继续分配新的磁盘空间给用户。如果不想拒绝用户对驱动器的访问但想跟踪每个用户对磁盘空间的使用情况，启用磁盘配额而且不限制磁盘空间的使用是非常有用的。

- 设置配额记录选项

该设置包括"用户超过配额限度时记录事件"和"用户超过警告级别时记录事件"两个选项。如果选中前者，系统将在用户使用的磁盘空间超过磁盘空间限制值时记录系统日志。如果选中后者，系统将在用户使用的磁盘空间超过警告等级时记录系统日志。

3．添加和删除配额项

系统管理员可以执行添加配额项操作，为当前某个用户重新设置磁盘配额的限制值。具体操作如下。

（1）在图 5.21 所示的窗口中点击"配额项"按钮，此时可以打开如图 5.22 所示的窗口，显示现有的配额条目。

（2）在上面的窗口中点击"新建配额项"按钮或菜单，即可打开选择用户窗口，如图 5.23 所示。

第5章 管理文件和文件夹资源

图 5.22 配额项窗口

图 5.23 选择用户窗口

（3）在上图中输入或选择要进行磁盘配额限制的用户名，可以点击"检查名称"按钮来检查所输入的用户名的正确性。点击确定后，可以弹出如图 5.24 所示的窗口。

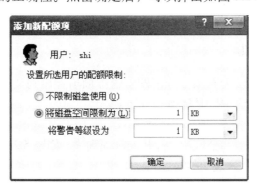

图 5.24 添加新配额项

（4）在上图中为所选用户设置他的磁盘空间限制值和警告等级，最后点击确定后即可完成添加新配额项的操作。

系统管理员也可以执行删除配额项操作。如果该配额项的用户在系统中不具有任何文件或文件夹的所有权，则可以直接删除该配额项。否则不可以直接删除，这种情况下将弹出如下对话框，如图 5.25 所示。

图 5.25　删除配额项窗口

在该对话框中将配额项用户具有所有权的文件进行处理：删除、取得所有权或移动到其他文件夹。

- 删除：从系统中将所选文件删除，不能删除文件夹。
- 取得所有权：以当前用户的身份夺取所选文件的所有权。
- 移动到其他文件夹：将所选文件移动到指定的文件夹中，不能移动文件夹。

只有对该用户的所有文件执行以上任何一种操作后，该配额项才能删除，否则不能删除该配额项。

4．导入和导出配额项

可以利用导入或导出功能将某个分区的磁盘配额项导出到文件中，也可以将文件中的配额项导入到另外一个分区中。具体操作如下：

- 导出配额项

在已启动磁盘配额功能的分区中，打开配额项列表，如图 5.21 所示，选中某个配置项，点击"配额"→"导出"，输入文件名即可。

- 导入配额项

在要导入配额项的磁盘分区中，打开配额项列表，如图 5.21 所示，点击"配额"→"导入"，选择导入文件名即可。在配额项列表中可以看到刚才导入的配额项。

复习题

5-1　什么是 NTFS？什么是 NTFS 权限？

5-2 如何设置 NTFS 权限？NFFS 权限的几种重要特性是什么？

5-3 假设系统中有 U1、U2、U3、U4 四个用户，有 gruoup1 和 group2 两个用户组，U1 和 U2 属于用户组 group1，U3 和 U4 属于用户组 group2，系统中有两个文件 File1 和 File2，如果 U1、U2 对 File1 有只读的权限，U3、U4 对 File1 有完全控制的权限，U1、U3、对 File2 有写入的权限，U2、U4 对 File2 有读取和运行的权限，如何分配这些权限，做实验完成。

5-4 复制和移动具有 NTFS 权限的文件（夹）对其权限有什么影响？做实验进行验证。

5-5 在 NTFS 分区创建一个共享文件夹，并为用户 U1 分配 NTFS 权限为完全控制，共享权限为只读，那么该用户的最终权限是什么？做实验进行验证。

5-6 将文件夹 Folder1 设置加密属性，文件 Folder2 设置压缩属性。

5-7 什么样的分区才能设置磁盘配额？如何设置？假设分区 E 是 NTFS 分区，为用户 U1 在 E 分区上限制使用的磁盘量为 500M，当使用量达到 450M 时发出警告，并且当达到磁盘量时，系统不再为其分配存储空间。

5-8 实训：联系各种属性的管理及观察属性的变化。

第 6 章 安装和管理打印机

本章学习目标:
(1) 了解打印机类型
(2) 掌握安装与共享打印机
(3) 掌握打印机共享权限设置方法
(4) 熟悉打印任务管理方法

本章主要介绍了打印机的基本分类;安装和共享打印机;设定打印机共享权限;以及管理打印任务。

6.1 打印机概述

打印机是计算机的输出设备之一,用于将计算机处理结果打印在相关介质上。衡量打印机好坏的指标有三项:打印分辨率,打印速度和噪声。

6.1.1 打印机类型

打印机的种类很多,按打印元件对纸是否有击打动作,分击打式打印机与非击打式打印机。按打印字符结构,分全形字打印机和点阵字符打印机。按一行字在纸上形成的方式,分串式打印机与行式打印机。按所采用的技术,分柱形、球形、喷墨式、热敏式、激光式、静电式、磁式、发光二极管式等打印机。

(1) 按原理分类

按照打印机的工作原理,将打印机分为击打式和非击打式两大类。

串式点阵字符非击打式打印机 主要有喷墨式和热敏式打印机两种。

① 喷墨式打印机。其基本原理是带电的喷墨雾点经过电极偏转后,直接在纸上形成所需字形。其优点是组成字符和图像的印点比针式点阵打印机小得多,因而字符点的分辨率高,印字质量高且清晰。可灵活方便地改变字符尺寸和字体。印刷采用普通纸,还可利用这种打字机直接在某些产品上印字。字符和图形形成过程中无机械磨损,印字能耗小。打印速度可达 500 字符／秒。广泛应用的有电荷控制型(高压型)和随机喷墨型(负压型)喷墨技术,近年来又出现了干式喷墨印刷技术。

② 热敏式打印机。流过印字头点电阻的脉冲电流产生的热传到热敏纸上,使其受热变色,从而印出字符和图像 。主要特点是无噪声,结构轻而小,印字清晰。缺点是速度慢,字迹保存性差。

行式点阵字符非击打式打印机主要有激光、静电、磁式和发光二极管式打印机。

① 激光打印机。激光源发出的激光束经由字符点阵信息控制的声光偏转器调制后，进入光学系统，通过多面棱镜对旋转的感光鼓进行横向扫描，于是在感光鼓上的光导薄膜层上形成字符或图像的静电潜像，再经过显影、转印和定影，便在纸上得到所需的字符或图像。主要优点是打印速度高，可达 20000 行／分以上。印字的质量高，噪声小，可采用普通纸，可印刷字符、图形和图像。

② 静电打印机。将脉冲电压直接加在具有一层电介质材料的特殊纸上，以便在电介质上获得静电潜像，经显影、加热定影形成字符和图像。它的特点是印刷质量高，字迹不退色，可长期保存，生成潜像的功耗小，无噪声，简单可靠。但需使用特殊纸，且成本高。

③ 磁式打印机。它是电子复印技术的应用和发展。采用磁敏介质形成字符潜像，不需要高功率激光源，其优点是对湿度和温度变化不敏感。印刷速度可达 8000 行／分。结构简单，成本低。

④ 发光二极管式打印机。除采用发光二极管作光源外，其工作原理与激光打印机类似。由于采用发光二极管，降低了成本，减小了功耗。

（2）按照工作方式分类

分为点阵打印机，针式打印机，喷墨式打印机，激光打印机等。针式打印机通过打印机和纸张的物理接触来打印字符图形，而后两种是通过喷射墨粉来印刷字符图形的。

（3）按用途分类

① 办公和事务通用打印机

在这一应用领域，针式打印机一直占领主导地位。由于针式打印机具有中等分辨率和打印速度、耗材便宜，同时还具有高速跳行、多份拷贝打印、宽幅面打印、维修方便等特点，目前仍然是办公和事务处理中打印报表、发票等的优选机种。

② 商用打印机

商用打印机是指商业印刷用的打印机，由于这一领域要求印刷的质量比较高，有时还要处理图文并茂的文档，因此，一般选用高分辨率的激光打印机。

③ 专用打印机

专用打印机一般是指各种微型打印机、存折打印机、平推式票据打印机、条形码打印机、热敏印字机等用于专用系统的打印机。

④ 家用打印机

家用打印机是指与家用电脑配套进入家庭的打印机，根据家庭使用打印机的特点，目前低档的彩色喷墨打印机逐渐成为主流产品。

⑤ 便携式打印机

便携式打印机一般用于与笔记本电脑配套，具有体积小、重量轻、可用电池驱动、便于携带等特点。

⑥ 网络打印机

网络打印机用于网络系统，要为多数人提供打印服务，因此要求这种打印机具有打印速度快、能自动切换仿真模式和网络协议、便于网络管理员进行管理等特。

6.1.2　Windows Server 2003 支持的客户端类型

客户端（Client）或称为用户端，是指与服务器相对应，为客户提供本地服务的程序。

一般安装在普通的客户机上,需要与服务端互相配合运行。因特网发展以后,较常用的用户端包括了如万维网使用的网页浏览器,收寄电子邮件时的电子邮件客户端,以及即时通讯的客户端软件等。

在网络中,凡是提供服务的一方称为服务器端(Server),而接受服务的另一方称作客户端(Client)。我们最常接触到例子是局域网络里的打印服务器所提供的打印服务:提供打印服务的计算机,我们可以说它是打印服务器;而使用打印服务器提供打印服务的另一方,我们则称作客户端。

Windows 2003 Server 支持的客户端类型有:
- Microsoft clients – 安装 Windows 操作系统的客户端。
- NetWare clients – 安装 NetWare 操作系统的客户端。
- UNIX clients – 安装 UNIX 操作系统的客户端。
- Clients that supports IPP1.0 – 支持 IPP(网络打印协议)的客户端。

6.2 安装与共享打印机

在安装有 Windows 2003 Server 的计算机上可以将打印设备连接到相应的端口上,并可以设置为共享打印机。

6.2.1 安装与共享本地打印机

本地打印设备是指通过串口或并口线连在计算机的物理口上。这种打印设备距离计算机的远近由串口或并口线的长度来决定,一般在中小企业中较为普及。

将打印设备连接到计算机上适当的端口,尽管 Windows 自动检测并安装大多数打印机,但仍可能需要提供附加的信息才能完成安装。根据打印机的类型,从下列选项中选择。

(1) 安装连接打印机的并行端口(LPT),如果打印机连接到带有并行端口(LPT 口)的计算机上,则将打印机连接到计算机的操作步骤如下:

① 打开"控制面板"→"打印机和其他硬件",单击"添加打印机",启动添加打印机向导如图 6.1 所示。

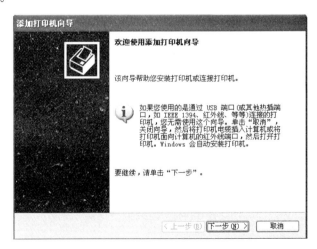

图 6.1 添加打印机向导

② 然后单击"下一步"。选择"连接到此计算机的本地打印机",确保选中"自动检测并安装即插即用打印机",如图 6.2 所示。

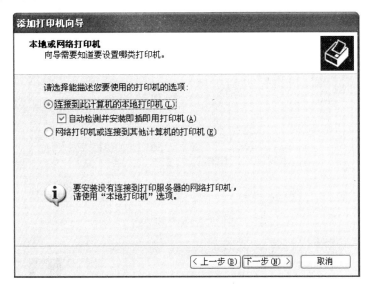

图 6.2　安装本地打印机

③ 然后单击"下一步",进入如图 6.3 所示界面。

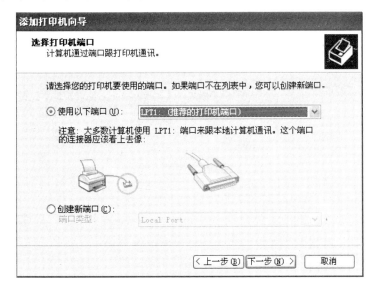

图 6.3　选择打印机端口

④ 在图 6.3 所示窗口中选择打印机端口,单击"下一步",出现安装打印机软件的界面,实际就是为打印机安装驱动程序,如图 6.4 所示。然后单击"下一步",按照屏幕上的提示完成打印机安装过程。

⑤ 然后单击"下一步",出现打印机共享窗口,如图 6.5 所示。如果共享该打印机,给出共享名,单击下一步,完成打印机安装过程。

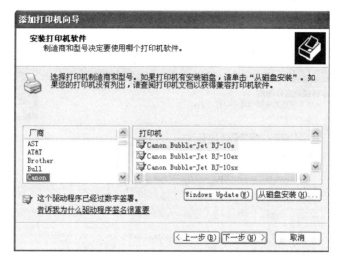

图 6.4 安装打印机软件

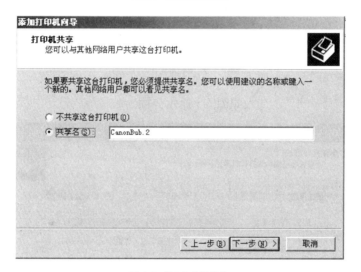

图 6.5 设置打印机共享

（2）安装 USB 接口或 IEEE1394 打印机。如果安装通用串行总线(USB)或 IEEE 1394 打印机，Windows Server 2003 操作系统会自动检测并启动找到新的硬件向导，不需要关闭或重新启动计算机，只需按照屏幕上的说明即可完成安装。

如果不能使用即插即用的功能安装打印机，或者打印机连接到带有串口（COM）的计算机，则从控制面板中打开"打印机和其他硬件"；双击"添加打印机"以启动添加打印机向导，然后单击"下一步"。选择"本地打印机"，清除"自动检测并安装即插即用打印机"复选框，以免等待系统搜索其他打印机；按照添加打印机向导的提示完成打印机的设置工作，需要选择打印机端口、打印机厂商和型号，并为打印机键入一个名称；在"打印机共享"窗口中共享该打印机，并指定打印机的共享名；在"位置与注释"窗口中输入该打印机的位置和相关注释；在"打印测试页"窗口中选择"不打印测试页"，最后完成打印机向导。

6.2.2 安装网络接口打印机

网络接口打印机是指打印机上有网卡，拥有自己的 IP 地址，通过网线连接到网络上。这类打印设备的打印速度很快，距离计算机的远近由网络环境的需求决定，在企事业单位应用广泛。如果网络中存在网络接口打印设备，也可以在一台计算机上添加连接到该设备的打印机，然后再将其共享，这样网络中的用户就可以使用这个设备进行打印了。这个操作和安装本地打印机的过程类似，可以通过下面的步骤进行。

（1）从控制面板中打开"打印机和传真"；
（2）双击"添加打印机"，启动添加打印机向导，然后单击"下一步"；
（3）单击"本地打印机"，清除"自动检测并安装我的即插即用打印机"复选框，然后单击"下一步"；
（4）按照添加打印机向导的提示，选择打印机端口，单击"创建新端口"。从列表中单击合适的端口类型（默认情况下，只有"Local Port"和"Standard TCP/IP Port"显示在列表中）。选择"Standard TCP/IP Port"；
（5）在"添加端口"窗口中输入打印机 IP 地址；
（6）选择打印机的制造商和型号，键入打印机的名称，完成打印机设置。

6.2.3 Windows 客户端连接共享打印机

如果共享的打印机已经为网络中的 Windows 客户端设置了打印的权限，Windows 客户端可以连接到一台共享的打印机，实现远程打印。具体操作步骤如下：

（1）打开"添加打印机向导"，在图 6.2 中选中"网络打印机或连接到其他计算机的打印机"，单击"下一步"，进入如图 6.6 所示界面。

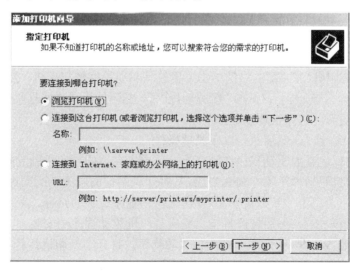

图 6.6　连接到共享打印机

（2）上述界面有三个选项，浏览打印机：可以查看网络中所能连接的打印机列表，从中进行选择连接。连接到这台打印机：在文本框中输入共享打印机的统一命名约定地址。连接到 Internet、家庭或办公网络上的打印机：在文本框中输入网络接口打印机的网页地址。

（3）选择要连接的共享打印机，单击"下一步"完成与共享打印机的连接。

6.2.4 管理打印机驱动程序

打印驱动程序是计算机程序用来与打印机通讯的软件。打印机驱动程序将计算机发送的信息翻译为打印机可以理解的命令。通常，打印驱动程序是步跨平台兼容的，所以必须将各种驱动程序安装在打印服务器上，才能支持不同的硬件和操作系统。例如，如果要运行 Windows 2003，并且将打印机共享给运行 Windows XP 的用户，则可能需要安装多个打印机驱动程序。

一般情况下，打印机驱动程序由三种类型的文件组成。

（1）配置打印机接口文件

当配置打印机时，显示"属性"和"首选项"对话框。该文件具有.dll 扩展名。

（2）数据文件

提供关于特定打印机功能的信息，包括它的分辨率，是否可以两面打印以及它可以接受的纸张大小。此文件可以使用.dll、.pcd、.gpd 和.ppd 扩展名。

（3）打印机图形驱动程序文件

将设备驱动程序接口（DDI）命令翻译为打印机可以理解的命令。每个驱动程序翻译不同的打印机语言。例如，文件 PScript.dll 翻译 Postscript 打印机语言。该文件具有.dll 扩展名。

这些文件通常带有帮助文件，它们协同使用才有可能进行打印。例如，当安装新的打印机时，配置文件将查询数据文件，并显示可用的打印机选项。当打印时，图形驱动程序文件查询选定的配置文件，以便创建合适的打印机命令。下面介绍如何安装打印机的驱动程序。

（1）打开"打印机和传真"。右键单击要更改其驱动程序的打印机，然后单击"属性"。

（2）在"高级"选项卡上，单击"新驱动程序"，然后使用"添加打印机驱动程序向导"安装新的或经过更新的打印机驱动程序版本。

（3）单击"下一步"，然后执行以下某项操作：

① 如果新的或更新的驱动程序在列表上，请单击合适的打印机制造商和打印机型号；

② 如果打印机驱动程序不在列表中，或从打印机制造商收到新的或更新的打印机驱动程序光盘或磁盘，请单击"从磁盘安装"；键入驱动程序位置的路径，然后单击"确定"。

（4）单击"下一步"，然后按屏幕指示完成打印机驱动程序的安装。

（5）添加其他 Windows 版本的打印机驱动程序，打开"打印机和传真"。右键单击要为其安装其他驱动程序的打印机，然后单击"属性"，在"共享"选项卡上，单击"其他驱动程序"，在"其他驱动程序"对话框中，选中需要的附加环境和操作系统有关的复选框，然后单击"确定"。

6.2.5 设置后台打印文件夹位置

默认情况下，后台打印文件夹位于 systemroot\System32\Spool\Printers。但是，该驱动器中也有 Windows 系统文件。由于这些文件被操作系统频繁的访问，Windows 和打印功能的性能都会因此降低。

如果打印服务器只是比较低的通信量为一两台打印机提供服务，则使用后台打印文件夹的默认位置就足够了。但是，对于大量的打印需求、支持多打印机或支持大量打印作业，就应该重新定位后台打印文件夹的位置。要达到最佳效果，请将后台打印文件夹移到有专用控制器的驱动器中，以减少打印对操作系统其余部分的影响。

改变后台打印文件夹位置的操作步骤：
(1) 打开"打印机和传真"；
(2) 在"文件"菜单上，单击"服务器属性"，然后单击"高级"选项卡；
(3) 在"后台打印文件夹"窗口中，为该打印服务器输入新的默认后台打印文件夹的路径和名称，然后单击"应用"或"确定"；
(4) 停止并重新启动打印后台处理程序服务，或重新启动服务器。

6.3 设置打印机的共享权限

6.3.1 打印机的共享权限介绍

将打印机安装在网络上之后，系统会为它指派默认的打印机权限，该权限允许所有的用户打印，并允许选择组来对打印机、发送给它的文档或这二者加以管理。因为打印机可用于网络上的所有用户，所以可能需要指派特定的打印机权限，来限制某些用户的访问权。Windows 提供了四种等级的打印安全权限：打印、管理打印机、管理文档和指派给组的打印权限。当给一组用户指派了多个权限时，将应用限制性最小的权限。但是，当应用了"拒绝"权限时，它将优先于其他任何权限。

(1) 打印权限

用户可以连接到打印机，并将文档发送到打印机。默认情况下，"打印"权限将指派给 Everyone 组中的所有成员。

(2) 管理打印机权限

用户可以执行与"打印"权限相关联的任务，并且具有对打印机的完全管理控制权。用户可以暂停和重新启动打印机、更改打印后台处理程序设置、共享打印机、调整打印机权限，还可以更改打印机属性。默认情况下，"管理打印机"权限将指派给 Administrators 组和 Power Users 组的成员。

默认情况下，Administrators 组和 Power Users 组的成员拥有完全访问权限，也就是说，这些用户拥有打印、管理文档以及管理打印机的权限。

(3) 管理文档权限

用户可以暂停、继续、重新开始和取消有其它所有用户提交的文档，还可以重新安排这些文档的顺序。但是，用户无法将文档发送到打印机或控制打印机状态。默认情况下，"管理文档"权限指派给 Creator Owner 组的成员。

当用户被指派"管理文档"权限时，用户将无法访问当前等待打印的现有文档。此权限只应用于在该权限被指派给用户之后发送到打印机的文档。

（4）指派给组的打印权限

Windows 将打印机权限指派给六组用户。这些组包括：Administrators（管理员）、Creator Owner（创建者所有者）、Everyone（每个人）、Power Users（特权用户）、Print Operators（打印操作员）和 Server Operators（服务操作员）。

默认情况下，每组都会被指派"打印"、"管理文档"和"管理打印机"权限的一种组合。

6.3.2 设置共享权限

控制打印机共享权限的操作步骤如下：
（1）打开"打印机和传真"；
（2）右键单击要设置权限的打印机，单击"属性"，然后单击"安全"选项卡；
（3）执行以下任一操作：
① 要更改或删除已有用户或组的权限，请单击组或用户的名称。
② 要设置新用户或组的权限，请单击"添加"。在"选择用户、计算机或组"中键入要为其设置权限的用户或组的名称，然后单击"确定"关闭对话框。
③ 如果必要，请在"权限"中单击每个要允许或拒绝的权限的"允许"或"拒绝"。或者，要从权限列表中删除组或用户，请单击"删除"。

6.4 打印任务管理

在公司中，小张的电脑是个连有打印机的服务器，如果公司的老总和公司的员工一同到服务器上下载东西打印，他该如何设置老总的打印任务优先打印？

6.4.1 设置打印任务优先级

默认情况下，打印任务是顺序执行的。换言之，当打印机上有很多文档在排序等待打印时，后来的任务将等所有先发送的文档打印完毕后，才能进行打印。但在实际工作中，有时会遇到后来的文档需要尽快先打印出来的情况。可以通过调整打印机的优先级水平来解决上述问题。首先对同一打印设备创建多个逻辑打印机。为每个逻辑打印机指派不同的优先等级，然后指定使用每个逻辑打印机的用户组及其使用权限。

一种使用打印机的比较好的方案可以是这样的：将一个在非工作时间使用的打印机和需要打印大量文档的打印机设置一个较低的优先级，如果你的作业比较紧急，可以将作业发送到一个优先级比较高的打印机上去。

要利用打印优先级，需要为同一个打印设备创建多个逻辑打印机。为每个逻辑打印机指派不同的优先等级，高优先级的用户发送来的文档可以越过等候打印的低优先级的文档队列。这样，优先级高的文档将会被打印设备优先打印。

首先对同一打印设备创建多个逻辑打印机。多个逻辑打印机使用同一个端口，这个端口可以是一个本地端口，也可以是一个远程打印设备的端口。为每个逻辑打印机指派不同的优先等级，然后指定使用每个逻辑打印机的用户组及其使用权限。例如：Group1 中的用户拥有访问优先级为 1 的打印机的权限，Group2 中的用户可以访问优先级为 2 的打印机，以此类推。如果两个打印机都与统一打印设备相关联，则 Windows2003 首先将最高优先级文档发送到该打印设备。

设置打印优先级的步骤：

（1）打开"打印机和传真"；

（2）右键单击要设置的打印机，单击"属性"，然后单击"高级"选项卡；

（3）单击"优先级"中的向上或向下箭头，然后单击"确定"。或键入一个优先级（1 为最低级，99 为最高级），然后单击"确定"；

（4）单击"添加打印机"，为同一台物理打印机添加第二台逻辑打印机；

（5）单击"高级"选项卡。在"优先级"中，设置高于第一台逻辑打印机的优先级；

（6）指定普通用户使用第一个逻辑打印机名，具有较高优先级的组使用第二个逻辑打印机名。为不同的组设置适当的权限。

6.4.2 创建打印任务计划

使用打印机得到最大利用的一个方法是为长文档或特定类型的文档安排轮流打印时间。通常需要根据不同的情况进行不同的安排。

（1）如果打印量白天很大，可通过将长文档路由到只在下班时间段打印的打印机，推迟这些文档的打印。打印后台处理程序持续接受文档，但是在指定的启动时间到来之前并不将这些文档发给目的地打印机。

（2）为保证资源得到充分的利用，可以为相同的打印设备设置不同的逻辑打印机并给每个逻辑打印机配置不同的可用时间段。一台打印机可以从下午 6：00 到早上 6：00 使用，而另一个全天 24 小时可用。然后，可以通知用户将长文档发送到只有在下班时间段才可用的打印机而将所有其他文档发送到全天可用的打印机。要设置打印机的可用时间段。

创建打印任务计划的步骤：

（1）打开"打印机和传真"；

（2）右键单击要设置的打印机，然后单击"属性"；

（3）单击"高级"选项卡，然后单击"使用时间从"；

（4）要设置可以使用打印机的时间段，可以单击向上或向下箭头或键入开始和终止时间，例如"8：00PM 到 8：00AM"。

6.5 配置打印池

随着各处室打印任务的逐步增多，越来越多的员工都在抱怨每次打印材料时都需要花费太长的时间进行等待。最后，单位领导决定再买一台与现有打印机型号完全一样的打印机，同时领导还要求网管小王把这两台打印机连接到相同的一台打印服务器中，并要求让每台打印机可以自动承担打印任务。面对单位领导的这一特殊"命令"，网管小王丝毫不敢懈怠，在对领导的要求进行仔细琢磨后，小王打算使用打印池技术来让每台打印机自动承担打印任务。小王具体要做什么样的设置才能完成任务呢？

当有多台型号完全一致的打印机连接到相同的一台打印服务器中时，我们就能想办法让它们同时共享使用一个打印机驱动程序;同样地，单位局域网中的其他工作站只要简单地安装一个打印机驱动程序，就能访问连接到打印服务器中的两台物理打印机了。

当从局域网中的工作站将打印任务发送给打印服务器时，打印服务器就会自动检查与之相连接的所有物理打印机的工作状态，以便查看一下究竟哪台打印机正处于空闲状态，一旦发现某台打印机正处于空闲等待状态时，打印服务器就会自动把打印任务传送给目标空闲打印机去处理，这种打印技术就是我们经常所提到的打印池技术。

打印池是一台逻辑打印机，它通过打印服务器的多个端口连接到多台打印设备。处于空闲状态的打印设备便可以接收来自打印机的下一份文档。这对于打印量很大的网络非常有帮助，因为它可以减少用户等待文档的时间。使用打印池还可以简化管理，因为可以从服务器上的同一台逻辑打印机来管理多台打印设备。

一旦将多台物理打印机都加入到打印池后，那么这多台物理打印机就将被客户端当成一个打印整体，要是其中有一台物理打印机遇到卡纸或缺墨现象时，原本由该打印机处理的打印任务都将被自动转发到打印池的另外一台打印机中去处理，如此一来就能确保打印任务的延续性。在设置打印池之前，应考虑以下两点：

(1) 池中的所有打印机必须使用同样的驱动程序；

(2) 由于用户不知道发出的文档由池中的哪一台打印设备打印，因此应将池中的所有打印设备放置在同一地点。

配置打印池的步骤如下：

(1) 打开"打印机和传真"；

(2) 右键单击要使用的打印机，然后单击"属性"；

(3) 在"端口"选项卡上，选中"启用打印机池"复选框；

(4) 单击打印机池连接的每台打印机的端口。

复习题

6-1 如何安装和共享打印机？

6-2 将你的计算机连接到网络中的一台打印机。

6-3 如何更改后台打印文件夹的位置？什么情况下需要这么做？

6-4 举例说明如何创建打印计划。

第 7 章　路由服务的配置管理

本章学习目标：
（1）了解路由器的主要构成部分
（2）了解常用路由协议的基本概念
（3）掌握 Windows Server 2003 的路由服务配置和管理
（4）掌握路由器协议在网络中的具体工作过程

路由服务是网络互联的关键技术，路由器是互联网络中必不可少的网络设备之一。本章介绍路由器的基本概念和 Windows Server 2003 路由服务的配置管理。。

7.1　路由器的基本概念

路由器（Router）是用于连接多个逻辑上分开的网络，所谓逻辑网络是代表一个单独的网络或者一个子网。当数据从一个子网传输到另一个子网时，可通过路由器来完成。因此，路由器具有判断网络地址和选择路径的功能，它能在多网络互联环境中，建立灵活的连接，可用完全不同的数据分组和介质访问方法连接各种子网，路由器只接受源站或其他路由器的信息，属网络层的一种互联设备。它不关心各子网使用的硬件设备，但要求运行与网络层协议相一致的软件。

一般说来，异种网络互联与多个子网互联都应采用路由器来完成。

路由器的主要工作就是为经过路由器的每个数据帧寻找一条最佳传输路径，并将该数据有效地传送到目的站点。由此可见，选择最佳路径的策略即路由算法是路由器的关键所在。为了完成这项工作，在路由器中保存着各种传输路径的相关数据——路径表（Routing Table），供路由选择；时使用。路径表中保存着子网的标志信息、网上路由器的个数和下一个路由器的名字等内容。路径表可以是由系统管理员固定设置好的，也可以由系统动态修改，可以由路由器自动调整，也可以由主机控制。

要解释路由器的概念，首先得知道什么是路由。所谓"路由"，是指把数据从一个地方传送到另一个地方的行为和动作，而路由器，正是执行这种行为动作的机器，它的英文名称为 Router，是一种连接多个网络或网段的网络设备，它能将不同网络或网段之间的数据信息进行"翻译"，以使它们能够相互"读懂"对方的数据，从而构成一个更大的网络。

7.1.1　路由器的类型

有两种类型的路由器：

（1）硬路由器（Hardware router）：指专门用于路由功能的专用设备；

（2）软路由器（Software Router）：这种路由器并不是仅用于执行路由功能，路由功能只是这种路由器计算机提供的众多功能中的一种。路由和远程访问服务只是 Windows Server 2003 计算机上一种服务，Windows Server 2003 路由服务支持静态路由和动态路由，本章就是讲解 Windows Server 2003 路由服务的配置。对于静态路由，管理员需要手工更新路由表；对于动态路由，路由协议自动更新路由表。

7.1.2 路由器的主要组成部分

路由器的功能实现由以下几个组成部分完成：

- 路由接口（Routing interface）：路由器上转发数据包的物理或逻辑接口；
- 路由协议（Routing protocol）：路由器之间用于共享路由表的一组信息和规则，路由器可以通过它来确定数据包转发的合适路径；
- 路由表（Routing table）：在路由表中包含了很多被称为"路由"（Route）的路径信息，每个路由中包含了具有特定网络 ID 号的网络在互联网中的位置信息。

1. 路由接口

路由器不仅能实现局域网之间连接，更重要的应用还是在于局域网与广域网、广域网与广域网之间的互联。路由器与广域网连接的接口称之为广域网接口（WAN 接口），路由器与局域网连接的接口称之为局域网接口（LAN 接口）。路由器中常见的接口有以下几种。

（1）RJ-45 端口

利用 RJ-45 端口实现局域网之间连接，也可以建立广域网与局域网之间的 VLAN（虚拟局域网），以及建立与远程网络或 Internet 的连接。如果使用路由器为不同 LAN 或 VLAN 提供路由时，可以直接利用双绞线连接至不同的 VLAN 端口。但要注意这里的 RJ-45 端口所连接的网络一般不是 10Base-T，而是 100Mbps 速率以上快速以太网。如果必须通过光纤连接至远程网络，或连接的是其他类型的端口时，则需要借助于收发转发器才能实现彼此之间的连接。我们的软路由器实现主要使用这种接口。

（2）AUI 端口

AUI 端口是用于与粗同轴电缆连接的网络接口，其实 AUI 端口也被常用于与广域网的连接，但是这种接口类型在广域网应用得比较少。

（3）高速同步串口

在路由器的广域网连接中，应用最多的端口还要算"高速同步串口"（Serial）了，这种端口主要是用于连接目前应用非常广泛的 DDN、帧中继（Frame Relay）、X.25、PSTN（模拟电话线路）等网络连接模式。在企业网之间有时也通过 DDN 或 X.25 等广域网连接技术进行专线连接。这种同步端口一般要求速率非常高，因为一般来说通过这种端口所连接的网络的两端都要求实时同步。如图所示为高速同步串口。

（4）异步串口

异步串口（ASYNC）主要是应用于 Modem 或 Modem 池的连接，用于实现远程计算机通过公用电话网拨入网络。这种异步端口相对于上面介绍的同步端口来说在速率上要求宽松许多，因为它并不要求网络的两端保持实时同步，只要求能连续即可。所以我们在上网时所看到的并不一定就是网站上实时的内容,但这并不重要,因为毕竟这种延时是非常小的,重要的是在浏览网页时能够保持网页正常的下载。

(5) ISDN BRI 端口

ISDN BRI 端口用于 ISDN 线路通过路由器实现与 Internet 或其他远程网络的连接,可实现 128Kbps 的通信速率。ISDN 有两种速率连接端口,一种是 ISDN BRI(基本速率接口),另一种是 ISDN PRI(基群速率接口),ISDN BRI 端口是采用 RJ-45 标准,与 ISDN NT1 的连接使用 RJ-45 – RJ-45 直通线。

2．路由协议

它是路由器中用于确定合适的路径从而实现数据包转发的一组信息和规则。当网络结构发生变化时,路由协议自动管理路由表中的路径信息的改变。

路由协议作为 TCP/IP 协议族中重要成员之一,其选路过程实现的好坏会影响整个 Internet 网络的效率。按应用范围的不同,路由协议可分为两类:在一个 AS(Autonomous System,自治系统,指一个互联网络,就是把整个 Internet 划分为许多较小的网络单位,这些小的网络有权自主地决定在本系统中应采用何种路由选择协议)内的路由协议称为内部网关协议(Interior Gateway Protocol),AS 之间的路由协议称为外部网关协议(Exterior Gateway Protocol)。这里网关是路由器的旧称。现在正在使用的内部网关路由协议有以下几种:RIP-1,RIP-2,IGRP,EIGRP,IS-IS 和 OSPF。其中前 4 种路由协议采用的是距离向量算法,IS-IS 和 OSPF 采用的是链路状态算法。对于小型网络,采用基于距离向量算法的路由协议易于配置和管理,且应用较为广泛,但在面对大型网络时,不但其固有的环路问题变得更难解决,所占用的带宽也迅速增长,以至于网络无法承受。因此对于大型网络,采用链路状态算法的 IS-IS 和 OSPF 较为有效,并且得到了广泛的应用。IS-IS 与 OSPF 在质量和性能上的差别并不大,但 OSPF 更适用于 IP,较 IS-IS 更具有活力。IETF 始终在致力于 OSPF 的改进工作,其修改节奏要比 IS-IS 快得多。这使得 OSPF 正在成为应用广泛的一种路由协议。现在,不论是传统的路由器设计,还是即将成为标准的 MPLS(多协议标记交换),均将 OSPF 视为必不可少的路由协议。

外部网关协议最初采用的是 EGP。EGP 是为一个简单的树形拓扑结构设计的,随着越来越多的用户和网络加入 Internet,给 EGP 带来了很多的局限性。为了摆脱 EGP 的局限性,IETF 边界网关协议工作组制定了标准的边界网关协议——BGP。

Windows Server 2003 路由和远程访问服务支持一下两种路由协议。

(1) RIP 协议:用于在小型或中型网络中交换路由信息。

RIP 是路由信息协议(Routing Information Protocol)的缩写,采用距离向量算法,是当今应用最为广泛的内部网关协议。在默认情况下,RIP 使用一种非常简单的度量制度:距离就是通往目的站点所需经过的链路数,取值为 1~15,数值 16 表示无穷大。RIP 进程使用 UDP 的 520 端口来发送和接收 RIP 分组。RIP 分组每隔 30s 以广播的形式发送一次,为了防止出现"广播风暴",其后续的分组将做随机延时后发送。在 RIP 中,如果一个路由在 180s 内未被刷新,则相应的距离就被设定成无穷大,并从路由表中删除该表项。RIP 分组分为两种:请求分组和响应分组。

RIPv1 被提出较早,其中有许多缺陷。为了改善 RIPv1 的不足,在 RFC1388 中提出了改进的 RIPv2,并在 RFC 1723 和 RFC 2453 中进行了修订。RIPv2 定义了一套有效的改进方案,新的 RIPv2 支持子网路由选择,支持 CIDR,支持组播,并提供了验证机制。RIPv1 和 RIPv2 的区别见表 7.1。

表 7.1 RIPv1 和 RIPv2 的区别

版本	RIPv1	RIPv2
1	有类路由	无类路由
2	不支持 VLSM	支持 VLSM
3	广播更新(255.255.255.255)	组播更新(224.0.0.9)
4	自动汇总,不支持手动汇总	
5	不支持验证	支持验证

随着 OSPF 和 IS-IS 的出现,许多人认为 RIP 已经过时了。但事实上 RIP 也有它自己的优点。对于小型网络,RIP 就所占带宽而言开销小,易于配置、管理和实现,并且 RIP 还在大量使用中。但 RIP 也有明显的不足,即当有多个网络时会出现环路问题。为了解决环路问题,IETF 提出了分割范围方法,即路由器不可以通过它得知路由的接口去宣告路由。分割范围解决了两个路由器之间的路由环路问题,但不能防止 3 个或多个路由器形成路由环路。触发更新是解决环路问题的另一方法,它要求路由器在链路发生变化时立即传输它的路由表。这加速了网络的聚合,但容易产生广播泛滥。总之,环路问题的解决需要消耗一定的时间和带宽。若采用 RIP 协议,其网络内部所经过的链路数不能超过 15,这使得 RIP 协议不适于大型网络。

RIP 协议的工作过程如下:

① RIP 协议向自己的 RIP 接口动态宣告自己的路由表内容;

② 连接到这些 RIP 接口的其他路由器接收这些宣告的路由信息,然后把这些信息添加到自己的路由表中;

③ 收到这些宣告的路由信息的路由器编辑自己的路由表,然后再把自己的路由表传送给其他的路由器。这个过程持续进行,直到所有的路由器都收到了其他路由器中路由表的路由信息。

如图 7.1 所示为 RIP 协议的工作过程。

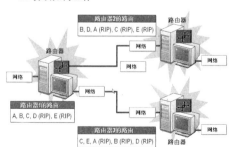

图 7.1 RIP 协议工作过程示意图

(2) OSPF 协议（Open Shortest Path First）：用于在大型或特大型网络中交换路由信息。

OSPF 是一种典型的链路状态路由协议。采用 OSPF 的路由器彼此交换并保存整个网络的链路信息，从而掌握全网的拓扑结构，独立计算路由。因为 RIP 路由协议不能服务于大型网络，所以，IETF 的 IGP 工作组特别开发出链路状态协议——OSPF。目前广为使用的是 OSPF 第二版，最新标准为 RFC2328。

OSPF 作为一种内部网关协议（Interior Gateway Protocol，简称 IGP），用于在同一个自治域（AS）中的路由器之间发布路由信息。区别于距离矢量协议（RIP），OSPF 具有支持大型网络、路由收敛快、占用网络资源少等优点，在目前应用的路由协议中占有相当重要的地位。

OSPF 路由器收集其所在网络区域上各路由器的连接状态信息，即链路状态信息（Link-State），生成链路状态数据库（Link-State Database）。路由器掌握了该区域上所有路由器的链路状态信息，也就等于了解了整个网络的拓扑状况。OSPF 路由器利用"最短路径优先算法（Shortest Path First，简称 SPF）"，独立地计算出到达任意目的地的路由。

OSPF 协议引入"分层路由"的概念，将网络分割成一个"主干"连接的一组相互独立的部分，这些相互独立的部分被称为"区域"（Area），"主干"的部分称为"主干区域"。每个区域就如同一个独立的网络，该区域的 OSPF 路由器只保存该区域的链路状态。每个路由器的链路状态数据库都可以保持合理的大小，路由计算的时间、报文数量都不会过大。

根据路由器所连接的物理网络不同，OSPF 将网络划分为四种类型：广播多路访问型（Broadcast MultiAccess）、非广播多路访问型（None Broadcast MultiAccess，简称 NBMA）、点到点型（Point-to-Point）、点到多点型（Point-to-MultiPoint）。

在多路访问网络上可能存在多个路由器，为了避免路由器之间建立完全相邻关系而引起的大量开销，OSPF 要求在区域中选举一个 DR。每个路由器都与之建立完全相邻关系。DR 负责收集所有的链路状态信息，并发布给其他路由器。选举 DR 的同时也选举出一个 BDR，在 DR 失效的时候，BDR 担负起 DR 的职责。

点对点型网络不需要 DR，因为只存在两个节点，彼此间完全相邻。协议组成 OSPF 协议由 Hello 协议、交换协议、扩散协议组成。

当路由器开启一个端口的 OSPF 路由时，将会从这个端口发出一个 Hello 报文，以后它也将以一定的间隔周期性地发送 Hello 报文。OSPF 路由器用 Hello 报文来初始化新的相邻关系以及确认相邻的路由器邻居之间的通信状态。

对广播型网络和非广播型多路访问网络，路由器使用 Hello 协议选举出一个 DR。在广播型网络里，Hello 报文使用多播地址 224.0.0.5 周期性广播，并通过这个过程自动发现路由器邻居。在 NBMA 网络中，DR 负责向其他路由器逐一发送 Hello 报文。

OSPF 协议的工作过程如下：

第一步：建立路由器的邻接关系，"邻接关系"是指 OSPF 路由器以交换路由信息为目的，在所选择的相邻路由器之间建立的一种关系。路由器首先发送拥有自身 ID 信息（Loopback 端口或最大的 IP 地址）的 Hello 报文。与之相邻的路由器如果收到这个 Hello 报文，就将这个报文内的 ID 信息加入到自己的 Hello 报文内。

如果路由器的某端口收到从其他路由器发送的含有自身 ID 信息的 Hello 报文，则它根据该端口所在网络类型确定是否可以建立邻接关系。

在点对点网络中，路由器将直接和对端路由器建立起邻接关系，并且该路由器将直接进入到第三步操作：发现其他路由器。若为 MultiAccess 网络，该路由器将进入选举步骤。

第二步：选举 DR/BDR，不同类型的网络选举 DR 和 BDR 的方式不同。MultiAccess 网络支持多个路由器，在这种状况下，OSPF 需要建立起作为链路状态和 LSA 更新的中心节点。选举利用 Hello 报文内的 ID 和优先权（Priority）字段值来确定。优先权字段值大小从 0 到 255，优先权值最高的路由器成为 DR。如果优先权值大小一样，则 ID 值最高的路由器选举为 DR，优先权值次高的路由器选举为 BDR。优先权值和 ID 值都可以直接设置。

第三步：发现路由器

在这个步骤中，路由器与路由器之间首先利用 Hello 报文的 ID 信息确认主从关系，然后主从路由器相互交换部分链路状态信息。每个路由器对信息进行分析比较，如果收到的信息有新的内容，路由器将要求对方发送完整的链路状态信息。这个状态完成后，路由器之间建立完全相邻（Full Adjacency）关系，同时邻接路由器拥有自己独立的、完整的链路状态数据库。

在 MultiAccess 网络内，DR 与 BDR 互换信息，并同时与本子网内其他路由器交换链路状态信息。

在 Point-to-Point 或 Point-to-MultiPoint 网络中，相邻路由器之间互换链路状态信息。

第四步：选择适当的路由器

当一个路由器拥有完整独立的链路状态数据库后，它将采用 SPF 算法计算并创建路由表。OSPF 路由器依据链路状态数据库的内容，独立地用 SPF 算法计算出到每一个目的网络的路径，并将路径存入路由表中。

OSPF 利用量度（Cost）计算目的路径，Cost 最小者即为最短路径。在配置 OSPF 路由器时可根据实际情况，如链路带宽、时延或经济上的费用设置链路 Cost 大小。Cost 越小，则该链路被选为路由的可能性越大。

第五步：维护路由信息

当链路状态发生变化时，OSPF 通过 Flooding 过程通告网络上其他路由器。OSPF 路由器接收到包含有新信息的链路状态更新报文，将更新自己的链路状态数据库，然后用 SPF 算法重新计算路由表。在重新计算过程中，路由器继续使用旧路由表，直到 SPF 完成新的路由表计算。新的链路状态信息将发送给其他路由器。值得注意的是，即使链路状态没有发生改变，OSPF 路由信息也会自动更新，默认时间为 30 分钟。

7.1.3 路由器的路由表

路由器的主要工作就是为经过路由器的每个数据帧寻找一条最佳传输路径，并将该数据有效地传送到目的站点。由此可见，选择最佳路径的策略即路由算法是路由器的关键所在。为了完成这项工作，在路由器中保存着各种传输路径的相关数据——路由表（Routing Table），供路由选择时使用。打个比方，路由表就像我们平时使用的地图一样，标识着各种路线，路由表中保存着子网的标志信息、网上路由器的个数和下一个路由器的名字等内容。路由表可以是由系统管理员固定设置好的，也可以由系统动态修改，可以由路由器自动调整，也可以由主机控制。

1．静态路由表

由系统管理员事先设置好固定的路由表称之为静态（static）路由表，一般是在系统安装时就根据网络的配置情况预先设定的，它不会随未来网络结构的改变而改变。

2．动态路由表

动态（dynamic）路由表是路由器根据网络系统的运行情况而自动调整的路由表。路由器根据路由选择协议（Routing Protocol）提供的功能，自动学习和记忆网络运行情况，在需要时自动计算数据传输的最佳路径。

路由器通常依靠所建立及维护的路由表来决定如何转发。路由表能力是指路由表内所容纳路由表项数量的极限。由于 Internet 上执行 BGP 协议的路由器通常拥有数十万条路由表项，所以该项目也是路由器能力的重要体现。

路由表不是对路由器专用的，主机（非路由器）也有用来决定优化路由的路由表。路由器使用的路由表称为路由器路由表；主机使用的路由表称为主机路由表。

在主机上查看路由表可以在命令提示符窗口里运行命令：route print，如图 7.2 所示。

图 7.2　命令行窗口

3．路由表中的记录类型

路由表中的每一项都被看做是一个路由，有三种路由表记录类型：

- 网络路由（network route）：网络路由提供到达互联网络中特定网络 ID 的路径；

- 主机路由（host route）：主机路由提供到互联网络中网络地址（网络 ID 和主机 ID）的路由。主机路由通常用于将自定义路由创建到特定主机以控制或优化网络通信；
- 默认路由（default route）：默认路由是指当路由表中没有其他合适的路径时所默认使用的路径。例如，如果路由器或主机不能找到目标的网络路由或主机路由，则使用默认路由。默认路由在某些时候非常有效，当存在末梢网络时，默认路由会大大简化路由器的配置，减轻管理员的工作负担，提高网络性能。

路由表中的每项都由以下信息字段组成：

- 网络 ID

主路由的网络 ID 或网际网络地址。在 IP 路由器上，有从目标 IP 地址决定 IP 网络 ID 的其他子网掩码字段。

- 转发地址

数据包转发的地址。转发地址是硬件地址或网际网络地址。对于主机或路由器直接连接的网络，转发地址字段可能是连接到网络的接口地址。

- 接口

当将数据包转发到网络 ID 时所使用的网络接口。这是一个端口号或其他类型的逻辑标识符。

- 跃点数

路由首选项的度量。最初的数值只是本条路由上的路由器计数，随着网络环境的变化，不再只是表示路由上的路由器数量而是本条路由的效率参考指数。通常，最小的跃点数是首选路由。如果多个路由存在于给定的目标网络，则使用最低跃点数的路由。某些路由选择算法只将到任意网络 ID 的单个路由存储在路由表中，即使存在多个路由。在此情况下，路由器使用跃点数来决定存储在路由表中的路由。

注意：前面的列表是路由器所使用的路由表中字段的典型列表。不同的可路由协议路由表中的实际字段可能会改变。如图 7.3 所示。

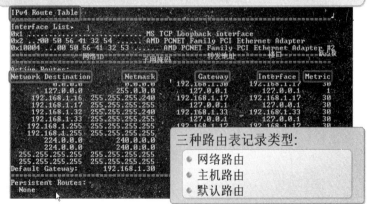

图 7.3　路由表

第 7 章 路由服务的配置管理

7.2 Windows Server 2003 的路由服务

7.2.1 配置和启动路由和远程访问服务

Windows Server 2003 在安装时默认已经安装了"路由和远程访问"功能，只是没有配置和启动而已。

在配置和启动"路由和远程访问"之前，计算机需要满足一定的条件：首先计算机需要具备多个网路的物理接口或逻辑接口；其次要安装好相应的网络协议，本书以 TCP/IP 协议为基本的网络协议。

启动和配置"路由和远程访问"的步骤如下。

（1）单击"开始"→"程序"→"管理工具"，单击"路由和远程访问"，如图 7.4 所示。

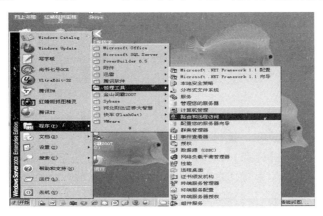

图 7.4 管理工具菜单

（2）打开"路由和远程访问"管理控制台窗口，如图 7.5 所示。在计算机名称上单击右键，出现右键菜单，单击"配置并启用路由和远程访问"项，打开配置并启用"路由和远程访问"向导。

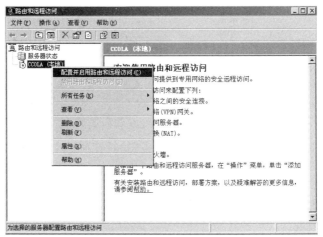

图 7.5 "路由和远程访问"管理控制台

（3）在向导的第一个界面里单击【下一步】按钮，打开向导的第二个界面，如图 7.6 所示，选中"自定义配置"单选项。

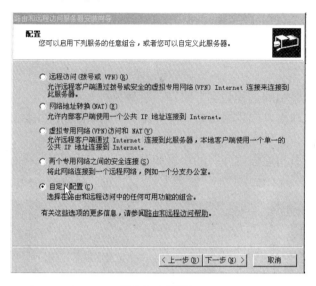

图 7.6　向导界面

（4）单击【下一步】按钮，在打开如图 7.7 所示的向导界面，选中"LAN 路由"复选框。因为一般的实验计算机只有 LAN 接口，所以我们准备把它配置为局域网路由器，可以根据需要选中其他项或选中多项服务。

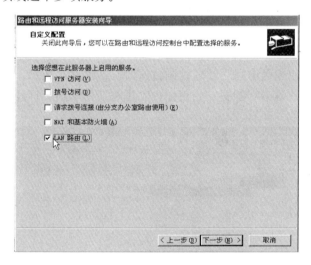

图 7.7　自定义配置的窗口

（5）选择好后，单击【下一步】按钮，打开如图 7.8 所示的向导界面，如果重新选择前面的项目，单击【上一步】按钮；单击【完成】。

（6）完成后出现询问"要开始服务吗？"界面，如图 7.9 所示。单击【是】按钮启动"路由和远程访问"服务。

第 7 章 路由服务的配置管理

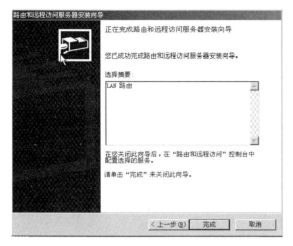

图 7.8 确认完成窗口

图 7.9 询问窗口

启动后显示的"路由和远程访问"管理控制台如图 7.10 所示。单击每项前面的加号展开里面的明细项,进行查看和进一步的管理。

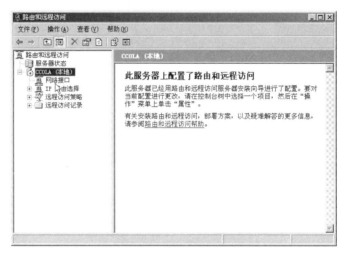

图 7.10 "路由和远程访问"启动后的管理控制台

注意:所有的管理过程,必须以 Administrators 组的成员账号登录才能进行。作为安全性的最佳操作,请考虑使用 RunAs 命令而不是以管理凭据登录。

7.2.2 路由器路由表的查看

路由器路由表也可以通过命令 route print 查看,但更多的情况是在管理控制台里通过窗口形式查看。

查看路由表的步骤:在启动"路由和远程访问"的管理控制台中展开计算机名→展开"IP 路由选择",在"静态路由"上右键单击,单击菜单中的"显示 IP 路由表",如图 7.11 所示。

显示的 IP 路由表如图 7.12 所示。

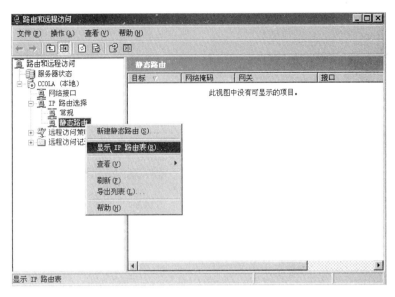

图 7.11　展开的管理控制台

CCOLA - IP 路由表

目标	网络掩码	网关	接口	跃点数	通讯协议
0.0.0.0	0.0.0.0	192.168.200.254	本地连接 2	20	网络管理
127.0.0.0	255.0.0.0	127.0.0.1	环回	1	本地
127.0.0.1	255.255.255.255	127.0.0.1	环回	1	本地
192.168.64.0	255.255.255.0	192.168.64.1	VMware Network Adapter VMnet8	20	本地
192.168.64.1	255.255.255.255	127.0.0.1	环回	20	本地
192.168.64.255	255.255.255.255	192.168.64.1	VMware Network Adapter VMnet8	20	本地
192.168.200.0	255.255.255.0	192.168.200.86	本地连接 2	20	本地
192.168.200.86	255.255.255.255	127.0.0.1	环回	20	本地
192.168.200.255	255.255.255.255	192.168.200.86	本地连接 2	20	本地
192.168.206.0	255.255.255.0	192.168.206.1	VMware Network Adapter VMnet1	20	本地
192.168.206.1	255.255.255.255	127.0.0.1	环回	20	本地
192.168.206.255	255.255.255.255	192.168.206.1	VMware Network Adapter VMnet1	20	本地
224.0.0.0	240.0.0.0	192.168.206.1	VMware Network Adapter VMnet1	20	本地
224.0.0.0	240.0.0.0	192.168.200.86	本地连接 2	20	本地
224.0.0.0	240.0.0.0	192.168.64.1	VMware Network Adapter VMnet8	20	本地
255.255.255.255	255.255.255.255	192.168.206.1	VMware Network Adapter VMnet1	1	本地
255.255.255.255	255.255.255.255	192.168.200.86	本地连接 2	1	本地
255.255.255.255	255.255.255.255	192.168.64.1	VMware Network Adapter VMnet8	1	本地

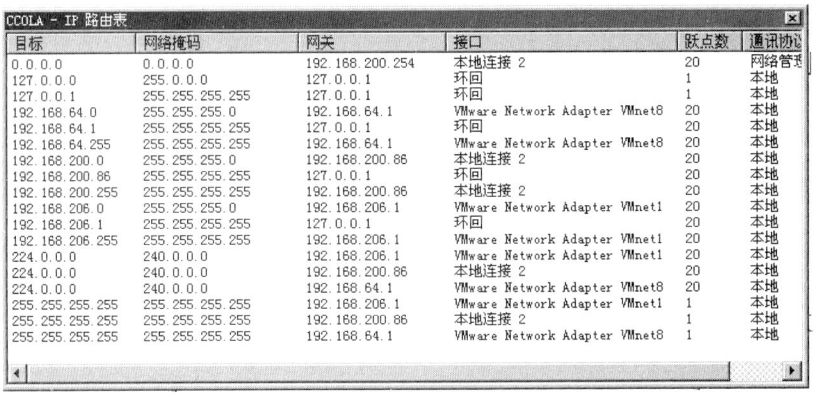

图 7.12　IP 路由表

7.3　静态路由表管理

路由器的设置和管理首先要了解路由器在网络中的位置和所起的作用，下面我们结合单路由器直连多子网和路由器级联三子网或多子网的拓扑来讲解路由表的管理。

7.3.1　路由器直连多子网

在拓扑图 7.13 中，1 子网的网络 ID 为 10.0.0.0/8、2 子网的网络 ID 为 172.16.0.0/16、3 子网的网络 ID 为 192.168.2.0/24，他们都和路由器 Router 直接相连。这种场景中路由只需要在路由器的相应接口设置好 IP 地址，然后配置“路由和远程访问”服务为 LAN 路由并启动即可，各子网的计算机设置好相应的默认网关的 IP 地址，就可以通过路由器的转发实现互联互通。

第 7 章 路由服务的配置管理

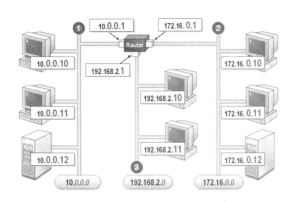

图 7.13 路由器直连网络示意图

路由配置步骤如下。

（1）根据相应的网络 ID 确定各计算机的主机 ID，这里我们把路由器和 1 子网相连的接口的 IP 地址设置为 10.0.0.1/8，把路由器和 2 子网相连的接口的 IP 地址设置为 172.16.0.1/16，把路由器和 3 子网相连的接口的 IP 地址设置为 192.168.2.1/24。

如图 7.14 所示在路由器的每个接口上设置相应的 IP 地址，DNS 服务器的地址可以忽略。设置默认网关后会生成默认路由，一般只在边缘路由器的广域网出口上设置，边缘路由器的定位是将用户由局域网汇接到广域网，骨干网络的路由器一般不设置。这样有利于简化边缘路由器路由表的配置管理，但是会影响边缘路由器的转发效率。

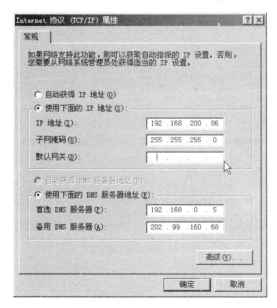

图 7.14 路由器的接口设置

（2）配置并启用"路由和远程访问"服务为 LAN 路由即可。

子网中计算机的设置关键步骤如下（以子网 3 的计算机设置为例）：设置子网计算机的 IP 地址和默认网关，如图 7.15 所示。

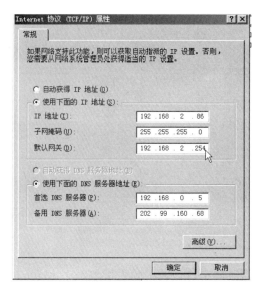

图 7.15　子网中计算机的设置

这里需要注意的计算机必须设置正确的网关地址，就是连接本子网的路由器接口 IP 地址。本机地址和网关的地址具有相同网络 ID，在同一子网中。

关键提示：每个子网中的计算机都进行了正确的 Internet 协议配置，特别是每台计算机的默认网关地址，才能实现各子网之间的互联互通。

直连网络的路由表项有路由器自动生成和管理，只有在存在路由器不能直接连接但是通过直连的下级路由器可以连接到的子网时才需要手工或利用路由协议管理路由器的路由表。

此时这个路由器的路由表如图 7.16 所示。

RJXY-PZ2W82Z3W3 - IP 路由表

目标	网络掩码	网关	接口	跃点数	通讯协议
127.0.0.0	255.0.0.0	127.0.0.1	环回	1	本地
10.0.0.1	255.255.255.255	127.0.0.1	环回	30	本地
127.0.0.1	255.255.255.255	127.0.0.1	环回	1	本地
172.16.0.1	255.255.255.255	127.0.0.1	环回	30	本地
192.168.2.1	255.255.255.255	127.0.0.1	环回	30	本地
224.0.0.0	240.0.0.0	10.0.0.1	本地连接	30	本地
10.0.0.0	255.0.0.0	10.0.0.1	本地连接	30	本地
172.16.0.0	255.255.0.0	172.16.0.1	本地连接	30	本地
192.168.2.0	255.255.255.0	192.168.2.1	本地连接	30	本地
10.255.255.255	255.255.255.255	10.0.0.1	本地连接	30	本地
172.16.255.255	255.255.255.255	172.16.0.1	本地连接	30	本地
192.168.2.255	255.255.255.255	192.168.2.1	本地连接	30	本地
255.255.255.255	255.255.255.255	10.0.0.1	本地连接	1	本地

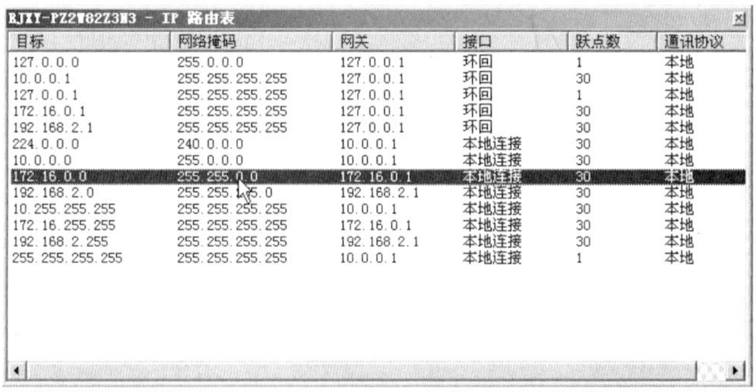

图 7.16　直连网络的路由表项

7.3.2　路由器级联多子网

在拓扑图 7.17 中，1、2、3 三个子网通过两个路由器 R1 和 R2 级联起来。对于路由器 R1 的直连子网为 1、2，3 子网能够通过路由器 R2 连接；对于路由器 R2 的直连子网为 2、3，1 子网通路由器 R1 连接。

第 7 章 路由服务的配置管理

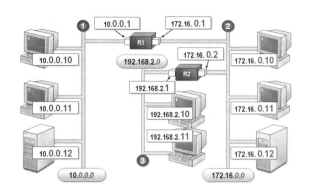

图 7.17　路由器级联网络示意图

在这个网络中如果实现 1、2、3 子网的互联互通，路由器需要做如下的配置。

（1）根据 R1、R2 的网络环境设置各个接口的 IP 地址，R1 连接 1 子网的接口 IP 地址为 10.0.0.1/8，R1 连接 2 子网的接口 IP 地址为 172.16.0.1/16，R2 连接 2 子网的接口 IP 地址为 172.16.0.2/16，R2 连接 3 子网的接口 IP 地址为 192.168.2.1/24。

（2）分别配置"路由和远程访问"服务为 LAN 路由并启动。

（3）在路由器 R1 上添加到达 3 子网的路由，如图 7.18 所示。在"路由和远程访问"管理控制台展开路由器，展开"IP 路由选择"右键单击"静态路由"，在弹出的菜单里单击"新建静态路由"。

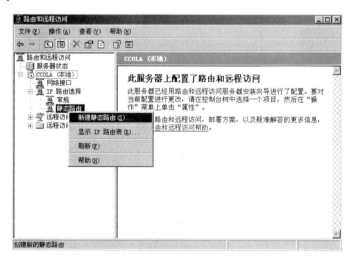

图 7.18　添加静态路由

（4）在打开的添加静态路由的窗口（如图 7.19 所示）里选择接口，接口选择路由器 R1 到达 3 子网一侧的接口；填写目标网络 3 子网的网络 ID、3 子网的网络掩码；网关填写路由器 R2 和接口项里选定的 R1 接口在同一子网的接口的 IP 地址；跃点数填写本条路由上的路由器数量即可。填写完成后如图 7.20 所示。

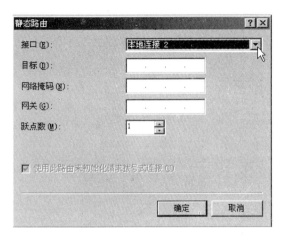 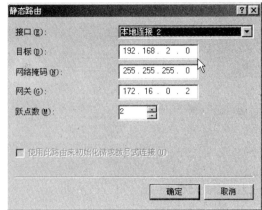

图 7.19　静态路由填写　　　　　　　　　图 7.20　静态路由填写完成

（5）单击【确定】按钮，完成本条静态路由的添加，手工添加的路由表里的路由会显示在管理控制台"静态路由"的明细窗口里，如图 7.21 所示。

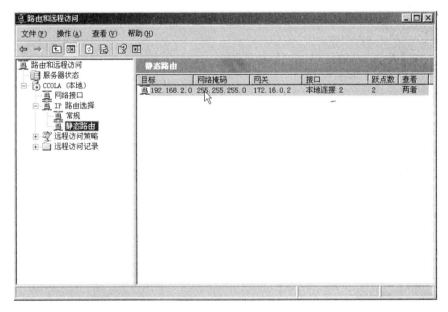

图 7.21　手工添加的静态路由

（6）在路由器 R2 比照设置路由器 R1 的思路添加到达 1 子网的静态路由。

各子网计算机的配置注意一下几方面：一是每个子网的计算机都必须设置正确的默认网关地址，子网 1、3 都好确定，那么子网 2 里的计算机的默认网关设置哪一个呢？是设置为 R1 连接子网 2 的接口 IP 地址呢，还是设置 R2 连接子网 2 的接口 IP 地址呢？实际上如果路由器 R1 和 R2 添加了正确的路由后，子网 2 里的计算机的默认网关设置为其中的任何一个均可。各子网计算机的设置步骤前面已经讲过，这里不再赘述。

跨路由器的数据传输过程如图 7.22 所示。

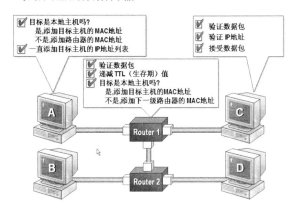

图 7.22 跨路由器的数据传输

架设计算机 A 要给计算机 D 发送数据，数据的传输过程如下。

（1）A 用自己的网络掩码计算目标主机的网络 ID，判断是否和自己属于同一子网，如果相同则查询并添加目标主机的 MAC 地址到自己的 ARP 缓存中，发送数据到目标主机；如果不在自己的子网里，则把数据包发送给自己的默认网关。这里目标 D 和 A 不在同一子网，数据包被发送到路由器 Router1。

（2）路由器 Router1 接收到这个发送到目标主机的数据包，判断目标主机是否是自己的直连子网里的计算机，如是查询并添加目标主机的 MAC 地址到 ARP 缓存中，发送数据包到目标主机；如果不是则匹配路由表的路由，根据匹配到的路由信息把数据包转发到达目标主机的路由中指定的网关即下一个路由器，继续重复此过程直到数据包到达目标主机所在子网的路由器上。这里 Router1 会把数据包转发到 Router2。

（3）路由器 Router2 和目标主机 D 在同一子网，它接收到发送到 D 的数据包后直接转发给 D。

（4）计算机 D 检查收到数据包，根据检查结果会给源主机 A 发送回应信息。

可以使用 ping 和 tracert 命令测试主机之间的连接从而检查所有路由路径。

Ping 是 Windows 系列自带的一个可执行命令。利用它可以检查网络是否能够连通，用好它可以很好地帮助我们分析判定网络故障。应用格式：Ping IP 地址。该命令还可以加许多参数使用，具体是在命令提示符窗口里键入 Ping 按回车即可看到详细说明。

Ping 指的是端对端连通，通常用来作为可用性的检查。

（1）Ping 本机 IP

例如本机 IP 地址为：192.168.200.86。则执行命令 Ping 192.168.200.86。如果网卡安装配置没有问题，则应有类似下列显示：

C:\Documents and Settings\Administrator.CCOLA>ping 192.168.200.86
Pinging 192.168.200.86 with 32 bytes of data:

Reply from 192.168.200.86: bytes=32 time<1ms TTL=32

Reply from 192.168.200.86: bytes=32 time<1ms TTL=32

Reply from 192.168.200.86: bytes=32 time<1ms TTL=32

Reply from 192.168.200.86: bytes=32 time<1ms TTL=32

Ping statistics for 192.168.200.86:

Packets: Sent = 4，Received = 4，Lost = 0（0% loss），

Approximate round trip times in milli-seconds:

Minimum = 0ms，Maximum = 0ms，Average = 0ms

Replay from 172.168.200.2 bytes=32 time<10ms

Ping statistics for 172.168.200.2

如果在 MS-DOS 方式下执行此命令显示内容为：Request timed out，则表明网卡安装或配置有问题。将网线断开再次执行此命令，如果显示正常，则说明本机使用的 IP 地址可能与另一台正在使用的机器 IP 地址重复了。如果仍然不正常，则表明本机网卡安装或配置有问题，需继续检查相关网络配置。

（2）Ping 网关 IP 或远程 IP

假定网关 IP 为：192.168.200.254，则执行命令 Ping 192.168.200.254。和（1）的输出类似则表明局域网中的网关路由器或远程主机正在正常运行。反之，则说明有问题。

需要注意的是：有些情况下，比如有防火墙并且过滤了 Ping 的数据包，就不能再依靠它来测试连通性。

Tracert（跟踪路由）是路由跟踪实用程序，用于确定 IP 数据报访问目标所采取的路径。Tracert 命令用 IP 生存时间（TTL）字段和 ICMP 错误消息来确定从一个主机到网络上其他主机的路由。

Tracert 工作原理：通过向目标发送不同 IP 生存时间（TTL）值的"Internet 控制消息协议（ICMP）"回应数据包，Tracert 诊断程序确定到目标所采取的路由。要求路径上的每个路由器在转发数据包之前至少将数据包上的 TTL 递减 1。数据包上的 TTL 减为 0 时，路由器应该将"ICMP 已超时"的消息发回源系统。

Tracert 先发送 TTL 为 1 的回应数据包，并在随后的每次发送过程将 TTL 递增 1，直到目标响应或 TTL 达到最大值，从而确定路由。通过检查中间路由器发回的"ICMP 已超时"的消息确定路由。某些路由器不经询问直接丢弃 TTL 过期的数据包，这在 Tracert 实用程序中看不到。

Tracert 命令按顺序打印出返回"ICMP 已超时"消息的路径中的近端路由器接口列表。输出如下：

C:\Documents and Settings\Administrator.CCOLA>tracert www.sina.com.cn

Tracing route to dorado.sina.com.cn [60.215.128.137]

over a maximum of 30 hops:

1	<1 ms	<1 ms	<1 ms	192.168.200.254
2	2 ms	1 ms	1 ms	192.168.254.254

3	8 ms	*	2 ms	221.192.237.81
4	3 ms	4 ms	4 ms	221.194.47.149
5	10 ms	5 ms	1 ms	218.12.255.77
6	8 ms	8 ms	2 ms	218.12.255.73
7	17 ms	19 ms	2 ms	61.182.172.50
8	8 ms	25 ms	24 ms	217.158.13.145
9	11 ms	19 ms	19 ms	60.215.136.50
10	22 ms	29 ms	29 ms	217.158.13.149
11	35 ms	29 ms	28 ms	123.127.253.98
12	30 ms	27 ms	24 ms	60.215.136.178
13	27 ms	25 ms	25 ms	123.127.253.98
14	42 ms	41 ms	32 ms	60.215.128.137

Trace complete.

可以使用 tracert 命令确定数据包在网络上的停止位置。下例中，默认网关确定 192.168.10.199 主机没有有效路径。这可能是路由器配置的问题，或者是 192.168.10.0 网络不存在（错误的 IP 地址）。

C:\>tracert 192.168.10.99

Tracing route to 192.168.10.99 over a maximum of 30 hops

1　10.0.0.1　reports:Destination net unreachable.

Trace complete.

Tracert 实用程序对于解决大网络问题非常有用，此时可以采取几条路径到达同一个点。

详细的使用方法可以参考 Windows 系统的帮助信息或命令的自帮助信息，输入命令后加参数/?即可。

7.4 动态路由表管理

如果网络中存在很多路由器或者说有很多子网级联，静态路由管理会给管理员带来很大的压力，因为要在每个路由器上添加到达非直连网络的每条路由。这种情况下在每个路由器上添加相同的路由协议，让路由协议自动的管理路由表会提高网络的维护效率。如果子网环境发生变化，就更能体现路由协议在管理网络传输的巨大优势。

在动态 IP 路由环境中，使用 IP 路由协议传播 IP 路由信息。用于 Intranet 上最常用的两个 IP 路由协议是"路由信息协议（RIP）"和"开放式最短路径优先（OSPF）"。

7.4.1 RIP 协议管理

1．要部署 RIP 协议，请执行以下步骤

（1）绘制一张 IP 网际网络的拓扑图，显示独立的网络和路由器及主机（运行 TCP/IP 协议的非路由器的计算机）布局。

（2）为每一个 IP 网络（由一个或多个路由器绑定的缆线系统）指派一个唯一的 IP 网

络 ID（也称作 IP 网络地址）。

（3）为每一个路由接口指派 IP 地址。工业上常用的操作方法是将 IP 网络的第一个 IP 地址指派给路由器接口。例如，对于子网掩码为 255.255.255.0 的 IP 网络 ID 为 192.168.100.0，将路由器接口的 IP 地址指派为 192.168.100.1。

配置完成时，允许路由器用几分钟更新彼此的路由选择表，然后测试网际网络。当然这样的步骤同样适用于部署静态路由的网络和部署其他路由协议的网络，实际上这是部署网络的通用步骤。

要较容易地解决和隔离问题，推荐您按照以下步骤配置基于 RIP 的网际网络。

（1）设置基本 RIP 并确保其正在运行。

（2）每次添加一个高级功能，在每个功能添加后都进行测试。

为防止出现问题，应该在实施 RIP-for-IP 之前考虑下列设计问题。

（1）直径减小为 14 个路由器

RIP 网际网络的最大直径为 15 个路由器。直径是以跃点或其他指标为基准的网际网络大小的量度。但是，运行"路由与远程访问"的服务器会将所有非 RIP 获知的路由视为具备固定跃点数 2。静态路由，甚至是直接相连的网络上的静态路由，都被视为非 RIP 获知的路由。当运行路由与远程访问的服务器作为 RIP 路由器对与其直接相连的网络进行公布时，尽管只跨越了一个物理路由器，它也会公布其跃点数为 2。因此，使用运行路由与远程访问的服务器的基于 RIP 的网际网络，其最大物理直径为 14 个路由器。

（2）RIP 开销

RIP 使用跃点数作为确定最佳路由的指标。将途经路由器的数量作为选择最佳路由的基础有可能导致路由活动不够理想。例如，如果通过 T1 链接将两个站点连接在一起，同时以较低速的卫星链接作为备用，那么这两个链接将被认为是相同的指标。当路由器在同样具有最低指标（跃点数）的两个路由中选择时，它可以任选一个。

如果路由器选择卫星链接，那么被采用的将是较慢的备用链接，而非较高带宽的链接。要避免选择卫星链接，应该为卫星接口指定自定义开销。例如，如果将卫星接口的开销指定为 2（而不是默认的开销 1），那么最佳路由将始终是 T1 链接。如果 T1 链接断开，则会选择卫星链接作为下一个最佳路由。

如果使用自定义开销来表示链接速度、延迟或可靠性因素，那么请确保网际网络上任意两个端点之间的累计开销（跃点数）不超过 15。

2．RIP 协议的安装

（1）在"路由和远程访问"的管理控制台树中，右键单击"常规"，在弹出的菜单中点击"新增路由协议"，如图 7.23 所示。

（2）在"新路由选择协议"窗口中，单击"用于 Internet 协议的 RIP 版本 2"，如图 7.24 所示，然后单击"确定"。

在"接口"中，单击要添加的接口，然后单击"确定"。

第 7 章 路由服务的配置管理

图 7.23 新增路由协议

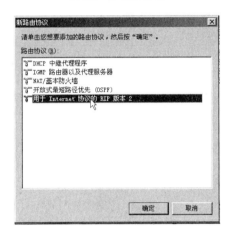

图 7.24 新路由协议选择

3．给 RIP 协议添加接口，步骤如下

（1）右键单击新添加的路由协议"RIP"，然后单击"新增接口"，如图 7.25 所示。

图 7.25 新增接口

(2)在"用于 Internet 协议的 RIP 版本 2 的新接口"窗口中点击 RIP 协议工作的接口，单击【确定】按钮，如图 7.26 所示。

图 7.26 选择新接口

(3)在打开的接口属性窗口中配置 RIP 协议的工作属性，如图 7.27 所示。也可以，直接点击【确定】后，用步骤（4）打开属性窗口。

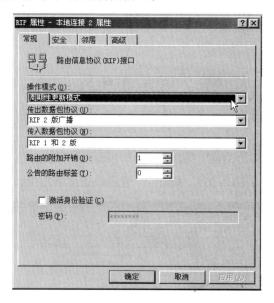

图 7.27 RIP 属性设置

(4)单击"RIP"，在详细信息窗格中，右键单击要为 RIP 版本 2 配置的接口，然后单击"属性"，如图 7.28 所示。

图 7.28　RIP 接口的属性

① 在"常规"选项卡上的"传出数据包协议"中，执行以下任一操作：
● 如果在该接口所在的相同网络上有 RIP 版本 1 路由器，则单击"RIP 版本 2 广播"；
● 如果在该接口所在的相同网络上只有 RIP 版本 2 路由器，或如果该接口是请求拨号接口，则单击"RIP 版本 2 多播"。

② 在"常规"选项卡上的"传入数据包协议"中，执行以下任一操作：
● 如果在该接口所在的相同网络上有 RIP 版本 1 路由器，则单击"RIP 版本 1 和 2"；
● 如果在该接口所在的相同网络上只有 RIP 版本 2 路由器，或如果该接口是请求拨号接口，则单击"只是 RIP 版本 2"。

③ 可选择两种操作模式：自动静态更新模式或周期性更新模式。

周期性更新模式周期性地发送出 RIP 公告，如同在"高级"选项卡中"周期公告间隔"中所指定的那样。处于周期性更新模式时通过 RIP 获知的路由将被标记为 RIP 路由，并且当路由器停止或重新启动时将删除这些路由。

周期性更新模式是 LAN 接口的默认设置。

自动静态更新模式只在其他路由器请求更新时，自动静态更新模式才发出 RIP 公告。处于自动静态模式时通过 RIP 获知的路由在将它们存储在路由选择表时会被标记为静态路由。如果启动或停止路由器或禁用 RIP，则在删除这些路由之前它们将一直保留在路由表中。

自动静态更新模式是请求拨号接口的默认值。

其他属性保持默认值，在每个路由器配置相同 RIP 协议，网路上路由器就会生成动态的路由表。客户机正确地设置了 IP 地址和默认网关后就可以实现互联互通了。但子网发生变化后 RIP 协议会自动的更新路由表，省却了繁杂的手工管理工作。

4．RIP 路由表的安全保证

为了防止网络中非法的 RIP 路由器广播的路信息由影响正常 RIP 路由器工作，需要设置 RIP 的安全。

（1）设置 RIP 全局安全性：可以设定 RIP 路由器指接收制定范围的 RIP 路由器的路由

信息。

步骤：在"路由和远程访问"的控制台树中右键单击"RIP"，单击菜单中的"属性"，如图 7.29 所示；在 RIP 属性窗口的"安全"选项卡里（如图 7.30 所示）指定 RIP 路由器接收路由公告的范围。

图 7.29 RIP 全局属性

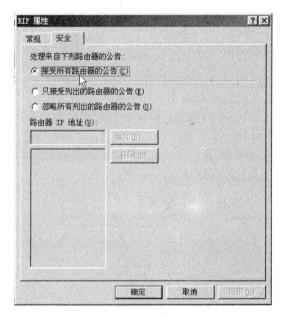

图 7.30 RIP 全局安全设定

（2）设置接口的安全性

① 传入、传出路由限定

在接口属性的"安全"选项卡里（如图 7.31 所示）指定"供传出路由"和"供传入路由"的范围。可以限定 RIP 接口公告路由信息给哪些 RIP 路由器或者接收哪些 RIP 路由器公告给本接口的 RIP 路由信息。

第 7 章　路由服务的配置管理

图 7.31　RIP 接口的安全设定

② 身份验证

指定是否要使用通过该接口的 RIP 2 版公告的明文密码启用身份验证。所有传入和传出的 RIP 2 版数据包都必须包含相同的明文密码。因此，必须启用此选项并为连接到该接口的所有路由器配置相同的密码。该选项是身份标识的一种形式。它并不是安全选项。

启用身份验证步骤。

- 在"路由和远程访问"控制台树中，单击"RIP"。
- 在详细信息窗格中，右键单击要设置身份验证的接口，然后单击"属性"。在"常规"选项卡上，选中"激活身份验证"复选框，并在"密码"中键入密码，如图 7.32 所示。

图 7.32　RIP 接口的身份验证

身份验证只适用于 RIP 版本 2。并且网络上的所有 RIP 版本 2 路由器必须使用匹配的密码，否则路由器不能处理相互之间的路由通告。

5．RIP 路由表查看

把网络中的路由器 RIP 协议配置完成后，等一小段时间，让各个 RIP 路由器发送和接收 RIP 路由信息生成自己的路由表。

在图 7.17 所示的网络中路由器 R1 的路由表如图 7.33 所示；路由器 R2 的路由表如图 7.34 所示。

图 7.33　路由器 R1 的路由表

图 7.34　路由器 R2 的路由表

6．测试 RIP 网际网络

要测试 RIP 网际网络，请执行以下步骤：

（1）要验证运行"路由和远程访问"的服务器正在接收所有相邻 RIP 路由器发出的 RIP 公告，请查看该路由器的 RIP 邻居；

（2）对于每个 RIP 路由器，查看 IP 路由表，并验证所有应从 RIP 获知的路由都存在。使用 ping 和 tracert 命令测试主机之间的连接从而检查所有路由路径。

7.4.2　添加 OSPF 协议

1．OSPF 路由协议

和添加 RIP 协议的过程类似：在"路由和远程访问"控制台树中，右键单击"常规"，然后单击"新增路由协议"。在"新路由选择协议"对话框中，单击"开放式最短路径优先（OSPF）"，然后单击【确定】按钮。

2．将接口添加到 OSPF

在"路由和远程访问"控制台树中，右键单击"OSPF"，然后单击"新增接口"。在"接口"窗口中，单击要添加的接口，然后单击【确定】按钮。

3．配置 OSPF 接口

（1）在"路由和远程访问"控制台树中，单击"OSPF"，在详细信息窗格中，右键单击要配置的接口，然后单击"属性"。

（2）在"常规"选项卡上，选中"为此地址启用 OSPF"复选框。

（3）在"区域 ID"中，单击接口所属区域的 ID。

(4) 在"路由器优先级"中,单击箭头以设置接口路由器的优先级。
(5) 在"开销"中,单击滚动箭头以设置通过接口发送数据包的开销。
(6) 如果接口所属区域启用了密码,请在"密码"框中键入密码。
(7) 在"网络类型"下,单击 OSPF 接口的类型。

在局域网络的实验中一般全部使用 LAN 接口的默认设置即可,随着认识的加深逐步改变默认设置进行实验。

LAN 接口的 OSPF 默认接口设置如下(如图 7.35 所示)。

- 默认情况下,OSPF 不能在接口上运行。
- 区域 ID 设定为主干区域（0.0.0.0）。
- 路由器的优先级设为 1。当同一网络上的多个 OSPF 路由器具有相同的路由器优先级时,根据具有最高路由器 ID 的路由器来选择 OSPF 指定路由器与备份指定路由器。
- 开销设为 2。
- 将密码设置为 12345678。
- 网络类型设置为 LAN 接口的广播。

图 7.35　OSPF 接口属性

尽管"开放式最短路径优先"是为特大型的网际网络设计的路由协议,但计划和实现大型 OSPF 网际网络是很复杂和耗时的。但是,要利用 OSPF 的高级功能,并不需要一个大型或特大型的网际网络。

在 OSPF 的 Windows Server 2003 家族实施中,全局和接口设置的默认值使得用最小配置创建单区域 OSPF 网际网络变得非常容易。单个区域就是主干区域（0.0.0.0）。

4．OSPF 的默认全局设置

OSPF 的默认全局设置如下。

- 路由器标识被设置成安装 OSPF 路由协议时第一个 IP 绑定的 IP 地址。

- 不将路由器配置为 OSPF 自治系统边界路由器。
- 单个区域，即主干区域，配置并启用明文密码。不能将单区域配置为存根区域，并且没有地址范围。
- 没有配置虚拟接口，并且不筛选外部路由。

对于单区域 OSPF 网际网络，不要求更改 OSPF 的默认全局设置。

5．OSPF 路由表查看

把网络中的路由器 OSPF 协议配置完成后，等一小段时间，让各个 OSPF 路由器发送和接收 OSPF 路由信息生成自己的路由表。

在图 7.17 所示的网络中路由器 R1 的路由表如图 7.36 所示；路由器 R2 的路由表如图 7.37 所示。

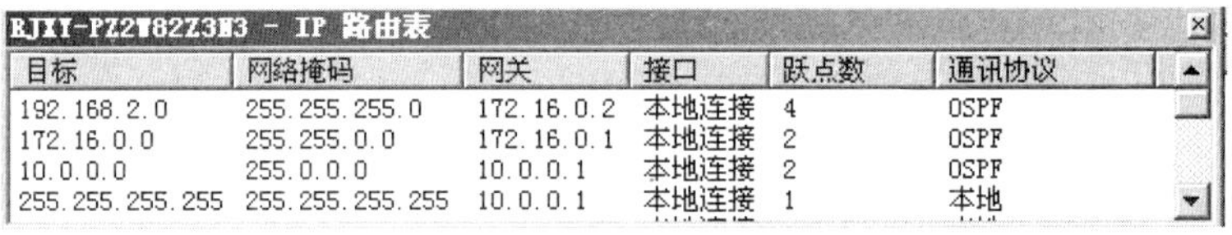
RJXY-PZ2W82Z3N3 - IP 路由表

目标	网络掩码	网关	接口	跃点数	通讯协议
192.168.2.0	255.255.255.0	172.16.0.2	本地连接	4	OSPF
172.16.0.0	255.255.0.0	172.16.0.1	本地连接	2	OSPF
10.0.0.0	255.0.0.0	10.0.0.1	本地连接	2	OSPF
255.255.255.255	255.255.255.255	10.0.0.1	本地连接	1	本地

图 7.36　路由器 R1 的路由表

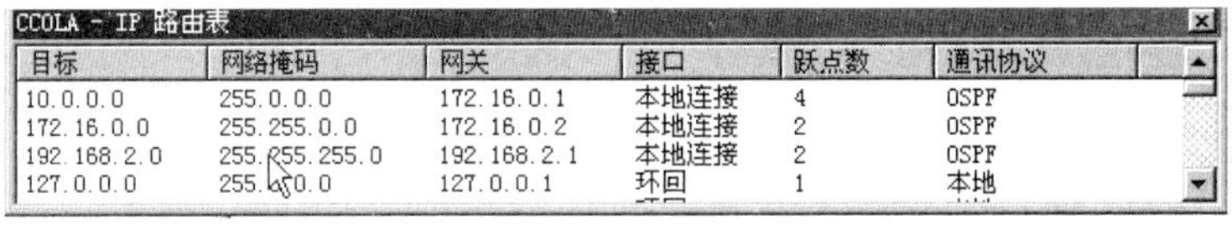
CCOLA - IP 路由表

目标	网络掩码	网关	接口	跃点数	通讯协议
10.0.0.0	255.0.0.0	172.16.0.1	本地连接	4	OSPF
172.16.0.0	255.255.0.0	172.16.0.2	本地连接	2	OSPF
192.168.2.0	255.255.255.0	192.168.2.1	本地连接	2	OSPF
127.0.0.0	255.0.0.0	127.0.0.1	环回	1	本地

图 7.37　路由器 R2 的路由表

6．测试 OSPF

要测试单个区域 OSPF 网际网络，请执行以下步骤。

（1）要验证运行“路由和远程访问”的服务器是否接收到所有相邻 OSPF 路由器发出的 OSPF 通知，请查看该路由器的 OSPF 邻居。

（2）对于每个路由器，请查看其 IP 路由表，并验证应从 OSPF 获得的所有路由是否已存在。

（3）使用 ping 和 tracert 命令测试主机之间的连接从而检查所有路由路径。

7.5　路由服务的启动、重启动、停止

路由服务全局属性发生变化后或者某些情况下需要停止、启动或直接重启动“路由和远程访问服务”。

可以在“路由和远程访问”控制台中完成，步骤：右键单击服务器名称，在“所有任务”的子菜单中单击合适的项即可，如图 7.38 所示。

第7章 路由服务的配置管理

图7.38 启动或停止"路由和远程访问"服务

复习题

7-1 简述路由表的类型,并解释相应路由表的作用。

7-2 简述几个常用的路由协议,并简要描述各种路由协议的工作过程。

7-3 简述动态路由的安全措施有哪些?

7-4 结合书中给出的拓扑示例自己设想一个具体的网络并实现静态和动态路由。

第 8 章 DHCP 服务器的配置与管理

本章学习目标：
- 了解什么是 DHCP
- 掌握 DHCP 的工作原理
- 掌握 DHCP 服务的安装
- 掌握 DHCP 服务器的基本配置方法
- 理解 DHCP 中继代理的配置
- 掌握 DHCP 客户机的配置方法

8.1 DHCP 服务概述

在基于 TCP/IP 协议的计算机网络环境中，每台计算机在存取网络上的资源之前，都必须进行基本的网络配置，主要的参数有 IP 地址、子网掩码、默认网关地址和 DNS 地址等。配置这些参数有两种方法：①静态手工配置；②从 DHCP 服务器上动态获取。

在一些情况下，手工配置地址更加可靠，但是在复杂的网络环境里使用这种方法相当费时而且容易出错或丢失信息。

使用 DHCP 服务器动态分配网络中计算机的 IP 地址等基本参数配置，实现了 IP 地址的集中式管理，从而基本上不再需要网络管理员的人为干预，节省了工作量和宝贵的时间。

8.1.1 什么是 DHCP

DHCP 服务是典型的基于计算机网络的客户机/服务器模式的应用，实现时必须有 DHCP 服务器和 DHCP 客户机以及正常的网络环境。

DHCP 的全称是动态主机配置协议（Dynamic Host Configuration Protocol）是一个用于简化对网络中主机的 IP 地址等参数配置进行管理的 IP 标准服务。该服务使用 DHCP 服务器为网络中那些启用了 DHCP 客户端功能的客户机动态分配 IP 地址及相关网络配置信息。

它的前身是 BOOTP。BOOTP 原本是用于无磁盘主机连接的网络上面的：网络主机使用 BOOT ROM 而不是磁盘启动并连接上网络，BOOTP 则可以自动地为那些主机设定 TCP/IP 环境。但 BOOTP 有一个缺点：您在设定前须事先获得客户端的硬件地址，而且，与 IP 的对应是静态的。换而言之，BOOTP 非常缺乏"动态性"，若在有限的 IP 资源环境中，BOOTP 的一对一对应会造成非常可观的浪费。

DHCP 可以说是 BOOTP 的增强版本，它分为两个部分：一个是服务器端，而另一个是客户端。所有的 IP 网络设定数据都由 DHCP 服务器集中管理，并负责处理客户端的 DHCP

要求；而客户端则会使用从服务器分配下来的 IP 环境数据。比较起 BOOTP，DHCP 透过"租约"的概念，有效且动态的分配客户端的 TCP/IP 设定，而且，作为兼容考虑，DHCP 也完全照顾了 BOOTP 客户机的需求。

DHCP 负责管理两种数据：租用地址（已经分配的 IP 地址）和地址池中的地址（可用的 IP 地址）。

下面介绍几个相关的概念。

- DHCP 客户机：是指一台利用 DHCP 协议通过 DHCP 服务器来获得基本网络配置参数的主机。
- DHCP 服务器，是指通过 DHCP 协议提供网络配置参数给 DHCP 客户机的主机。
- 租用：是指 DHCP 客户机从 DHCP 服务器上获得并临时占用该 IP 地址的过程。

8.1.2 DHCP 的工作原理

1．DHCP 请求 IP 地址的过程

DHCP 客户首次获得 IP 租约,正常情况下需要经过 4 个阶段与 DHCP 服务器建立联系，如图 8.1 所示。

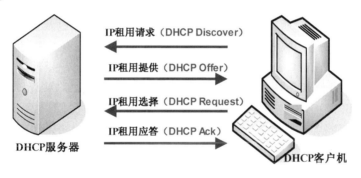

图 8.1　DHCP 的工作过程

（1）IP 租用请求：DHCP 客户端启用后，以广播方式发送租用请求的 DHCPDISCOVER 包，向网络上的任意一台 DHCP 服务器请求提供 IP 租约，只有 DHCP 服务器才会响应。此为发现阶段，即 DHCP 客户端寻找 DHCP 服务器的阶段。

（2）IP 租用提供。DHCP 服务器接收到客户端的 DHCPDISCOVER 报文后，从 IP 地址池中选择一个尚未分配的 IP 地址分配给客户端，向该客户端发送包含租用的 IP 地址和其他配置信息的 DHCPOFFER 包。网络上所有的 DHCP 服务器均会收到此数据包,每台 DHCP 服务器给 DHCP 客户回应一个 DHCPOFFER 广播包，提供一个 IP 地址。此为提供阶段，即 DHCP 服务器提供 IP 地址的阶段。

（3）IP 租用选择：如果有多台 DHCP 服务器向该客户端发送 DHCPOFFER 包，客户端会选择第一个收到的 DHCPOFFER 数据包，然后以广播形式向各 DHCP 服务器回应 DHCPREQUEST 包，该广播包中包含所接受的 IP 地址和服务器的 IP 地址，宣告使用它挑中的 DHCP 服务器提供的地址，并正式请求该 DHCP 服务器分配地址。其他所有发送

DHCPOFFER 包的 DHCP 服务器接收到该数据包后，将释放已经 OFFER（预分配）给客户端的 IP 地址。此为选择阶段，即 DHCP 客户端选择 IP 地址的阶段。

如果发送给 DHCP 客户端的 DHCPOFFER 包中包含无效的配置参数，客户端会向服务器发送 DHCPCLINE 包拒绝接受已经分配的配置信息。

（4）IP 租用确认：当 DHCP 服务器收到 DHCP 客户端回答的 DHCPREQUEST 包后，便向客户端发送包含它所提供的 IP 地址及其他配置信息的 DHCPACK 确认包。然后，DHCP 客户端将接收并使用 IP 地址及其他 TCP/IP 配置参数。此为确认阶段，即 DHCP 服务器确认所提供 IP 地址的阶段。

2．DHCP 客户自动进行 IP 租约更新

DHCP 库户租约的更新有两种方式，一种是自动按照预定的策略进行更新，一种是通过命令行手动地更新（见本章后面内容）。

取得 IP 租约后，DHCP 客户机必须定期更新租约，否则当租约到期，就不能再使用此 IP 地址。预定的更新过程如下。

（1）在当前租期过去 50%时，DHCP 客户机直接向为其提供 IP 地址的 DHCP 服务器发送 DHCPREQUEST 数据包。如果客户机收到该服务器回应的 DHCPACK 数据包，客户机就根据包中所提供的新的租期以及其他已经更新的 TCP/IP 参数，更新自己的配置，IP 租用更新完成。如果没有收到该服务器的回复，则客户机继续使用现有的 IP 地址。

（2）如果在租期过去 50%时未能成功更新，则客户机将在当前租期过去 87.5%时再次向为其提供 IP 地址的 DHCP 联系以更新租约。如果联系不成功，则重新开始 IP 租用过程。

（3）如果 DHCP 客户机重新启动时，它将尝试更新上次关机时拥有的 IP 租用。如果更新未能成功，客户机将尝试联系现有 IP 租用中列出的默认网关。如果联系成功且租用未到期，客户机则认为自己仍然位于与它获得现有 IP 租用时相同的子网上，继续使用现有 IP 地址。如果未能与默认网关联系成功，客户机则认为自己已经被移到不同的子网上，则 DHCP 客户机将失去 TCP/IP 网络功能。此后，DHCP 客户机将每隔 5 分钟尝试一次重新开始新一轮的 IP 租用过程。

8.2 配置 DHCP 服务器

8.2.1 架设 DHCP 服务器的需求

由于对 DHCP 服务器可以服务的客户端最大数量或可以在 DHCP 服务器上创建的作用域数量没有固定限制，因此在确定要使用的 DHCP 服务器数目时，最主要的考虑因素是网络体系结构和服务器硬件。例如，在单一的子网环境中仅需要一台 DHCP 服务器，但您可能希望使用两台服务器或部署 DHCP 服务器群集来增强容错能力。在多子网环境中，由于路由器必须在子网间转发 DHCP 消息，因此路由器性能可能影响 DHCP 服务。在这两种情形中，DHCP 服务器的硬件都会影响对客户端的服务。

在确定要使用的 DHCP 服务器的数目时，需要考虑以下事项。

(1) 路由器在网络中的位置以及是否希望每个子网都有 DHCP 服务器。

在跨跃多个网络扩展 DHCP 服务器的使用范围时，经常需要配置额外的 DHCP 中继代理，而且在某些情况下，还需要使用超级作用域。

(2) 为其提供 DHCP 服务的网段之间的传输速度。

如果有较慢的 WAN 链路或拨号链路，可能在这些链路两端都需要配备 DHCP 服务器来为客户端提供本地服务。

(3) DHCP 服务器计算机上安装的磁盘驱动器的速度和随机存取内存（RAM）的数量。

为获得最优的 DHCP 服务器性能，请尽可能使用最快的磁盘驱动器和最多的 RAM。在规划 DHCP 服务器的硬件需求时，请仔细评估磁盘的访问时间和磁盘读写操作的平均次数。

(4) 在选择使用的 IP 地址类和其他服务器配置细节方面的实际限制。

在组织网络中部署 DHCP 服务器前，可以先对它进行测试以确定硬件的限制和性能并了解网络体系结构、通信和其他因素是否影响 DHCP 服务器的性能。通过硬件和配置测试，您还有以确定每台服务器要配置的作用域数量。

架设 DHCP 服务器应满足下列要求：
- 应具备 Windows Server 2003 标准版、企业版和数据中心版等服务器端操作系统。
- DHCP 服务器应使用静态的 IP 地址、子网掩码等 TCP/IP 参数。

8.2.2 安装 DHCP 服务

在配置 DHCP 服务之前，必须在服务器上安装 DHCP 服务。默认情况下，Windows Server 2003 系统没有安装 DHCP 服务。可以通过管理您的服务器向导增加服务器角色来安装 DHCP 服务器或通过添加删除 Windows 组件来安装。下面简要通过添加删除 Windows 组件方式说明 DHCP 服务的安装过程。

(1) 选择"开始"→"控制面板"→"添加或删除程序"→"添加/删除 Windows 组件"选项，打开"Windows 组件向导"对话框。在列表中，选中"网络服务"复选框，如图 8.2 所示。

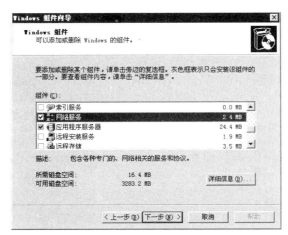

图 8.2 选择"网络服务"复选框

(2)单击"详细信息"按钮,弹出如图 8.3 所示的对话框,选中"动态主机配置协议"复选框。单击"确定"按钮。

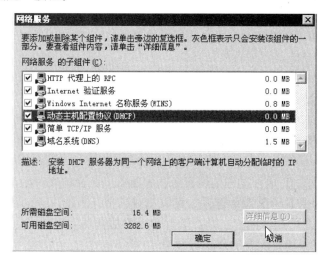

图 8.3 选择"动态主机配置协议(DHCP)"复选框

(3)单击"下一步"按钮,会出现如图 8.4 所示的界面,按照要求将 Windows Server 2003 安装光盘插入计算机的光驱中,系统会根据要求安装组件。如果程序包已经复制到硬盘的分区上,请提供存放组件程序包的绝对目录名称。

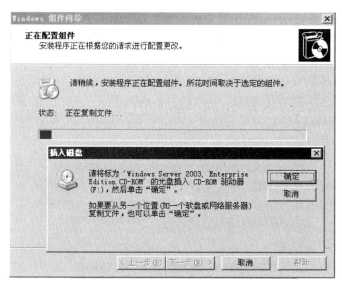

图 8.4 配置组件窗口

(4)按照提示一步步完成"Windows 组件向导"。

8.2.3 配置 DHCP 服务器

在安装完 DHCP 服务后,可以使用"配置 DHCP 服务器向导"配置 DHCP 服务器,主

第 8 章 DHCP 服务器的配置与管理

要工作就是创建作用域和配置选项参数。也可以在"管理工具"菜单里打开 DHCP 的管理控制台进行配置管理。

配置作用域：作用域是对子网中使用 DHCP 服务的计算机进行的 IP 地址管理性分组。管理员首先为每个物理子网创建作用域，然后使用该作用域定义客户端使用的参数。作用域有下列属性：

- 作用域名称；
- IP 地址的范围，可在其中加入或排除 DHCP 服务用于租用的地址；
- 子网掩码，用于确定给定 IP 地址的子网；
- 租约期限值，指派给动态接收分配的 IP 地址的 DHCP 客户端；
- 任何为指派给 DHCP 客户端而配置的 DHCP 作用域选项，如 DNS 服务器地址、默认网关（路由器）IP 地址等；
- 保留（可选），用于确保固定的 DHCP 客户端总是能租用同样的 IP 地址。

DHCP 作用域由给定子网上可以租用给客户端的 IP 地址池组成，如从 192.168.0.1 到 192.168.0.254。

每个子网只能有一个具有连续 IP 地址范围的单个 DHCP 作用域。要在单个作用域或子网内使用多个地址范围来提供 DHCP 服务，必须首先定义作用域，然后设置所需的排除范围。

设置排除范围，应该为作用域中任何您不希望由 DHCP 服务器提供或用于 DHCP 指派的 IP 地址设置排除范围。例如，可通过创建 192.168.0.1 到 192.168.0.10 的排除范围，将上例中的前 10 个地址排除在外。

通过为这些地址设置排除范围，可以指定在 DHCP 客户端从服务器请求租用配置时永远不提供这些地址。被排除的 IP 地址可能是网络上的有效地址，但这些地址只能在不使用 DHCP 获取地址的主机上手动配置。一般这些被排除地址供本子网中的路由器或服务器静态使用。

创建 DHCP 作用域时，您可以使用 DHCP 控制台输入下列所需信息：

- 作用域名称，由您或创建作用域的管理员指派；
- 用于标识 IP 地址所属子网的子网掩码；
- 包含在作用域中的 IP 地址范围；
- 时间间隔（称作"租约期限"），用于指定 DHCP 客户端在必须通过 DHCP 服务器续订其配置之前可以使用所指派的 IP 地址的时间。

对作用域使用 80/20 规则：为了平衡 DHCP 服务器的使用率，较好的作法是使用"80/20"规则将作用域地址划分给两台 DHCP 服务器。如果将 DHCP 服务器 1 配置成可使用大多数地址（约 80%），则 DHCP 服务器 2 可以配置成让客户端使用其他地址（约 20%）。

新建作用域时，用于创建它的 IP 地址不应该包含当前已静态配置的计算机（如 DHCP 服务器）的地址。这些静态地址应位于作用域范围外，或者应将它们从作用域地址池中排除。

定义作用域以后，可通过执行下列任务另外配置作用域。

- 设置其他排除范围。

可以排除不能租给 DHCP 客户端的任何其他 IP 地址。应该为所有必须静态配置的设备使用排除范围。排除范围中应包含您手动指派给其他 DHCP 服务器、非 DHCP 客户端、无磁盘工作站或者路由和远程访问以及 PPP 客户端的所有 IP 地址。

- 创建保留。

可以选择保留某些 IP 地址，用于网络上特定计算机或设备的永久租约指派。应该仅为网络上启用了 DHCP 并且出于特定目的而必须保留的设备（如打印服务器）建立保留地址。

- 调整租约期限的长度。

可以修改指派 IP 地址租约时使用的租约期限。默认的租约期限是 8 天。对于大多数局域网来说，如果计算机很少移动或改变位置，那么默认值是可以接受的，但仍可进一步增加。同时，也可设置无限期的租约时间，但应谨慎使用。

在定义并配置了作用域之后，必须激活作用域才能让 DHCP 服务器开始为客户端提供服务。但是，在激活新作用域之前必须为它指定 DHCP 选项参数。

激活作用域以后，不应该更改作用域地址的范围。

在 DHCP 管理控制台创建作用域的具体步骤如下。

（1）选择"开始"→"管理工具"→"DHCP"，弹出如图 8.5 所示的窗口。

（2）右击服务器名称，在弹出的菜单里单击"新建作用域"，如图 8.6 所示，弹出"欢迎使用新建作用域向导"界面。

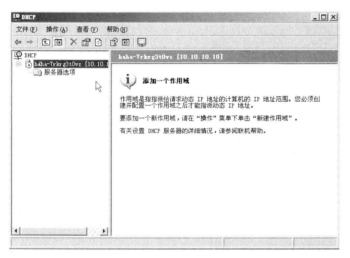
图 8.5　DHCP 服务器主界面

图 8.6　"新建作用域"命令

（3）单击"下一步"，弹出"作用域名"界面，在"名称"和"描述"文本框中输入相应的信息，如图 8.7 所示。

（4）单击"下一步"按钮，弹出"IP 地址范围"界面，在"起始 IP 地址"中输入作用域的起始 IP 地址，在"结束 IP 地址"中输入作用域的结束 IP 地址，在"长度"一栏处输入设置子网掩码使用的位数，例如：输入 16。设置长度后，在"子网掩码"文本框中会自动出现与该长度对应的子网掩码的设置，如：255.255.0.0。如果对应子网掩码的起始 IP 地址和结束 IP 地址的子网号不一致，将提示你，向导会自动创建多个作用域，每子网对应一个，如图 8.8 所示。

第 8 章 DHCP 服务器的配置与管理

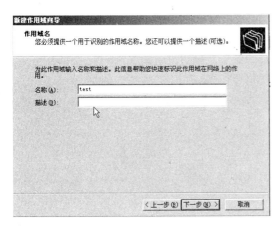

图 8.7 "作用域名"界面

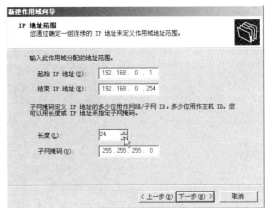

图 8.8 "IP 地址范围"界面

（5）单击"下一步"按钮，弹出"添加排除"界面，在"起始 IP 地址"和"结束 IP 地址"中输入要排除的 IP 地址或范围（即：可以排除一个 IP 地址或一段 IP 地址），一般情况下，各种服务器（如：WWW 服务器、DHCP 服务器、DNS 服务器等）的 IP 地址应该被排除。单击"添加"按钮，如图 8.9 所示。

（6）单击"下一步"按钮，弹出"租约期限"界面，输入详细租期（包括天、小时和分钟），默认为 8 天，如图 8.10 所示。

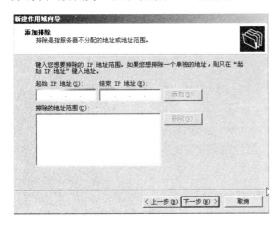

图 8.9 "添加排除"界面

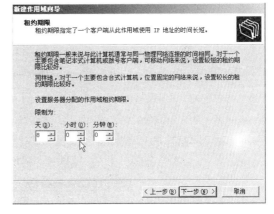

8.10 "租约期限"界面

（7）单击"下一步"按钮，弹出"配置 DHCP 选项"界面，选择"是，我想现在配置这些选项"按钮，如图 8.11 所示。

也可以选择"否"结束向导，然后在 DHCP 管理控制台中进行选项配置，手动激活作用域。

（8）单击"下一步"按钮，弹出"路由器"界面，在"IP 地址"中设置 DHCP 服务器发送给 DHCP 客户机使用的默认网关的 IP 地址，单击"添加"按钮，如图 8.12 所示。

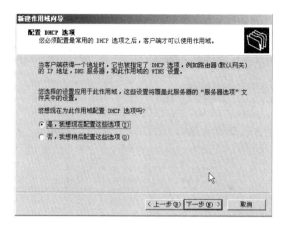

图 8.11 "配置 DHCP 选项"界面

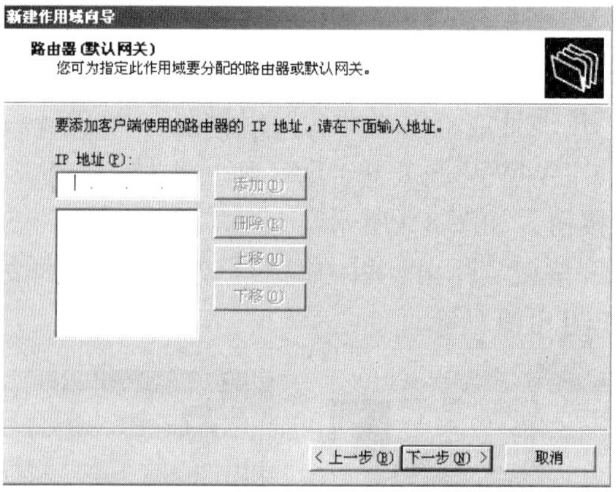

图 8.12 "路由器"界面

(9) 单击"下一步"按钮,弹出"域名称和 DNS 服务器"界面。如果要为 DHCP 客户端设置 DNS 服务器,可以在"父域"文本框中设置 DNS 解析的域名,在"IP 地址"文本框中添加 DNS 服务器的 IP 地址;也可以在"服务器名"文本框中输入服务器的名称后单击"解析"按钮自动查询 IP 地址,如图 8.13 所示。

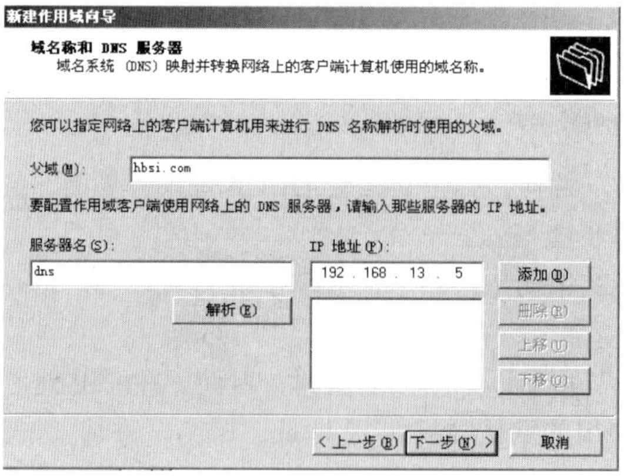

图 8.13 "域名称和 DNS 服务器"界面

(10) 单击"下一步"按钮,弹出"WINS 服务器"界面,如果要为 DHCP 客户端设置 WINS 服务,可以在"IP 地址"文本框中添加 WINS 服务器的 IP 地址,也可以在"服务器名"文本框中输入服务器的名称后单击"解析"按钮自动查询 IP 地址,如图 8.14 所示。

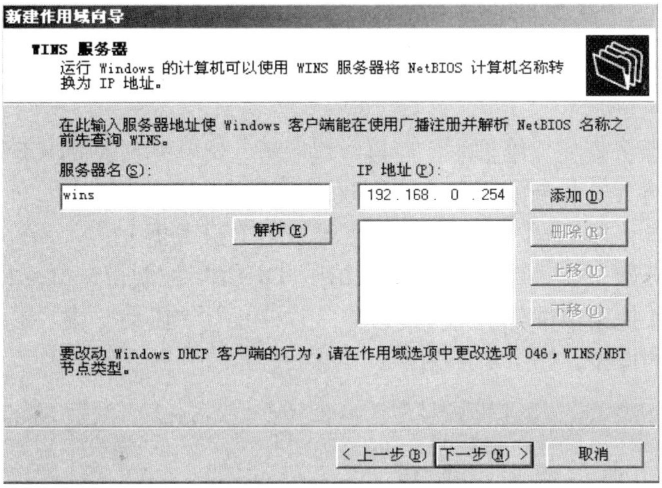

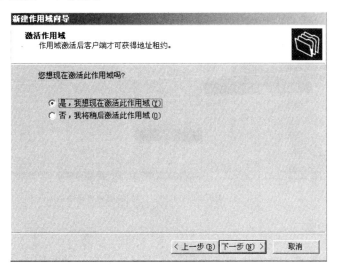

图 8.14 "WINS 服务器"界面

(11) 单击"下一步"按钮,弹出"激活作用域"界面,选择"是,我想现在激活此作用域"单选按钮,如图 8.15 所示。

图 8.15 "激活作用域"界面

(12) 单击"下一步"按钮,弹出"新建作用域向导完成"界面,单击"完成"按钮。这样一个作用域就基本创建完毕,并能够提供 DHCP 服务了。

8.3 HCP 服务器的管理

8.3.1 启动、停止和暂停 DHCP 服务

当对 DHCP 服务器的配置进行比较大的修改时，网络管理人员就需要将该服务器的服务停止或者暂停，

并在 DHCP 服务器完成维护工作后再继续服务。如果更改了 DHCP 服务器的配置也需要重启 DHCP 服务，这样新的配置才能生效。

（1）使用具有管理员权限的用户账户登录 DHCP 服务器。

（2）选择"开始"→"管理工具"→打开"DHCP"控制台窗口→右击 DHCP 服务器名称，在弹出的快捷菜单中分别选择"暂停"、"停止"、"启动"或"重新启动"命令，即可完成各项相应的操作，如图 8.16 所示。

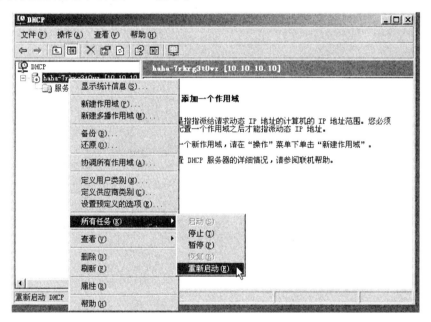

图 8.16　DHCP 服务的停止、启动和暂停等操作

8.3.2 作用域的配置

配置 DHCP 服务器，关键步骤就是配置作用域。只有创建并配置了作用域，DHCP 才能为 DHCP 客户机提供 IP 地址、子网掩码等参数。

作用域的配置步骤如下。

在 DHCP 管理控制台中展开服务器名称前面的加号，右击需要配置的作用域，在弹出的菜单里点击"属性"，如图 8.17 所示。在弹出的对话框中可以进行如下配置。

图 8.17 有机作用域菜单界面

(1)"常规"选项卡的设置
- "作用域名":在该文本框中可以修改作用域的名称。具体设置如图 8.18 所示。
- "起始 IP 地址"和"结束 IP 地址":可以修改作用域可以分配的 IP 地址范围,但"子网掩码"不可以修改。
- DHCP 客户端的租约期限:可以设置具体的期限,也可以将租约设置为无限制。
- 描述:有关作用域的相关描述信息。

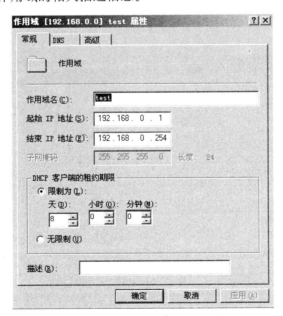

图 8.18 作用域"常规"选项卡

(2)"DNS"选项卡的设置,可以配置和 DNS 服务器联动
- 根据下面的设置启用 DNS 动态更新:表示 DNS 服务器上该客户端的 DNS 设置参

数如何变化。有两种方式：选择"只有在 DHCP 客户端请求时才动态更新 DNS A 和 PTR 记录"按钮，表示 DHCP 客户端主动请求时，DNS 服务上的数据才进行更新；选择"总是动态更新 DNS A 和 PTR 记录"按钮，表示 DNS 客户端的参数发生变化后，DNS 服务器的参数就发生变化。具体设置如图 8.19 所示。

- 在租约被删除时丢弃 A 和 PTR 记录：表示 DHCP 客户端的租约失效后，其 DNS 参数也被丢弃。
- 为不请求更新的 DHCP 客户端动态更新 DNS 服务器的 A 和 PTR 记录：表示 DHCP 服务器可以为非动态的 DHCP 客户端在 DNS 服务器上执行更新。

(3) "高级"选项卡的设置

① 动态为以下客户端分配 IP 地址，具体设置如图 8.20 所示。

- 仅 DHCP：表示只为 DHCP 客户端分配 IP 地址。
- 仅 BOOTP：表示只为 Windows NT 以前的一些支持 BOOTP 的客户端分配 IP 地址。
- 两者：表示支持两种类型的客户机。

② BOOTP 客户端的租约期限：可以设置 BOOTP 客户端的租约期限。

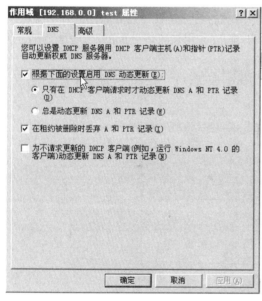

图 8.19 作用域"DNS"选项卡

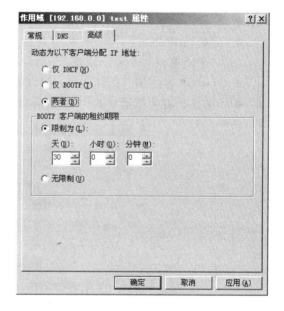

图 8.20 作用域"高级"选项卡

8.3.3 维护地址池

地址池用来记录可供分配的 IP 地址和排除的 IP 地址。

对于已经创建的作用域的地址池可以进行如下的维护，具体步骤如下：

(1) 在 DHCP 管理控制台中的选择某个作用域的地址池，右键单击，在弹出的菜单里点击"新建排除范围"，如图 8.21 所示。

第8章 DHCP 服务器的配置与管理

图 8.21 "新建排除范围"

（2）在弹出的"添加排除"对话框中设置地址池中要排除的 IP 地址的范围，如图 8.22 所示。

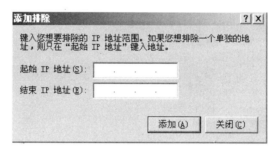

图 8.22 "添加排除"对话框

如果添加排除有误，可以删除重新添加。当要删除被排除的 IP 地址范围是，可以在右侧的明细窗格里，右击需要删除的排除项，在弹出的菜单里点击"删除"即可，如图 8.23 所示。

图 8.23 删除已有排除项

8.3.4 建立保留

网络中的一些特殊用途的主机需要使用固定的 IP 地址，如：文件服务器、打印服务器等，可以通过手工设置静态的 IP 地址（当然这些地址要在对应作用域的地址池中作排除，不能被 DHCP 动态分配出去），也可以为它们设置 DHCP 保留项，即用主机的 MAC 地址来固定分配地址池中 IP 地址。

1．什么是保留

保留（Reservation），是指一个预定的永久 IP 地址分配。这个 IP 地址属于一个作用域，并且被永久保留给一个指定的 DHCP 客户机。保留可确保子网上指定的硬件设备始终可使用相同的 IP 地址。

2．配置 DHCP 保留

当需要永久保留一个 IP 地址的分配时，可以设置 DHCP 保留。具体步骤如下：

（1）在 DHCP 控制台中的左边窗口选择 DHCP 作用域，右击选择保留，选择"新建保留"命令，如图 8.24 所示。

图 8.24 "新建保留"菜单

（2）弹出如图 8.25 所示的对话框，在"保留名称"文本框中输入要保留主机的名称，在"IP 地址"输入框中输入要保留的 IP 地址的主机号，在"MAC 地址"中输入使用这个保留地址的主机的 MAC 地址，然后点击"添加"按钮即可。

保留是在适用网络连接的 DHCP 客户端媒体访问控制（MAC）地址的基础上应用的。要在客户端计算机上确定该 MAC 地址，请在客户机的命令提示符下键入 ipconfig /all，然后查看此连接的物理地址。或者，可以在"网络连接"文件夹中右键单击此连接，然后选择"属性"以查看到该信息。

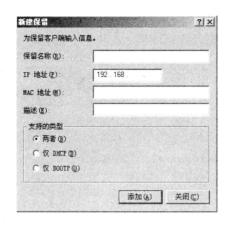

图 8.25　新建保留界面

8.3.5　配置 DHCP 选项

DHCP 选项能够为 DHCP 客户端提供子网的网关地址、DNS 服务器地址等信息，使用 DHCP 选项能够提高 DHCP 客户端在网络中的适应性，比如解析域名、跨网络传输信息等。在租约生成的过程中，DHCP 服务器作用域为 DHCP 客户端提供 IP 地址和子网掩码及租期，配置的 DHCP 选项为 DHCP 客户端提供其他更多的 IP 配置参数，如默认网关、DNS 服务器地址等。

1．什么是 DHCP 选项

DHCP 选项（DHCP options），是指 DHCP 服务器可以给客户端分配的除了 IP 地址、子网掩码以外的其他配置参数，如默认网关、首选 DNS 服务器地址等。

可以从几个不同的级别管理 DHCP 选项：

（1）预定义选项。在这一级，您可以控制为 DHCP 服务器预定义哪些类型的选项，以便作为可用选项显示在任何一个通过 DHCP 控制台提供的选项配置对话框（如"服务器选项"、"作用域选项"或"保留选项"）中。可根据需要将选项添加到标准选项预定义列表或从该列表中删除选项。虽然可借助这种方式使选项变得可用，但只有进行了服务器、作用域或保留管理性配置后才能为它们赋值。

（2）服务器选项。在此赋值的选项（通过"常规"选项卡）默认应用于 DHCP 服务器中的所有作用域和客户端或由它们默认继承。此处配置的选项值可以被其他值覆盖，但前提是在作用域、选项类别或保留客户端级别上设置这些值。

（3）作用域选项。在此赋值的选项（通过"常规"选项卡）仅应用于 DHCP 控制台树中选定的适当作用域中的客户端。此处配置的选项值可以被其他值覆盖，但前提是在选项类别或保留客户端级别上设置这些值。

（4）保留选项。为那些仅应用于特定的 DHCP 保留客户端的选项赋值。要使用该级别的指派，您必须首先为相应客户端在向其提供 IP 地址的相应 DHCP 服务器和作用域中添加保留。这些选项为作用域中使用地址保留配置的单独 DHCP 客户端而设置。只有在客户端上手动配置的属性才能替代在该级别指派的选项。

(5) 类别选项。使用任何选项配置对话框（"服务器选项"、"作用域选项"或"保留选项"）时，均可单击"高级"选项卡来配置和启用标识为指定用户或供应商类别的成员客户端的指派选项。

根据所处环境，只有那些根据所选类别标识自己的 DHCP 客户端才能分配到您为该类别明确配置的选项数据。例如，如果在某个作用域上设置类别指派选项，那么只有在租约活动期间表明类别成员身份的作用域客户端才使用类别指派的选项值进行配置。对于其他非成员客户端，将使用从"常规"选项卡设置的作用域选项值进行配置。

此处配置的选项可能会覆盖在相同环境（"服务器选项"、"作用域选项"或"保留选项"）中指派和设置的值，或从在更高环境中配置的选项继承的值。但在通常情况下，客户端指明特定选项类别成员身份的能力是能否使用此级别选项指派的决定性标准。

下列原则可以帮助您确定对于网络上的客户端使用什么级别指派这些选项。

- 只有在您拥有需要非标准 DHCP 选项的新软件或应用程序时，才要添加或定义新的自定义选项类型。
- 如果 DHCP 服务器管理着大型网络中的多个作用域，那么在指派"服务器选项"时应细心选择。除非覆盖这些选项，否则在默认情况下这些选项适用于 DHCP 服务器计算机的所有客户端。
- 请使用"作用域选项"指派客户端使用的大多数选项。在多数网络中，通常首选这一级别用于指派和启用 DHCP 选项。
- 如果存在需求各不相同的 DHCP 客户端，并且它们能在取得租约时指明 DHCP 服务器上的某个特定类别，那么请使用"类别选项"。例如，如果有一定数量的 DHCP 客户端计算机运行 Windows 2000，则可将这些客户端配置为接收不用于其他客户端的供应商特定选项。
- 对网络中有特殊配置要求的个别 DHCP 客户端，可使用"保留选项"。
- 对于任何不支持 DHCP 或不推荐使用 DHCP 的主机（计算机或其他网络设备），您也可以考虑为那些计算机和设备排除 IP 地址而且直接在相应主机上手动设置 IP 地址。例如，您经常需要静态地配置路由器的 IP 地址。

在为客户端设置了基本的 TCP/IP 配置设置（如 IP 地址、子网掩码）之后，大多数客户端还需要 DHCP 服务器通过 DHCP 选项提供其他信息。其中最常见的包括：

（1）路由器。DHCP 客户端所在子网上路由器的 IP 地址首选列表。客户端可根据需要与这些路由器联系以转发目标为远程主机的 IP 数据包。

（2）DNS 服务器。可由 DHCP 客户端用于解析域主机名称查询的 DNS 名称服务器的 IP 地址。

（3）DNS 域。指定 DHCP 客户端在 DNS 域名称解析期间解析不合格名称时应使用的域名。

2．配置 DHCP 选项

在配置了 DHCP 作用域之后，就可以配置 DHCP 选项了，包括服务器级别、作用域级别、类级别和被保留的客户机级别的选项。下面，以作用域级别的选项为例来说明。

(1) 在 DHCP 管理控制台中的左边窗口选择相应的作用域，右击其"作用域选项"文件夹，在弹出的菜单里点击"配置选项"，如图 8.26 所示。

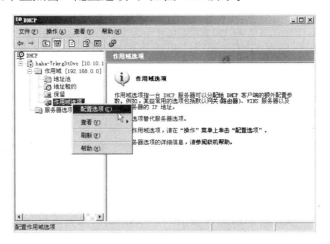

图 8.26 选择"配置选项"

(2) 选中相应的可用选项进行配置即可，如图 8.27 所示。

图 8.27 配置选项相应参数配置

8.4 DHCP 超级作用域

8.4.1 超级作用域概述

超级作用域是运行于 Windows Server 2003 的 DHCP 服务器的一种管理功能，可以通过 DHCP 管理控制台创建和管理超级作用域。使用超级作用域，可以将多个作用域组合为单个管理实体。借助超级作用域，DHCP 服务器可以实现下面的功能。

- 在使用多个逻辑 IP 网络的单个物理网段（如单个以太网的局域网段）上支持 DHCP

客户端。在每个物理子网或网络上使用多个逻辑 IP 网络，这种配置通常被称为"多网"。
- 支持位于 DHCP 和 BOOTP 中继代理远端的远程 DHCP 客户端（而在中继代理远端上的网络使用多网配置）。

在多网配置中，可以使用 DHCP 超级作用域来组合并激活网络上使用的 IP 地址的单独作用域范围。DHCP 服务器计算机通过这种方式可为单个物理网络上的客户端激活并提供来自多个作用域的租约。

超级作用域可以解决多网结构中的某种 DHCP 部署问题，包括以下情形：

（1）当前活动作用域的可用地址池几乎已耗尽，而且需要向网络添加更多的计算机。最初的作用域包括指定地址类的单个 IP 网络的一段完全可寻址范围。需要使用另一个 IP 网络地址范围以扩展同一物理网段的地址空间。

（2）客户端必须随时间迁移到新作用域，例如重新为当前 IP 网络编号，从现有的活动作用域中使用的地址范围到包含另一 IP 网络地址范围的新作用域。

（3）您可能希望在同一物理网段上使用两个 DHCP 服务器以管理分离的逻辑 IP 网络。

以下实例显示了一个最初由一个物理网段和一个 DHCP 服务器组成的简单 DHCP 网络如何扩展为使用超级作用域支持多网配置的网络。

（1）非路由的 DHCP 服务器（超级作用域之前）。

在此初始实例中，具有一个 DHCP 服务器的小型局域网（LAN）支持单个物理子网，即子网 A，如图 8.28 所示，在此配置中，DHCP 服务器被限制为仅向此同一物理子网上的客户端租用地址。此时，还没有添加超级作用域，并且单个作用域（作用域 1）被用来为子网 A 的所有 DHCP 客户端提供服务。

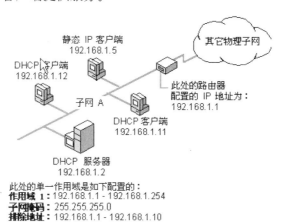

图 8.28 单子网 DHCP

（2）支持本地多网配置的非路由 DHCP 服务器的超级作用域。

要包含为子网 A（DHCP 服务器所在的同一网段）上的客户端计算机实现的多网配置，您可以配置包含以下成员的超级作用域：初始作用域（作用域 1）以及用于要添加支持的逻辑多网结构的其他作用域（作用域 2、作用域 3）。

如图 8.29 所示，显示了支持与 DHCP 服务器处在同一物理网络（子网 A）上的多网结构的作用域和超级作用域配置。

图 8.29 多网 DHCP

(3) 拥有支持远程多网结构的中继代理的路由 DHCP 服务器的超级作用域。

要包含为子网 B (位于子网 A 上从 DHCP 服务器跨越路由器的远程网段) 上的客户端计算机实现的多网结构,您可以配置包含以下成员的超级作用域:用于要添加远程支持的逻辑多网结构的其他作用域 (作用域 2、作用域 3)。

请注意因为多网结构是用于远程网络 (子网 B) 的,所以最初的作用域 (作用域 1) 不需要作为被添加的超级作用域的一部分。

图 8.30 显示了支持远离 DHCP 服务器的远程物理网络 (子网 B) 上的多网结构的作用域和超级作用域配置。如图 8.30 所示,DHCP 中继代理是 DHCP 服务器用来支持远程子网上客户端。

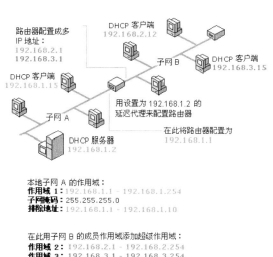

图 8.30 远程多网中继代理 DHCP

8.4.2 创建超级作用域

创建超级作用域步骤的步骤如下。

单击 DHCP 控制台树中相应的 DHCP 服务器。在"操作"菜单上，单击"新建超级作用域"。该菜单选项只有在至少已在服务器创建了一个作用域（它目前不是超级作用域的一部分）时显示。按照"新建超级作用域向导"中的指示操作即可。

在超级作用域的创建过程中或创建以后，都可将作用域添加至其中。超级作用域中所包含的作用域有时称作"子作用域"或"成员作用域"。

8.4.3 激活超级作用域

激活超级作用域步骤如下。

在 DHCP 控制台树中，单击相应的超级作用域。单击"操作"菜单上的"激活"。

只有新的超级作用域才需要激活。激活超级作用域时，将同时激活该超级作用域中的所有成员作用域，从而允许 DHCP 服务器将该超级作用域中的 IP 地址租用给网络上的客户端。必须激活超级作用域以使其所有成员作用域的 IP 地址可供 DHCP 客户端使用。

在为超级作用域的所有成员作用域指定所需的选项之前，请不要激活超级作用域。

当所选的作用域当前处于激活状态时，"操作"菜单命令会变为"停用"。除非您计划永久性地使其成员作用域从网络中退出，否则请不要停用超级作用域。

8.5 DHCP 中继代理

8.5.1 什么是 DHCP 中继代理

DHCP 客户机使用广播从 DHCP 服务器处获得租约。除非经过特殊设置，否则路由器一般不允许广播数据包的通过。此时，DHCP 服务器只能为本子网中的客户机分配 IP 地址。因此，在多网的环境中，应该对网络进行配置使得客户机发出的 DHCP 广播能够传递给 DHCP 服务器。这里有两种解决方案：配置路由器转发 DHCP 广播或者配置 DHCP 中继代理。Windows Server 2003 就支持配置 DHCP 中继代理。

1．什么是 DHCP 中继代理

DHCP 中继代理是指用于侦听来自 DHCP 客户机的 DHCP/BOOTP 广播，然后将这些信息转发给其他子网上的 DHCP 服务器的路由器或计算机。它们遵循 RFC 技术文档的规定。RFC 1542 兼容路由器是指支持 DHCP 广播数据包转发的路由器。

2．在可路由的网络中实现 DHCP 的策略

（1）每个子网至少包含一台 DHCP 服务器

此方案要求每个子网至少有一台 DHCP 服务器来直接响应 DHCP 客户机的请求，但这种方案潜在的需要更多的管理负担和更多的设备。

（2）配置 RFC1542 兼容路由器在子网间转发 DHCP 信息。

RFC1542 兼容路由器能够有选择性地将 DHCP 广播转发到其他子网中。尽管这种方案比上一种方案更可取，但可能会导致路由器的配置复杂，而且会在其他子网中引起不必要的广播流量。

（3）在每个子网上配置 DHCP 中继代理

此方案限制了产生多余的广播信息，而且通过为多个子网添加 DHCP 中继代理，只需要一个 DHCP 服务器便可以为多个子网提供 IP 地址，这要比上一种方案更可取。另外，也可以配置 DHCP 中继代理延时若干秒后再转发信息，有效建立首选和辅选的应答 DHCP 服务器。

8.5.2 DHCP 中继代理的工作原理

在 DHCP 客户机与 DHCP 服务器被路由器隔开的情况下，DHCP 中继代理支持它们之间的租约生成过程。这使得 DHCP 客户机能够从 DHCP 服务器那里获得 IP 地址。下面简要描述 DHCP 中继代理的工作过程，如图 8.31 所示。

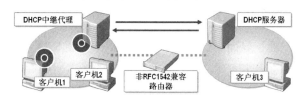

图 8.31　DHCP 中继代理工作过程

（1）DHCP 客户机广播一个 DHCPDISCOVER 数据包；
（2）位于客户机子网中的 DHCP 中继代理使用单播的方式把 DHCPDISCOVER 数据包转发给 DHCP 服务器；
（3）DHCP 服务器使用单播的方式向 DHCP 中继代理发送一个 DHCPOFFER 消息；
（4）DHCP 中继代理向客户机的子网广播 DHCPOFFER 消息；
（5）DHCP 客户机广播一个 DHCPREQUEST 数据包；
（6）客户机子网中 DHCP 中继代理使用单播的方式向 DHCP 服务器转发 DHCPREQUEST 数据包；
（7）DHCP 服务器使用单播的方式向 DHCP 中继代理发送 DHCPACK 消息；
（8）DHCP 中继代理向 DHCP 客户机的子网广播 DHCPACK 消息。

8.5.3 配置 DHCP 中继代理

为了在多个子网之间转发 DHCP 消息，需要配置 DHCP 中继代理。在配置 DHCP 中继代理时，可以设置跃点计数和启动阈值。

1．添加 DHCP 中继代理

（1）单击"开始"菜单→"管理工具"→"路由和远程访问"工具。
（2）在路由和远程访问控制台中，右击服务器，点击"配置并启用路由和远程访问"，如图 8.32 所示。

（3）弹出"路由和远程访问服务器安装向导"画面，点击【下一步】按钮。

（4）在"配置"界面中选择"自定义配置"，如图 8.33 所示。

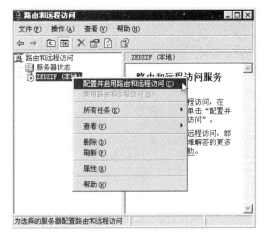

图 8.32 选择"配置并启用路由和远程访问"命令　　　图 8.33 选择"自定义配置"

（5）在"自定义配置"界面中选择"LAN 路由"，如图 8.34 所示。

（6）点击下一步，完成此向导。然后系统会提示"路由和远程访问服务现在已被安装，要开始服务吗？"，选择"是"。

（7）在"路由和远程访问"控制台中，展开服务器→展开 IP 路由→右击"常规"→点击"新路由协议"命令，如图 8.35 所示。

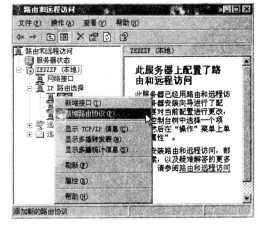

图 8.34 选择"LAN 路由"　　　图 8.35 选择"新增路由协议"命令

（8）在"新路由协议"对话框中，点击 DHCP 中继代理，如图 8.36 所示。然后点击确定即可。

2．配置 DHCP 中继代理

打开"路由和远程访问"控制台→右击"DHCP 中继代理程序"→属性→在"常规"选项卡中输入希望转发的 DHCP 服务器的 IP 地址，点击添加即可，如图 8.37 所示。

图 8.36 选择"DHCP 中继代理程序"一项

图 8.37 DHCP 中继代理属性设置

8.6 DHCP 服务器的授权

当网络上的 DHCP 服务器配置正确且已授权使用时,将提供有用且计划好的管理服务。但是,当错误配置或未授权的 DHCP 服务器被引入网络时,可能会引发问题。例如,如果启动了未授权的 DHCP 服务器,它可能开始为客户端租用不正确的 IP 地址或者否认尝试续订当前地址租约的 DHCP 客户端。

这两种配置中的任何一个都可能导致启用 DHCP 的客户端产生更多的问题。例如,从未授权的服务器获取配置租约的客户端将找不到有效的域控制器,从而导致客户端无法成功登录到网络。

因为 DHCP 服务是通过网络由服务器和客户机自动协商完成的,所以为了防止网络上非授权的 DHCP 服务器工作,在 Windows 网络中提供了授权机制,只有在域环境下才能完成授权。在工作组环境下不能授权 DHCP 服务器,所以工作中的 DHCP 服务器能够不受限制的运行。

要解决这些问题,在运行 Windows Server 2003 的 DHCP 服务器服务于客户端之前,需要验证是否已在活动目录(Active Directory)中对它们进行了授权。这样就避免了由于运行带有不正确配置的 DHCP 服务器或者在错误的网络上运行配置正确的服务器而导致的大多数意外破坏。

授权 DHCP 服务器 Windows Server 2003 家族为使用活动目录的网络提供了集成的安全性支持。它能够添加和使用作为基本目录架构组成部分的对象类别,以提供下列增强功能。

- 用于您授权在网络上作为 DHCP 服务器运行的计算机的可用 IP 地址列表。
- 检测未授权的 DHCP 服务器以及防止这些服务器在网络上启动或运行。

DHCP 服务器计算机的授权过程取决于该服务器在网络中的安装角色。在 Windows Server 2003 家族中,每台服务器计算机都可以安装成三种角色(服务器类型)。

- 域控制器。该计算机为域成员用户和计算机保留和维护活动目录数据库并提供安全的账户管理。
- 成员服务器。该计算机不作为域控制器运行,但是它加入了域,在该域中,它具有活动目录数据库中的成员身份账户。
- 独立服务器。该计算机不作为域控制器或域中的成员服务器运行。相反，服务器计算机通过可由其他计算机共享的特定工作组名称在网络上公开自己的身份，但该工作组仅用于浏览目的，而不提供对共享域资源的安全登录访问。

如果部署了活动目录，那么所有作为 DHCP 服务器运行的计算机必须是域控制器或域成员服务器才能获得授权并为客户端提供 DHCP 服务。

您可以将独立服务器用作 DHCP 服务器，前提是它不在有任何已授权的 DHCP 服务器的子网中（不推荐该方法）。如果独立服务器检测到同一子网中有已授权的服务器，它将自动停止向 DHCP 客户端租用 IP 地址。

运行 Windows Server 2003 的 DHCP 服务器通过使用如下对 DHCP 标准的增强，提供对授权和未授权服务器的检测功能：
- 在使用 DHCP 信息消息（DHCPINFORM）的 DHCP 服务器之间使用了信息交流。
- 增加了几个新的供应商特定选项类型，用于交流有关根域的信息。

运行 Windows Server 2003 的 DHCP 服务器使用以下过程来确定活动目录是否可用。如果检测到服务器，DHCP 服务器会根据它是成员服务器还是独立服务器按照以下过程来确保它已得到授权：
- 对于成员服务器（已加入到企业所包含的域的服务器），DHCP 服务器将查询活动目录中已授权的 DHCP 服务器的 IP 地址列表。该服务器一旦在授权列表中发现其 IP 地址，便进行初始化并开始为客户端提供 DHCP 服务。如果在授权列表中未发现自己的地址，则不进行初始化并停止提供 DHCP 服务。如果安装在多个林的环境中，DHCP 服务器将仅从它们所在的林内寻求授权。一旦获得授权，多个林环境中的 DHCP 服务器即可向所有可访问的客户端租用 IP 地址。因此，如果来自其他林的客户端可以通过使用启用了 DHCP/BOOTP 转发功能的路由器加以访问，那么 DHCP 服务器也会向它们租用 IP 地址。如果活动目录不可用，那么 DHCP 服务器会继续在上一次的已知状态下运行。
- 对于独立服务器（未加入任何域或不属于现有企业的任何部分的服务器）。DHCP 服务启动时，独立服务器会使用本地有限广播地址（255.255.255.255）向可访问的网络发送 DHCP 信息消息（DHCPINFORM）请求，以便定位已安装并配置了其他 DHCP 服务器的根域。该消息中包括几个供应商特定的选项类型，这些类型是其他运行 Windows Server 2003 的 DHCP 服务器已知并支持的。当其他 DHCP 服务器接收到这些选项类型时，对根域信息的查询和检索将被启用。当被查询时，其他的 DHCP 服务器会借助 DHCP 确认消息（DHCPACK）来确认并返回含有 Active Diretory 根域信息的应答。如果独立服务器未收到任何回复，它将初始化并开始向客户端提供 DHCP 服务。如果独立服务器收到已在活动目录中得到授权的 DHCP 服务器的回复，那么独立服务器将不会进行初始化，也不会向客户端提供 DHCP 服务。

已授权的服务器会每隔 60 分钟（默认值）重复一次检测过程。未授权的服务器会每隔

10 分钟（默认值）重复一次检测过程。

授权 DHCP 服务器的过程仅适用于运行 Windows 2000 或 Windows Server 2003 的 DHCP 服务器。

如果运行 Windows Server 2003 的 DHCP 服务器安装在 Windows NT 4.0 域中，那么该服务器可以在没有目录服务的情况下初始化并开始服务于 DHCP 客户端。但是，如果在同一子网或在相连的网络(其路由器配置了 DHCP 或 BOOTP 转发)中有 Windows Server 2003 域，那么该 Windows NT 4.0 域中的 DHCP 服务器会检测到其未授权状态，并停止向客户端提供 IP 地址租用。如果在活动目录中授权了该 DHCP 服务器，那么它将可以向 Windows NT 4.0 域中的客户端提供 DHCP 服务。

为使目录授权过程正常起作用，必须将网络中第一个引入的 DHCP 服务器加入活动目录。这需要将服务器作为域控制器或成员服务器安装。当用 Windows Server 2003 DHCP 计划或部署活动目录时，请不要将第一个 DHCP 服务器作为独立服务器安装，这非常重要。

通常情况下，只存在一个企业根因而也只有一个可进行 DHCP 服务器目录授权的位置。但是，并不限制为多个企业根授权 DHCP 服务器。

DHCP 服务器的完全合格的域名（FQDN）不能超过 64 个字符。如果 DHCP 服务器的 FQDN 长度超过了 64 个字符，那么将无法对该服务器进行授权，同时将显示错误消息："违反了约束条件"。如果 DHCP 服务器的 FQDN 长度超过了 64 个字符，请使用该服务器的 IP 地址（而不是其 FQDN）来进行授权。

8.7 DHCP 客户机

8.7.1 DHCP 客户机的设置

让一台计算机称为 DHCP 的客户机操作步骤比较简单，只需要在网络连接的"Internet 协议（TCP/IP）属性"对话框里选定"自动获取 IP 地址"和"自动获取 DNS 服务器地址"单选框即可，如图 8.38 所示。当然也可以只在 DHCP 服务器上获取部分参数。

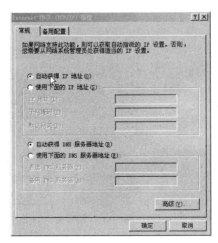

图 8.38　DHCP 客户机设置

8.7.2 DHCP 客户机的租约验证、释放或续订客户端

在运行 Windows XP 或 Windows Server 2003 家族的某个产品且启用了 DHCP 的客户端计算机上，租约会按照既定策略进行更新，如果需要观察或手动的管理可以打开"命令提示符"窗口。使用 Ipconfig 命令行实用工具通过 DHCP 服务器验证、释放或续订客户端的租约。

要打开命令提示符，请单击"开始"，依次指向"程序"和"附件"，然后单击"命令提示符"。

要查看或验证 DHCP 客户端的租约，请键入 ipconfig 以查看租约状态信息。或者，键入 ipconfig /all，如图 8.39 所示。

图 8.39 租约查看

要释放 DHCP 客户端租约，请键入 ipconfig /release。如图 8.40 所示。

图 8.40 租约释放

要续订 DHCP 客户端租约，请键入 ipconfig/renew，如图 8.41 所示。续订成功后相应的参数会发生变化，特别注意利用 ipconfig/all 观察租期的变化。

图 8.41　租约的续订

8.7.3　DHCP 服务器地址分配的管理和观察

查看 DHCP 租约的情况可在 DHCP 管理控制台里点击"地址租约"，右侧的详细窗格会显示当时的全部租约信息。

要在 DHCP 服务器端删除客户端租约：单击"开始"，指向"设置"，单击"控制面板"，双击"管理工具"，再双击"DHCP"或在管理工具菜单中点击"DHCP"，单击 DHCP 控制台树中的相应的作用域里的"地址租约"；在详细信息窗格中，单击要删除的客户端的 IP 地址。在"操作"菜单上，单击"删除"。保留 IP 地址，或从该范围中排除。

在客户机上强制具有现有租约的客户端放弃它。在客户端上的命令提示行，键入 ipconfig /release。如果需要，为客户端提供一个新的 IP 地址。在客户端上的命令提示行，键入 ipconfig /renew。

如果需要，可取消作用域中所有客户端的租约。要取消当前的所有租约，请在"地址租约"中选择所有客户端，用右键单击之，然后单击"删除"。

删除客户端租约不会阻止服务器在将来客户端租约中再次提供该 IP 地址。

8.7.4　DHCP 客户端备用配置

DHCP 客户端备用配置借助 DHCP 客户端备用配置，可以轻松在两个或多个网络之间转移计算机，一个使用静态 IP 地址配置，另一个或多个使用 DHCP 配置。备用配置在不需要重新配置网卡参数（如 IP 地址、子网掩码、默认网关、首选和备用的域名服务（DNS）服务器以及 Windows Internet 名称服务（WINS）服务器的情况下简化了计算机（比如便携式计算机）在网络之间的迁移。

在配置局域网连接的 TCP/IP 属性时，您有以下选择：单击"使用下面的 IP 地址"后，您可以提供静态 IP 地址设置值，比如 IP 地址、子网掩码、默认网关、首选和备用的 DNS 服务器，以及 WINS 服务器。但是，如果单击了"自动获得 IP 地址"将网卡的配置更改为

DHCP 客户端配置，所有的静态 IP 地址设置都将丢失。此外，如果移动了计算机并针对其他网络作了配置，当返回到原来的网络时，您将需要使用原来的静态 IP 地址设置重新配置该计算机。

（1）没有备用配置的动态 IP 地址配置

如果单击了"自动获得 IP 地址"，计算机将充当 DHCP 客户端并从网络上的 DHCP 服务器获得 IP 地址、子网掩码和其他配置参数。如果 DHCP 服务器不可用，将使用 IP 自动配置来配置网卡。

（2）带有备用配置的动态 IP 地址配置

如果在单击"自动获得 IP 地址"时单击了"备用配置"选项卡并键入了备用配置，您可以在一个静态配置的网络（如家庭网络）和一个或多个动态配置的网络（如公司网络）之间移动计算机而不用更改任何设置。如果 DHCP 服务器不可用（如，在计算机连接在家庭网络时），则会自动使用备用配置对网卡进行配置，因此计算机能在网络上正常工作。将计算机移回动态配置的网络后，如果 DHCP 服务器是可用的，则会自动使用该 DHCP 服务器分配的动态配置对网卡进行配置。

备用配置仅在 DHCP 客户端无法找到 DHCP 服务器时才被使用。

DHCP 客户机的尝试过程如下。

（1）如果在没有备用配置的情况下使用 DHCP，并且 DHCP 客户端无法找到 DHCP 服务器，则会使用 IP 自动配置来配置网卡。DHCP 客户端会不断地试图查找网络中的 DHCP 服务器，每隔五分钟查找一次。如果找到 DHCP 服务器，就为网络适配器指派一个有效的 DHCP 的 IP 地址租约。

（2）如果在有备用配置的情况下使用 DHCP，则当 DHCP 客户端无法找到 DHCP 服务器时，会使用该备用配置来配置网卡。通常不进行任何其他的查找尝试。但在以下情形中会进行 DHCP 服务器查找尝试：

- 禁用了网卡，然后又重新启用。
- 媒体（如网线）断开后又重新连接。
- 适配器的 TCP/IP 设置被更改，并且在这些更改之后仍启用着 DHCP。

如果找到 DHCP 服务器，就为网络适配器指派一个有效的 DHCP IP 地址租约。

需要注意的是：静态备用配置可能与网络中其他计算机的配置冲突。例如，使用备用配置的客户端可能与网络中的其他计算机有着相同的 IP 地址。如果是这样，地址解析协议（ARP）会检测到该冲突，使用此备用配置进行配置的计算机的网卡将被自动设为 0.0.0.0。不会进行任何其他尝试来查找 DHCP 服务器、获得租约或使用静态备用配置。

在从备用配置切换到使用 IP 自动配置的配置时，将使用 IP 自动配置设置（169.254.x.x）来配置网卡，同时将开始 DHCP 服务器查找尝试。如果查找成功，该适配器会被指派一个有效的 DHCP 租约。

使用 DHCP 客户端备用配置的步骤。

（1）打开"网络连接"。右键单击要配置的网络连接，然后单击"属性"。将出现"局域连接属性"对话框。

（2）在"常规"选项卡上，单击"Internet 协议（TCP/IP）"，然后单击"属性"。将出现"Internet 协议（TCP/IP） 属性"对话框。
（3）在"常规"选项卡上，单击"自动获得 IP 地址"。
（4）单击"备用配置"选项卡，然后单击"用户配置"。
（5）在"IP 地址"和"子网掩码"中，键入 IP 地址和子网掩码。
（6）可以执行以下可选任务中的任何一个：
- 在"默认网关"中，键入默认网关的地址。
- 在"首选 DNS 服务器"中，键入主"域名服务（DNS）"服务器地址。
- 在"备用 DNS 服务器"中，键入辅 DNS 服务器地址。
- 在"首选 WINS 服务器"中，键入主"Windows Internet 名称服务（WINS）"服务器地址。
- 在"备用 WINS 服务器"中，键入辅 WINS 服务器地址。

8.7.5 DHCP 客户端可能出现的问题及解决办法

（1）DHCP 客户端显示正丢失某些详细网络配置信息或不能执行相关的任务，如解析名称。

原因：客户端可能丢失其租用的配置中的 DHCP 选项，原因是 DHCP 服务器没有进行配置以分配这些客户端，或者客户端不支持由服务器分配的选项。

解决方案：对于 Microsoft DHCP 客户端，检查它是否在选项指派的服务器、作用域、客户端或类别层次上已配置最通用和受支持的选项。

（2）DHCP 客户端看来有不正确或不完整的选项，如对其所在的子网而配置的不正确或丢失的路由器（默认网关）。

原因：客户端已指派完整和正确的 DHCP 选项集，但是其网络配置看上去不能正常工作。如果使用不正确的 DHCP 路由器选项（选项代码 3）配置了 DHCP 服务器的客户端默认网关地址，运行 Windows NT、Windows 2000 或 Windows XP 的客户端都能使用正确的地址。但是，运行 Windows 95 的 DHCP 客户端会使用不正确的地址。

解决方案：针对相应 DHCP 用域和服务器上的路由器（默认网关）选项更改 IP 地址列表。如果您在受影响的 DHCP 服务器上将该路由器选项配置为"服务器选项"，请在此处删除它并在为服务于此客户端的相应 DHCP 作用域的"作用域选项"节点中设置正确的值。

在极少数情况下，您必须配置 DHCP 客户端以使用与其他作用域客户端不同的路由器的专用列表。在这种情况下，您可以添加保留并配置专用于保留的客户端的路由器选项列表。

（3）许多 DHCP 客户端不能从 DHCP 服务器取得 IP 地址。

原因：更改了 DHCP 服务器的 IP 地址且当前 DHCP 客户端不能获得 IP 地址。

解决方案：DHCP 服务器只能对和它的 IP 地址具有相同网络 ID 的作用域请求服务。确保 DHCP 服务器的 IP 地址处于和它所服务的作用域相同的网络范围中。例如，除非使用超级作用域，否则 192.168.0.0 网络中具有 IP 地址的服务器不能从作用域 10.0.0.0 中指派地址。

复习题

8-1 DHCP 工作过程包括哪几个步骤。
8-2 简要描述 DHCP 服务器的配置过程？
8-3 作用域和超级作用域的作用分别是什么？
8-4 简要描述如何配置 DHCP 中继代理。
8-5 根据以下场景描述进行动态地址分配规划、配置 DHCP 服务器并进行简单的测试：某公司需要为子网 192.168.3.0/24 的主机动态分配 IP 地址，IP 地址 192.168.0.1 已经静态分配给 WEB 服务器、IP 地址 192.168.0.2 分配给 DHCP 服务器，并且准备在 DHCP 服务器上把 IP 地址 192.168.0.8 保留给计算机 Wang（MAC 地址在实验时获取）。

第 9 章 DNS 服务器配置与管理

本章学习目标：
- 掌握安装 DNS 服务器的步骤
- 掌握配置 DNS 区域的方法
- 掌握配置动态更新的方法
- 掌握委派 DNS 区域的配置
- 掌握配置 DNS 客户机的方法
- 掌握测试 DNS 服务器的方法

9.1 DNS 概述

在一个基于 TCP/IP 协议的计算机网络（例如 Internet）环境中，每台主机都需要一个唯一的 IP 地址标识自己，如果我们要连接到目标主机，所需要的只是目标主机的 IP 地址，而不是它的名字。因此，在访问目标主机时，必须提供它的 IP 地址，否则将无法进行网络访问。对大多数人来说，记忆 IP 地址是很困难的，尤其在需要访问的计算机数量较多时变得更为困难。为此，TCP/IP 网络提供了域名系统（Domain Name System，简称 DNS）。

通过 DNS 服务，可以为网络中的每一台主机指定一个面向用户的、便于记忆的名字，这种名字叫做域名。在 Internet 上域名与 IP 地址之间是一一对应的，这样，用户在访问网络资源时，便可以直接使用目标计算机的域名。域名虽然便于人们记忆，但机器之间只能互相识别 IP 地址，域名和 IP 地址之间的转换过程称为域名解析，域名解析需要由专门的域名解析服务器来完成，DNS 就是进行域名解析的服务器。

域名的格式和 IP 地址类似，使用点分字符串的形式表示特定的域名。解析时按照字符串表示的层次进行。

9.1.1 DNS 名字空间

DNS 名字空间是有层次的树状结构的名称的组合，DNS 可以使用它来标识和寻找树状结构中相对于根域的某个给定域中的一个主机。在 DNS 名字空间中包含了根域、顶级域、二级域和以下的各级子域，如图 9.1 所示。

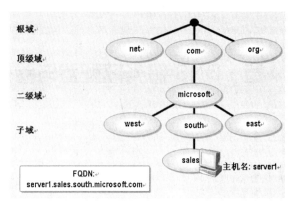

图 9.1 DNS 名字空间

1．根域

根域是 DNS 树的根节点，没有名称。在 DNS 名称中，根域用"."来表示。书写域名时可省略。

2．顶级域

根域又被分成了若干个顶级域，顶级域名字有：.com、.net、.org、.edu、.cn 等。顶级域是指一个域名的尾部部分的名称。通常顶级域的名字用两个或三个字符表示，用以标识域名所属的组织特点或地理位置特点。(例如：www.microsoft.com，它的顶级域名为".com")。表 9.1 中列出了常见的顶级域。

表 9.1 常见顶级域

域 名	用 途	举 例
.com	商业机构，如商店	Microsoft.com
.edu	教育机构，如大学和学院	berkeley.edu
.gov	政府机构，如 IRS，SSA，NASA 等	nasa.gov
.int	国际组织，如 NATO 等	nato.int
.mil	军事组织，如陆军、海军等	army.mil
.net	网络组织，如 ISP	mci.net
.org	非盈利性组织，如 IEEE 标准化组织	ieee.org
.biz	商业	
.info	网络信息服务组织	
.pro	用于会计、律师和医生	
.name	用于个人	
.museum	用于博物馆	
.coop	用于商业合作团体	
.cn	中国	
.jp	日本	
.au	澳大利亚	

3．二级域

顶级域又被分成了若干个二级域。二级域名的长度各异，它通常由 InterNIC（国际域名提供商）为连到 Internet 上的个人或公司进行注册。（例如：microsoft.com，它的二级域名为"microsoft"，这是由 InterNIC 为微软公司注册的。）

4．子域

除了由 InterNIC 注册二级域以外，大公司可以通过建立自己需要的子域名，子域名字空间的管理由公司自己管理，不用去域名管理机构注册登记。例如：south.microsoft.com、west.microsoft.com。

9.1.2　全称域名

"全称域名"（FQDN）是指能够在域名空间树状结构中明确表示其所在位置的 DNS 域名。简单说，主机名和域名组合在一起即为该主机的 FQDN。例如在图 9.1 所示的 DNS 名字空间中，server1 的全称域名为"server1.sales.south.microsoft.com"，明确表明该主机处在名称空间中相对于根的位置。

一般全称域名的第一个字符串是主机名，后面剩余的部分是域名。表示一台主机在 DNS 名字空间所处的具体位置。

强烈建议仅在名称中使用这样的字符，即允许在 DNS 主机命名时使用的 Internet 标准字符集的一部分。允许使用的字符在征求意见文档（RFC）1123 中定义如下：所有大写字母（A～Z）、小写字母（a～z）、数字（0～9）和连字符（-）。

9.1.3　DNS 查询过程

DNS 服务的目的是允许用户使用全称域名的方式访问资源。DNS 客户机通过向 DNS 服务器提交 DNS 查询来解析名称所对应的 IP 地址。DNS 查询解决的是客户机如何获得某个资源的 IP 地址从而实现对该资源访问的问题。DNS 具有两种查询方式：递归查询与迭代查询。

1．递归查询

一个递归查询需要一个确定的响应，可以肯定或否定。当一个递归查询被送到客户机指定的 DNS 服务器中，该服务器必须返回确定或否定的查询结果。一个确定的响应返回 IP 地址；一个否定的响应返回"host not found"或类似的错误。

2．迭代查询

迭代查询允许 DNS 服务器响应请求并在 DNS 查询方面做出最大的尝试。如果该 DNS 服务器不能解析，它会给客户机返回另一个可能做出解析的 DNS 服务器的 IP 地址。

DNS 客户机向 DNS 服务器询问一个域名的 IP 地址，然后从 DNS 服务器那里收到了应答信息。其查询过程如图 9.2 所示。

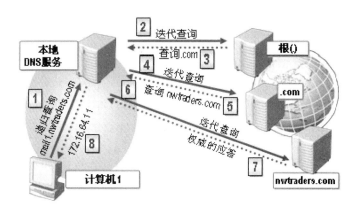

图 9.2 DNS 查询过程

（1）DNS 客户机-计算机 1 想查询 "mail1.nwtraders.com" 域名所对应的 IP 地址，首先把查询请求发送到本地 DNS 服务器。

（2）本地 DNS 服务器发现自身不能解析，于是把这种请求转发给了根 DNS 服务器。本地 DNS 服务器并不是把请求转发给.com 的 DNS 服务器，而是根 DNS 服务器，对于任何一台 Internet 上的 DNS 服务器，只要它发现自己不能解析客户端的请求，一定会把解析请求转发给根，而不是转发给它的上一级 DNS 服务器。

（3）根 DNS 收到本地 DNS 服务器转发来的解析请求，也不能解析，因为它只有根域，但它通过要查询的名字 "mail1.nwtraders.com" 即知应让本地 DNS 服务器到.com 的 DNS 服务器查询。于是，根 DNS 服务器向本地 DNS 服务器发送一个指针，该指针指向.com 服务器。

（4）本地 DNS 服务器收到指针即向.com 的 DNS 服务器发送 "mail1.nwtraders.com" 的解析请求。

（5）.com 的 DNS 服务器收到本地 DNS 服务器转发来的解析请求，也不能解析，但它知道应该到哪台 DNS 服务器上查找。于是，.com 的 DNS 服务器向本地 DNS 服务器发送一个指针，该指针指向 nwtraders.com 服务器。

（6）本地 DNS 服务器收到指针即向 nwtraders.com DNS 服务器发送 "mail1.nwtraders.com" 的解析请求。

（7）nwtraders.com 的 DNS 服务器收到查询请求后，查询记录发现有 mail1 这样一台主机，IP 为 172.16.64.11，则 nwtraders.com DNS 服务器将此 IP 地址返回本地 DNS 服务器。

（8）本地 DNS 服务器把 nwtraders.com 的 DNS 服务器发送来的 IP 地址发送给 DNS 的客户机-计算机 1。

经过上面 8 个步骤后，计算机 1 就可以直接利用查询到的 IP 地址和名称为 "mail1.nwtraders.com" 的计算机通信了。本地 DNS 服务器和客户机之间是递归的查询过程，即本地 DNS 服务器将返回给客户机一个确切的答案。显然这个确切的答案不仅仅是指解析回一个 IP 地址。若本地 DNS 服务器通过这一查询过程后没有找到相应的 IP 地址，则返回给客户机一个没有找到对应 IP 地址的信息，这也是一个确切的答案。本地 DNS 总是返回一个完整的答案，这种查询类型为递归查询。与此对应，无论是根 DNS 服务器还是.com 等 DNS

第 9 章　DNS 服务器配置与管理

服务器，他们返回给本地 DNS 服务器的总是一个指针，这个指针指向这个域树的下一级 DNS 服务器，而并不是完整答案，这种查询类型为迭代查询。

一般计算机主机或配置了转发器的 DNS 服务器发起的 DNS 查询是递归查询，配置了根提示的 DNS 服务器发起的查询为迭代查询。DNS 服务器的查询方式可以通过设置改变。

9.1.4　查询方向

（1）正向查询

在大部分的 DNS 查询中，客户端一般执行正向查询，正向查询是基于存储在地址资源记录中的另一台计算机的 DNS 名称的搜索。这类查询希望将 IP 地址作为应答的资源数据。正向查询的问答形式为"您能告诉我使用 DNS 名称 www.hbsi.edu.cn 的主机的 IP 地址是什么吗？"

在 DNS 服务器中正向查询区域负责长相查询需要的资源的管理。

（2）反向查询

DNS 也提供反向查询过程，允许客户端在名称查询期间使用已知的 IP 地址，并根据它的地址查询计算机名。反向查询的问答形式为"您能告诉我使用 IP 地址 192.168.1.20 的计算机的 DNS 名称吗？"

DNS 最初在设计上并不支持这类查询。支持反向查询过程可能存在一个问题，即 DNS 名称空间如何组织和索引名称，IP 地址如何分配，这些方面都有差别。如果回答以前问题的唯一方式是在 DNS 名称空间中的所有域中搜索，那么反向查询必须花很长时间，需要进行很多处理，才能真正有用。

为了解决该问题，在 DNS 标准中定义了特殊区域 in-addr.arpa 区域，并保留在 Internet DNS 名称空间中，以便提供切实可靠的方式执行反向查询。为了创建反向名称空间，in-addr.arpa 区域中的子域是按照带句点的十进制编号的 IP 地址的相反顺序构造的。

因为与 DNS 名称不同，当从左向右读取 IP 地址时，它们是以相反的方式解释的，所以需要将域中的每个八位字节数值反序排列。从左向右读 IP 地址时，读取顺序是从地址的第一部分最一般的信息（IP 网络地址）到最后八位字节中包含的更具体的信息（IP 主机地址）。

因此，创建 in-addr.arpa 域树的时候，IP 地址八位字节的顺序必须倒置。DNS in-addr.arpa 树的 IP 地址可以委派给某些公司，因为已为他们指派了 Internet 定义的地址类内特定的或有限的 IP 地址集。

最后因为建立在 DNS 中，所以 in-addr.arpa 区域树要求定义其他资源记录（RR）类型——指针（PTR）RR。这种 RR 用于在反向查询区域中创建映射，它一般对应于其正向查询区域中某一主机的 DNS 计算机名的主机。

反向查询是一种过时的方法，最初提议作为 DNS 标准的一部分，根据其 IP 地址查询主机名称。它们使用非标准的 DNS 查询操作,而且它们的使用限于某些早期版本 Nslookup，Nslookup 是用于 DNS 服务疑难解答和测试的命令行实用程序。

9.1.5　查询响应

以前对 DNS 查询的讨论，都假定此过程在结束时会向客户端返回一个肯定的响应。然而，查询也可返回其他应答。最常见的应答有：
- 权威性应答
- 肯定应答
- 参考性应答
- 否定应答

权威性应答是返回至客户端的肯定应答，并随 DNS 消息中设置的"授权机构"位一同发送，消息指出此应答是从带直接授权机构的服务器获取的。

肯定应答可由查询的资源记录（RR）或资源记录列表（也称作 RRset）组成，它与查询的 DNS 域名和查询消息中指定的记录类型相符。

参考性应答包括查询中名称或类型未指定的其他资源记录。如果不支持递归过程，则这类应答返回至客户端。这些记录的作用是为提供一些有用的参考性答案，客户端可使用参考性应答继续进行递归查询。

参考性应答包含其他的数据，例如不属于查询类型的资源记录（RR）。例如，如果查询主机名称为"www"，并且在这个区域未找到该名称的 A 资源记录，相反找到了"www"的 CNAME 资源记录，DNS 服务器在响应客户端时可包含该信息。

如果客户端能够使用迭代过程，则它可使用这些参考性信息为自己进行其他查询，以求完全解析此名称。

来自服务器的否定应答可以表明：当服务器试图处理并且权威性地彻底解析查询的时候，遇到两种可能的结果之一：
- 权威性服务器报告：在 DNS 名称空间中没有查询的名称。
- 权威性服务器报告：查询的名称存在，但该名称不存在指定类型的记录。

以肯定或否定响应的形式，解析程序将查询结果传回请求程序并把响应消息缓存起来。

9.1.6 缓存的工作原理

DNS 服务器采用递归或迭代来处理客户端查询时，它们将发现并获得大量有关 DNS 名称空间的重要信息。然后这些信息由服务器缓存。

缓存为 DNS 解析流行名称的后续查询提供了加速性能的方法，同时大大减少了网络上与 DNS 相关的查询通信量。

当 DNS 服务器代表客户端进行递归查询时，它们将暂时缓存资源记录（RR）。缓存的 RR 包含从 DNS 服务器获得的信息，对于在进行迭代查询以便搜索和充分应答代表客户端所执行的递归查询过程中所获知的 DNS 域名而言，此信息具有绝对的权威性。稍后，当其他客户端发出新的查询，请求与缓存的 RR 匹配的 RR 信息时，DNS 服务器可以使用缓存的 RR 信息来应答它们。

当信息缓存时，存在时间（TTL）值适用于所有缓存的 RR。只要缓存 RR 的 TTL 没有到期，DNS 服务器就可继续缓存并再次使用 RR，来应答与这些 RR 相匹配的客户端提出的查询。在大部分区域配置中由 RR 所使用的缓存 TTL 值，指定为"最小的（默认）TTL"，它被设置为用于区域的起始授权机构（SOA）资源记录。在默认情况下，最小的 TTL 为 3600 秒（1 小时），但是可以进行调整，也就是说如果需要可以在每个 RR 上分别设置各自的缓存 TTL。

可将 DNS 服务器安装为仅用于缓存服务器。

在默认情况下，DNS 服务器使用根提示文件 Cache.dns，该文件存储在服务器计算机的 systemroot\System32\Dns 文件夹中。当服务启动时，该文件的内容预先加载到服务器存储区，并包含运行 DNS 服务器所在的 DNS 名称空间的根服务器的指针信息。

9.2 DNS 服务的安装

DNS 服务的实现是基于客户机/服务器的 C/S 模式实现的。也就是说，一方面在网络中需要配置 DNS 服务器，用来提供 DNS 服务，DNS 服务器包含了实现域名和 IP 地址解析所需要的数据库；另一方面，把网络中那些希望解析域名的计算机配置成为指定 DNS 服务器的客户机。这样，当 DNS 客户机需要进行解析时，它们会自动向所指向的 DNS 服务器发出查询请求，DNS 服务器响应 DNS 客户机的请求，给它们提供所需要的查询结果。下面将详细介绍 DNS 服务器端基本配置。

9.2.1 为该服务器分配一个静态 IP 地址

一般作为网络服务器的计算机不应该使用动态的 IP 地址。DNS 服务器也一样，不应该使用动态分配的 IP 地址，因为地址的动态更改会使客户端指向的 DNS 服务器与目前真实的 DNS 服务器失去联系。

设置服务器的 IP 地址时注意服务器本身使用的 DNS 服务器，运行 Windows Server 2003 的 DNS 服务器一般将其 DNS 服务器地址指定为它自身，备用 DNS 服务器指定为 ISP 的 DNS 服务器，如图 9.3 所示。

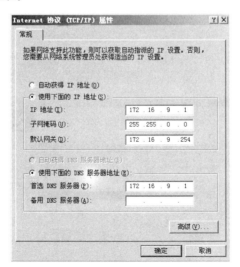

图 9.3　TCP/IP 属性

如果需要的话，选择"高级"，选择 DNS 选项卡。单击选中"附加主要的和连接特定的 DNS 后缀"、"附加主 DNS 后缀的父后缀"、"在 DNS 中注册此连接的地址复选框"，如

图 9.4 所示。

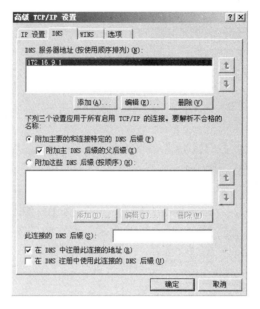

图 9.4　DNS 选项卡

9.2.2　安装 DNS 服务

安装 DNS 服务可以通过两种途径：一种是通过"添加或删除程序"来添加或删除 Windows 组件的方式；另一种是通过使用"配置您的服务器向导"的方式。

1．添加或删除 Windows 组件

（1）选择"开始"→"控制面板"→"添加或删除程序"→"添加/删除 Windows 组件"选项，打开"Windows 组件向导"对话框。在列表中，选中"网络服务"项（但不要选中或清除该复选框），如图 9.5 所示。

图 9.5　Windows 组件向导

（2）单击右下角"详细信息"按钮，弹出"网络服务"的对话框，如图 9.6 所示，选

第 9 章 DNS 服务器配置与管理

中"域名系统（DNS）"复选框。单击"确定"按钮后，单击"下一步"按钮。

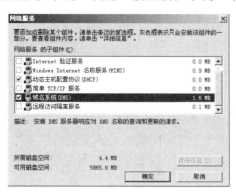

图 9.6 网络服务选项

（3）得到需要提供支持文件的提示后，将 Windows Server 2003 安装光盘插入光驱或在硬盘的分区上查找安装程序需要的文件。

2．使用"配置您的服务器向导"

请通过完成下面的任一操作来启动"配置您的服务器向导"：

（1）从"管理服务器"中，单击"添加或删除角色"。默认情况下，"管理您的服务器"会在您登录时自动启动。要打开"管理您的服务器"，请单击"开始"，指向"设置"，单击"控制面板"，双击"管理工具"，再双击"管理您的服务器"。

（2）要打开"配置您的服务器向导"，请单击"开始"，依次指向"所有程序"、"管理工具"，然后单击"配置您的服务器向导"。

在"服务器角色"页面上，单击"DNS 服务器"，然后单击"下一步"。

（3）在"选择摘要"页面上查看和确认已经选择的选项。如果您在"服务器角色"页面上选择了"DNS 服务器"，就会出现下列内容：

- 安装 DNS 服务器
- 运行配置 DNS 服务器向导来配置 DNS

如果"选择摘要"页面列出这两个项目，请单击"下一步"。如果"选择摘要"页面没列出这两个项目，请单击"上一步"返回"服务器角色"页面，单击"DNS 服务器"，然后单击"下一步"。

单击"下一步"后，"配置您的服务器向导"将会安装 DNS 服务器服务。在 DNS 服务器服务安装期间，"配置您的服务器向导"会决定该服务器的 IP 地址是静态的还是自动配置的。DNS 服务器是由 DNS 客户端使用静态 IP 地址定位的，自动配置的 IP 地址在 IP 地址更改时可能会导致 DNS 客户端出现问题。

如果该服务器当前被配置为自动获取其 IP 地址，"Windows 组件向导"的"正在配置组件"页面就会出现，提示您用静态 IP 地址配置该服务器。在"局域连接属性"对话框中，单击"Internet 协议（TCP/IP）"，然后单击"属性"。在"Internet 协议（TCP/IP）属性"对话框中，单击"使用下面的 IP 地址"，然后键入该服务器的静态 IP 地址、子网掩码和默认网关。在"首选 DNS 服务器"中，键入该服务器的 IP 地址。在"备用 DNS 服务器"中，键入 ISP 或总部主控的 DNS 服务器的 IP 地址。当完成对 DNS 服务器静态地址的设置时，单击"确定"，然后单击"关闭"。

对于小型组织来说，该服务器的静态 IP 地址将用于向授权的 Internet 注册机构注册公司的 DNS 域名。Internet 注册机构将公司的 DNS 域名连同 IP 地址一起映射，以便 Internet 上对网络计算机进行搜索的计算机知道您网络的 DNS 服务器的 IP 地址。

对于分支机构而言，该服务器的静态 IP 地址将用在组织总部的 DNS 服务器所配置的域名指派中。组织内和 Internet 上对您网络的计算机进行搜索的计算机会将 DNS 服务器的 IP 地址用于您的网络。因此，在添加了 DNS 服务器角色后千万不要更改该服务器的 IP 地址。

9.3 配置 DNS 区域

9.3.1 什么是区域

为了便于根据实际情况来分散 DNS 名称管理工作的负荷，将 DNS 名称空间划分为区域（zone）来进行管理。区域是 DNS 服务器的管辖范围，是由 DNS 名称空间中的单个区域或由具有上下隶属关系的紧密相邻的多个子域组成的一个管理单位。因此，DNS 名称服务器是通过区域来管理名称空间的，而并非以域为单位来管理名称空间，但区域的名称与其管理的 DNS 名称空间的域的名称是一一对应的。

一台 DNS 服务器可以管理一个或多个区域，而一个区域也可以由多台 DNS 服务器来管理（例如：由一个主 DNS 服务器和多个辅助 DNS 服务器来管理）。在 DNS 服务器中必须先建立区域，然后再根据需要在区域中建立子域以及在区域或子域中天家资源记录，才能完成其解析工作。

区域（zone）文件，是 DNS 数据库的一部分，包含属于 DNS 名称空间中所有资源记录。每个区域对应一个区域文件，区域文件是用来存储该区域内提供名字解析的数据，区域文件是一个数据库文件，存储在 DNS 服务器中。

9.3.2 区域的类型

DNS 服务有三种区域类型：主要区域、辅助区域和存根区域。通过使用不同类型的区域，能够更好地满足用户的需要。(例如，推荐配置一个主要区域和一个辅助区域，这样在一台服务器失效时可以提供容错保护。如果区域是在一台单独的 DNS 服务器上维护的话，可以建立存根区域)。

（1）主要区域（Primary zone）：是 DNS 服务器上新建区域数据的正本。主要区域对相应的 DNS 区域而言，它的数据库文件是可读、可写的版本。可读即指该 DNS 服务器可以向客户端提供名字解析。可写有两层含义：第一、管理员对记录有管理与维护的权限；第二、DNS 客户机可以把他们的记录动态注册到 DNS 服务器的主区域。

（2）辅助区域（Secondary zone）：主要区域的备份，从主要区域直接复制而来。同样包含相应 DNS 命名空间所有的记录，和主要区域不同之处是 DNS 服务器不能对辅助区域进行任何修改,即辅助区域是只读的。

(3) 存根区域(Stub zone):存根区域是 Windows Server 2003 新增加的功能。存根区域和辅助区域很类似,也是只读版本。此区域只是包含区域的某些信息后某些记录,而不是全部。

9.3.3 资源记录及资源记录的类型

"资源记录"(Resource Record,简称 RR),是 DNS 数据库中的一种标准结构单元,里面包含了用来处理 DNS 查询的信息。

Windows Server 2003 支持的资源记录有多种类型,常用的有七类。常用记录类型及记录的作用详见表 9.2。

表 9.2 常见资源记录类型

记录类型	说　　明
A	把主机名解析为 IP 地址
PTR	把 IP 地址解析为主机名
SOA	每个区域文件中的第一个记录
SRV	解析提供服务的服务器的名称
NS	标识每个区域的 DNS 服务器
MX	邮件服务器
CNAME	把一个主机名解析为另一个主机名

9.3.4 正向查找区域和反向查找区域

在决定建立主要区域、辅助区域还是存根区域之后,接下来必须确定建立哪种类型的查找区域。资源记录可以存储在正向查找区域或反向查找区域中。

"正向查找区域"用于域名到 IP 地址的映射,当 DNS 客户端请求解析某个域名时,DNS 服务器在正向查找区域中进行查找,并返回给 DNS 客户端相应的 IP 地址。在 DNS 管理控制台中,正向查找区域以 DNS 域名来命名,主要包括 A 记录。

"反向查找区域"用于 IP 地址到域名的映射,当 DNS 客户端请求解析某个 IP 地址时,DNS 服务器在反向查找区域中进行查找,并返回给 DNS 客户端相应的域名。在 DNS 管理控制台中,正向查找区域以 DNS 域名来命名,主要包括 PTR 记录。

通常我们都认为 DNS 只是将域名转换成 IP 地址(称"正向解析"或"正向查找")。事实上,将 IP 地址转换成域名的功能也是常使用到的,当登录到一台 Unix 工作站时,工作站就会去做反查,找出你是从哪个地方来的(称"反向解析"或"反响查找")。"反向查找"即通过已知的 IP 地址让 DNS 服务器查找对应的全称域名。

DNS 查询区域如图 9.7 所示。

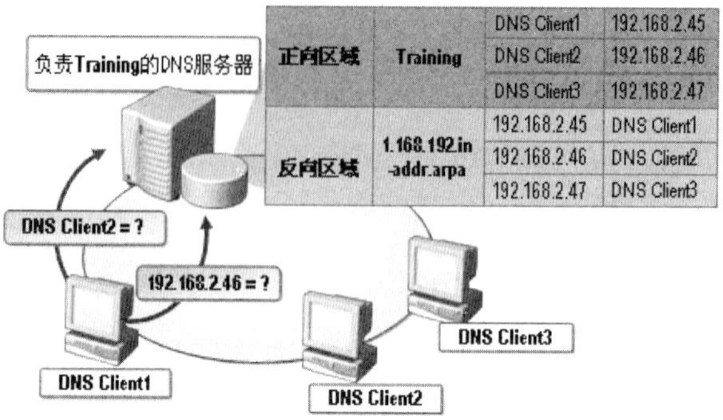

图 9.7 DNS 查询区域

Client1 发送解析"Client2.training.nwtraders.msft"的查询请求。DNS 服务器在自己的正向查找区域（training.nwtraders.mstf）中寻找与这个主机名对应的 IP 地址，然后把这个 IP 地址返回给 Client1。

Client1 发送解析 192.169.2.46 的查询请求。DNS 服务器在自己的反向查找区域（in-addr.arpa）中寻找与这个 IP 地址对应的主机名，然后把这个主机名返回给 Client1。

9.3.5 管理正向查找区域

可以针对主要区域类型分别建立正向查找区域和反向查找区域。在正向查找区域中存储的映射记录是主机名-IP 地址的映射记录。

1. 创建主要区域类型的正向查找区域的步骤

（1）选择"开始"→"管理工具"→"DNS"，打开如图 9.8 所示的 DNS 控制台；

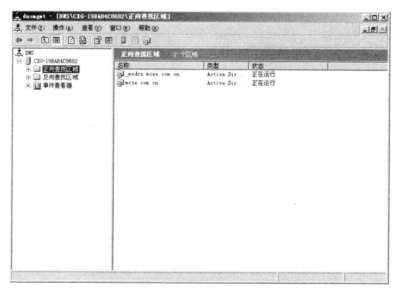

图 9.8 DNS 控制台

(2) 在 DNS 控制台中，展开 DNS 服务器，右键单击"正向查找区域"，然后在弹出的菜单中点击"新建区域"；

(3) 在弹出的如图 9.9 所示"新建区域向导"页中，点击"下一步"；

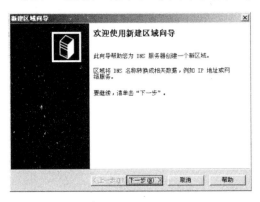

图 9.9　新建区域向导

(4) 在如图 9.10 所示"区域类型"页中，选中"主要区域"，然后点击"下一步"；

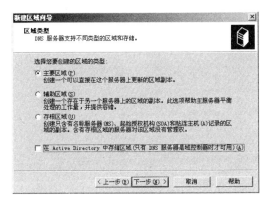

图 9.10　区域类型

(5) 在打开的如图 9.11 所示"区域名称"向导页中键入区域名称（本例输入"hbsi.com"），并单击"下一步"按钮。区域名称必须对应 DNS 名字空间中某个区域的域名。

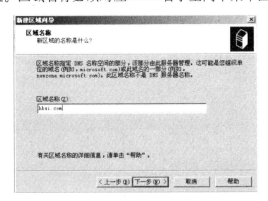

图 9.11　区域名称

（6）在打开的如图9.12所示的"区域文件"向导页，设置区域文件名，一般文件名采用默认值，单击"下一步"按钮。

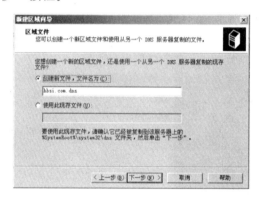

图9.12　区域文件

（7）在打开的如图9.13所示"动态更新"向导页中可以设置是否允许该区域进行动态更新。如果用户对安全性要求比较高，可以保持"不允许动态更新"单选框的选中状态，单击"下一步"按钮；

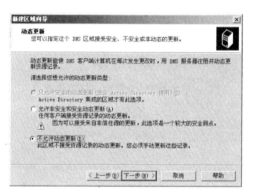

图9.13　动态更新

（8）最后在"正在完成新建区域向导"页中，单击"完成"按钮完成创建过程。

2．手工建立正向查找资源记录

区域建立完成后还必须把本区域的各种资源添加进来，才能对DNS的客户机进行响应，比如添加区域里的一台服务器主机或邮件服务器。

操作步骤如下：

（1）打开DNS控制台；

（2）在控制台树中，点击希望手工建立资源记录的区域，（如正向查询主区域hbsi.com），在右侧空白处右击，点击"新建主机"（新建主机记录，也称为A记录）；

（3）在打开的如图9.14所示"新建主机"对话框中键入名称（如"www"），并在"IP地址"编辑框中键入提供该服务的服务器IP地址（本例为"172.16.9.100"）；单击"添加主机"按钮；

第 9 章　DNS 服务器配置与管理

图 9.14　新建主机

（4）单击"确定"按钮即可。

重复上述步骤可以建立对应多个服务的主机记录，最后单击"完成"按钮结束创建过程并返回 DNS 控制台窗口。在右窗格中可以显示出所有创建的映射记录。

9.3.6　管理反向查找区域

在正向查找区域中存储的映射记录是 IP 地址-主机名的映射记录，称为指针记录。

1．创建主要区域类型的反向查找区域的步骤

（1）打开 DNS 控制台。

（2）在 DNS 控制台中，展开 DNS 服务器，右键单击"反向查找区域"，然后在弹出的菜单中点击"新建区域"。

（3）在弹出的"新建区域向导"页中，点击"下一步"。

（4）在"区域类型"页中，选中"主要区域"，然后点击"下一步"。

（5）如图 9.15 所示，在打开的"反向查找区域名称"向导页中键入网络 ID 或区域名称（本例输入网络 ID "172.16.9"），一般为对应主机 IP 地址的网络 ID，所以反向查找区域的建立和区域里子网的环境相关。并单击"下一步"按钮。

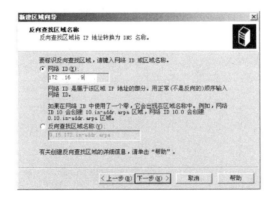

图 9.15　反向查找区域网络 ID

（6）在打开的如图 9.16 所示"区域文件"向导页，设置区域文件名，一般文件名采用默认值，单击"下一步"按钮。

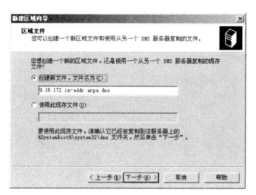

图 9.16　区域文件

（7）在打开的"动态更新"向导页中可以设置是否允许该区域进行动态更新。如果用户对安全性要求比较高，可以保持"不允许动态更新"单选框的选中状态，单击"下一步"按钮；

（8）最后在"正在完成新建区域向导"页中，单击"完成"按钮完成创建过程。

2．手工建立 DNS 的资源记录

同样需要添加资源记录才能提供对外的解析。

添加指针记录的步骤如下：

（1）打开 DNS 控制台；

（2）在控制台树中，右键单击希望手工建立反向资源记录的区域，(如反向查询主区域 172.16.9.x Subnet)，选择"新建指针（PTR）"；

（3）在打开的如图 9.17 所示"新建指针（PTR）"对话框中键入主机 ID（如"103"），并在主机名编辑框中键入主机的全称域名（本例为"server1.hbsi.com"）；或通过【浏览】按钮在相应的正向查找区域里选定相应的主机记录；

图 9.17　新建主机

(4)单击"确定"按钮即可。

重复上述步骤可以建立多个 PTR 记录。在右窗格中可以显示出所有创建的映射记录。

9.3.7 配置 DNS 辅助区域

辅助区域是某个 DNS 主要区域的一个只读副本。利用辅助区域可以实现 DNS 服务器的容错和负载平衡。辅助区域中的记录从相应的主要区域复制,不能修改,管理员只能修改主要区域中的记录。

为了实现容错,至少需要配置一台辅助服务器。不过也可以在多个地点配置多台辅助服务器,这样在广域网环境中不需要跨 WAN 链路提交查询请求的情况下就可以实现记录的解析。

1.创建 DNS 主要区域的辅助区域

创建 DNS 主要区域的辅助区域必须在另一台运行 Windows Server 2003 的 DNS 服务器中进行,其步骤如下。

(1)完成 DNS 服务器的安装。

(2)打开 DNS 控制台。

(3)在 DNS 控制台中,展开 DNS 服务器,右击"正向查找区域",然后点击"新建区域",在弹出的"新建区域向导"页中,点击"下一步"。

(4)在"区域类型"页中,选中"辅助区域",然后点击"下一步"。

(5)打开如图 9.18 所示的"区域名称"向导页,在"区域名称"编辑框中键入和主要区域完全一致的域名(本例为"hbsi.com"),单击"下一步"按钮。

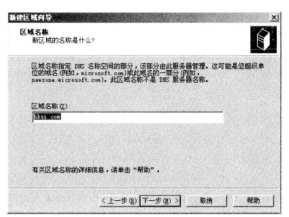

图 9.18 区域名称

(6)在打开如图 9.19 所示的"主 DNS 服务器"向导页中键入主 DNS 服务器的 IP 地址(本例为"172.16.9.1"),以便使辅助 DNS 服务器从主 DNS 服务器中复制数据,并依次单击"添加"、"下一步"按钮。

(7)最后在"正在完成新建区域向导"页中,单击"完成"按钮完成创建过程。

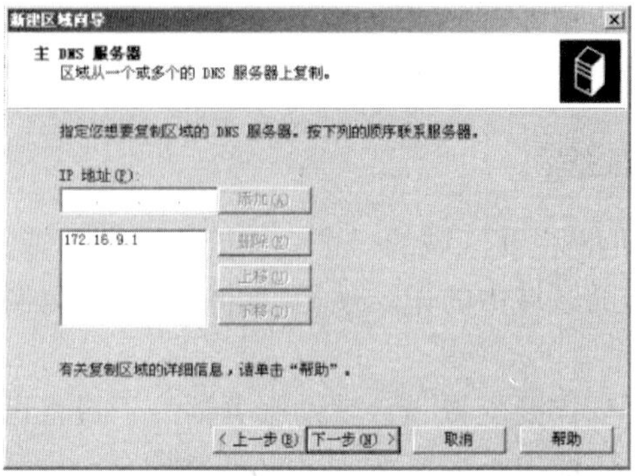

图9.19 主DNS服务器

2．区域传输

为什么需要区域复制和区域传输？

由于区域在 DNS 中发挥着重要的作用，因此希望在网络上的多个 DNS 服务器中提供区域，以提供解析名称查询时的可用性和容错。否则，如果使用单个服务器而该服务器没有响应，则该区域中的名称查询会失败。对于主持区域的其他服务器，必须进行区域传输，以便复制和同步为主持该区域的每个服务器配置使用的所有区域副本。

当新的 DNS 服务器添加到网络，并且配置为现有区域的新的辅助服务器时，它执行该区域的完全初始传送，以便获得和复制区域的一份完整的资源记录副本。对于大多数较早版本的 DNS 服务器实现，在区域更改后如果区域请求更新，则还将使用相同的完全区域传输方法。对于运行 Windows Server 2003 的 DNS 服务器来说，DNS 服务支持"递增区域传输"，它是一种用于中间更改的修订的 DNS 区域传输过程。

递增区域传输：在征求意见文档 RFC1995 中，递增区域传输被描述为另一个复制 DNS 区域的 DNS 标准。有关 RFC 的详细信息，请参阅 RFC 编辑器网站。当作为区域源的 DNS 服务器和从其中复制区域的任何服务器都支持递增传送时，它提供了公布区域变化和更新情况的更有效方法。

在较早的 DNS 实现中，更新区域数据的任何请求都需要通过使用 AXFR 查询来完全传送整个区域数据库。进行递增传送时，相反却可使用任选的查询类型（IXFR）。它允许辅助服务器仅找出一些区域的变化，这些变化将用于区域副本与源区域（可以是另一 DNS 服务器维护的区域主要副本或次要副本）之间的同步。

通过 IXFR 区域传输时，区域的复制版本和源区域之间的差异必须首先确定。如果该区域被标识为与每个区域的起始授权机构（SOA）资源记录中序列号字段所指示的版本相同，则不进行任何传送。

如果源区域中区域的序列号比申请辅助服务器中的大，则传送的内容仅由区域中每个递增版本的资源记录的改动组成。为了使 IXFR 查询成功并发送更改的内容，此区域的源 DNS 服务器必须保留递增区域变化的历史记录，以便在应答这些查询时使用。实际上，递增传送过程在网络上需要更少的通信量，而且区域传输完成得更快。

区域传输可能会发生在以下任何情况中：

- 当区域的刷新间隔到期时
- 当其主服务器向辅助服务器通知区域更改时
- 当 DNS 服务器服务在区域的辅助服务器上启动时
- 在区域的辅助服务器使用 DNS 控制台以便手动启动来自其主服务器的传送时

区域传输始终在区域的辅助服务器上开始，并且发送到作为区域源配置的主服务器中。主服务器可以是加载区域的任何其他 DNS 服务器，如区域的主服务器或另一辅助服务器。当主服务器接收区域的请求时，它可以通过区域的部分或全部传送来应答辅助服务器。

如图 9.20 所示，服务器之间的区域传输按顺序进行。该过程取决于区域在以前是否复制过而变化，或者取决于是否在执行新区域的初次复制而变化。

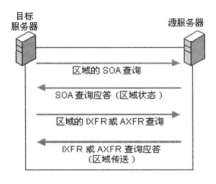

图 9.20 区域传输的过程

在本例中，将对区域的请求辅助服务器即目标服务器，及其源服务器即主持该区域的另一个 DNS 服务器，按照下列顺序执行传送。

（1）在新的配置过程中，目标服务器会向配置为区域源的主要 DNS 服务器发送初始"所有区域"传送（AXFR）请求。

（2）主（源）服务器作出响应，并将此区域完全传送到辅助（目标）服务器。

该区域发送给请求传送的目标服务器，通过启动授权机构 SOA 资源记录（RR）的属性中的"序列号"字段建立的版本一起传送。SOA 资源记录也包含一个以秒为单位的状态刷新间隔（默认设置是 900 秒或 15 分钟），指出目标服务器下一次应在何时请求使用源服务器来续订该区域。

（3）刷新间隔到期时，目标服务器使用 SOA 查询来请求从源服务器续订此区域。

（4）源服务器应答其 SOA 记录的查询。该响应包括该区域在源服务器中的当前状态的序列号。

（5）目标服务器检查响应中的 SOA 记录的序列号并确定怎样续订该区域。

如果 SOA 响应中的序列号值等于其当前的本地序列号，那么得出结论，区域在两个服务器中都相同，并且不需要区域传输。然后，目标服务器根据来自源服务器的 SOA 响应中的该字段值重新设置其刷新间隔，来续订该区域。

如果 SOA 响应中的序列号值比其当前本地序列号要高，则可以确定此区域已更新并需要传送。

（6）如果这个目标服务器推断此区域已经更改，则它会把 IXFR 查询发送至源服务器，其中包括此区域的 SOA 记录中序列号的当前本地值。

（7）源服务器通过区域的递增传送或完全传送作出响应。

如果源服务器通过对已修改的资源记录维护最新递增区域变化的历史记录来支持递增传送，则它可通过此区域的递增区域传输（IXFR）作出应答。

如果源服务器不支持递增传送或没有区域变化的历史记录，则它可通过其他区域的完全（AXFR）传送作出应答。

对于运行 Windows 2000 和 Windows Server 2003 的服务器，支持通过 IXFR 查询进行增量区域传输。对于 DNS 服务的早期版本和许多其他 DNS 服务器实现系统，增量区域传输是不可用的，只能使用全区域（AXFR）查询来复制区域。

DNS 通知：基于 Windows 的 DNS 服务器支持 DNS 通知，即原始 DNS 协议规范的更新，它允许在区域发生更改时使用向辅助服务器发送通知的方法（RFC 1996）。当某个区域更新时，"DNS 通知"执行传递机制，通知选定的辅助服务器组。然后被通知的服务器可开始进行上述区域传输，以便从它们的主服务器提取区域变化并更新此区域的本地副本。

由于辅助服务器从充当它们所配置的区域源的 DNS 服务器那儿获得通知，每个辅助服务器都必须首先在源服务器的通知列表中拥有其 IP 地址。使用 DNS 控制台时，该列表保存在"通知"对话框中，它可以从"区域属性"中的"区域传输"选项卡进行访问。

除了通知列出的服务器外，DNS 控制台还允许将通知列表的内容，作为限制区域传输只访问列表中所指定的辅助服务器的一种方式。它有助于防止未知的或未批准的 DNS 服务器在提取、请求或区域更新方面做一些不希望进行的尝试。

以下是对区域更新的典型 DNS 通知过程的简要总结。

（1）在 DNS 服务器上充当主服务器的本地区域，即其他服务器的区域源，将被更新。当此区域在主服务器或源服务器上更新时，SOA 资源记录中的序列号字段也被更新，表示这是该区域的新的本地版本。

（2）主服务器将 DNS 通知消息发送到其他服务器，它们是其配置的通知列表的一部分。

（3）接收通知消息的所有辅助服务器，随后可通过将区域传输请求发回通知主服务器来作出响应。

正常的区域传输过程随后就可如上所述继续进行。不能为存根区域配置通知列表。

使用 DNS 通知仅用于通知作为区域辅助服务器操作的服务器。

对于和目录集成的区域的复制，不需要 DNS 通知。这是因为从活动目录（加载区域的任何 DNS 服务器，将自动轮询目录（如 SOA 资源记录的刷新间隔指定的那样）以便更新与刷新该区域。

在这些情况下，配置通知列表确实可能降低系统性能，因为对更新区域产生了不必要的其他传送请求。

默认情况下，DNS 服务器只允许向区域的名称服务器（NS）的资源记录中列出的权威 DNS 服务器进行区域传输。

9.4　DNS 客户端的配置

在安装和配置了 DNS 服务器以及在 DNS 服务器上建立了 DNS 区域之后，现在需要确保客户机能够在 DNS 中注册和建立它们的资源记录并且能够使用 DNS 来解析查询。

DNS 客户端的配置步骤如下。

（1）在 TCP/IP 属性对话框中，如果希望自动获得 DNS 服务器的 IP 地址，点击"自动获得 DNS 服务器地址"。

（2）如果希望手工配置 DNS 服务器的 IP 地址，点击"使用下面的 DNS 服务器地址"。在"首选 DNS 服务器"框中，输入主 DNS 服务器的 IP 地址。如果需要配置第二个 DNS 服务器，则在"备用 DNS 服务器"框中，输入其他 DNS 服务器的 IP 地址，如图 9.21 所示。备用 DNS 服务器在首选 DNS 服务器不能被访问或者由于 DNS 服务失败导致不能解析 DNS 客户机查询的情况下才继续进行解析的 DNS 服务器。当首选 DNS 服务器不能解析客户机的查询时不会再使用备用 DNS 服务器再进行查询。

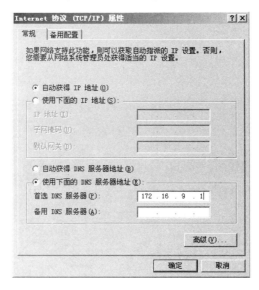

图 9.21　设置 DNS 服务器的地址

9.5　测试 DNS 服务器的配置

9.5.1　Nslookup 的使用

Nslookup 是一个监测网络中 DNS 服务器是否能正确实现域名解析的命令行工具。Nslookup 要求必须在安装了 TCP/IP 协议的网络环境中才能使用，它允许与 DNS 以对话方式工作并让用户检查资源记录，它在命令行上运行。

举例：使用 nslookup 工具测试 DNS 服务器的正向解析

现在网络中已经架设好了一台 DNS 服务器，主机名称为 JQC，它可以把域名 www.hbsi.com 解析为 172.16.9.1 的 IP 地址，这是我们平时用得比较多的正向解析功能。

测试步骤如下。

（1）单击"开始"→"运行"，输入"cmd"进入命令行模式。

（2）输入 nslookup 命令后回车，将进入如图 9.22 所示的 DNS 解析查询界面。结果表明，正在工作的 DNS 服务器的主机名为 jqc.hbsi.com ，它的 IP 地址是 172.16.9.1。

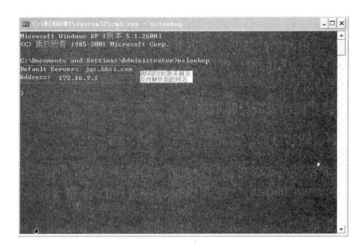

图 9.22 nslookup 命令

（3）测试正向解析

在图 9.22 界面中输入想解析的域名"www.hbsi.com"如图 9.23 所示。

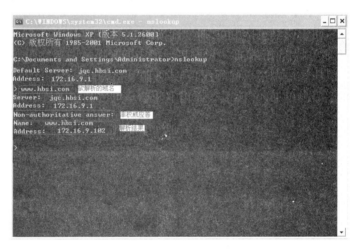

图 9.23 测试正向解析

此结果表明 DNS 服务器正向解析正常，将域名 www.hbsi.com 解析为 IP 地址 172.16.9.102。

9.5.2 Ping 命令的解析观察

相信大家对 ping 命令都比较熟悉，它使用 ICMP 协议检查网络上特定 IP 地址的存在，一个 DNS 域名也是对应一个 IP 地址的，因此可以使用该命令检查一个 DNS 域名的连通性。如在命令行界面输入"ping www.sohu.com"，客户机会首先到指定的 DNS 服务器上解析对应的 IP 地址。如果 DNS 服务器能正常解析，应该能返回给我们一个正确的 IP 地址，然后再利用返回的 IP 地址检测连通性，如图 9.24 所示，返回的 IP 地址为 220.181.26.163。

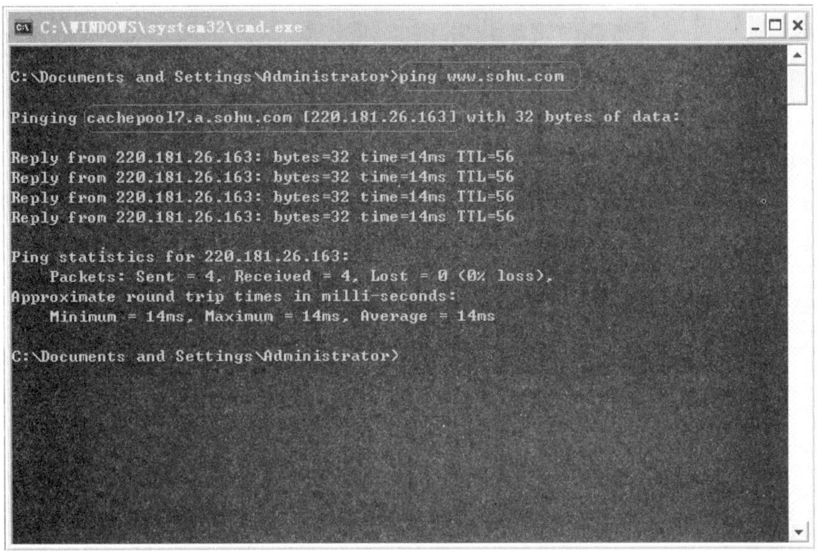

第 9 章　DNS 服务器配置与管理

图 9.24　使用 ping 测试

假如一客户端不能解析 DNS 域名，使用上述命令可以判断该客户端与 DNS 服务器的连通性，判断问题出在客户端设置问题还是 DNS 服务器的问题。

可以 PingDNS 服务器的 IP 地址，再测试网络中的其他客户端。如果都 Ping 不通，说明该客户端有问题，如果后者可以 Ping 通，则说明 DNS 配置错误或 DNS 服务器错误。

9.6　配置 DNS 动态更新

有两种方式在 DNS 数据库中建立、注册和更新资源记录：动态方式和手工方式。在资源记录被建立、注册或更新后，它们存储在 DNS 区域文件里。

9.6.1　什么是动态更新

"动态更新"（dynamic update），是指 DNS 客户机在 DNS 服务器维护的区域种动态建立、注册和更新自己的资源记录的过程，DNS 服务器能够接受并处理这些动态更新的消息。

9.6.2　配置 DNS 服务器允许动态更新

配置 DNS 服务器允许动态更新的步骤为：
（1）打开 DNS 控制台；
（2）右击希望动态更新的区域，点击"属性"；
（3）在如图 9.25 所示属性标签的"动态更新"下拉列表中，点击"非安全"；
（4）点击"确定"，关闭"属性"对话框，然后关闭 DNS 控制台。
我们可以手工更改某一客户机的 IP 地址或主机名，测试 DNS 服务器能否正确解析，从而达到测试 DNS 服务器能否允许客户机动态更新的目的。

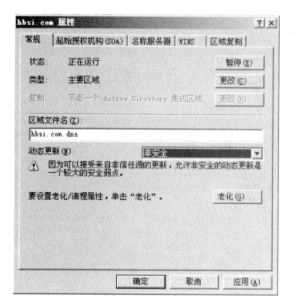

图 9.25 动态更新

9.7 DNS 区域委派

9.7.1 根提示

"根提示"(Root hints),是指存储在 DNS 服务器上,列出了各个根 DNS 服务器 IP 地址的资源记录。

当本地 DNS 服务器接收到关于客户机的解析请求,发现自己不能解析时,本地 DNS 服务器应向根 DNS 服务器进行转发。本地 DNS 服务器是如何知道根 DNS 服务器的 IP 地址的呢?这是由于任何一台 DNS 服务器上都有一个 DNS 根提示。根提示实际是 DNS 的资源记录,这些记录存储在 DNS 服务器上,同时,这些记录列出了根 DNS 服务器的 IP 地址。实际上告诉 DNS 服务器,它们的根 DNS 服务器的 IP 地址是多少。任何一台 DNS 服务器上都有根提示,根提示为一列表,这个列表里存放了世界上 13 台 Internet 上的根 DNS 服务器的记录。

根提示的信息存储在 Cache.dns 文件中,该文件位于%systemroot%\system32\dns 文件夹中(若为活动目录区域则根提示的信息存储在活动目录中)。

查看根提示列表步骤:

(1)打开 DNS 控制台;

(2)右击 DNS 服务器名字,双击右侧"根提示"选项如图 9.26 所示,DNS 服务器的根服务器在名称服务器列表中列出。

第 9 章 DNS 服务器配置与管理

图 9.26 根提示

9.7.2 什么是 DNS 区域的委派

委派是指通过在 DNS 数据库中添加记录从而把 DNS 名字空间中某个子域的管理权利指派给另一个 DNS 服务器的过程。下面看一个实例。

图 9.27 中，名称空间中"hbsi.com"的管理员把子域"training.hbsi.com"的管理权限委派给另一 DNS 服务器，从而卸掉了对这个子域的管理责任。现在"training.hbsi.com"被自己的 DNS 服务器来管理，这台 DNS 服务器负责解析这一部分名称空间的查询请求。这样，就减少了负责"hbsi.com"的 DNS 服务器和管理员的负担。

图 9.27 DNS 区域的委派

9.7.3 将一个子域委派给另一个 DNS 服务器

将一个子域委派给另一个 DNS 服务器（本例中为将名为的 CXG 的 DNS 服务器中子域 training.hbsi.com 委派给 JQC DNS 服务器）的步骤：

（1）打开名为 CXG 的 DNS 控制台；
（2）展开"正向查找区域"，选中想委派的区域（本例中选中"hbsi.com"），右击选择"新建委派"；
（3）弹出户"新建委派"页面中点击"下一步"；

(4) 在如图 9.28 所示受委派域名页中输入要委派的区域的名字（本例中输入 training），点击"下一步"；

(5) 在"名称服务器"页中，点击"添加"，弹出"新建资源记录"页面；

(6) 单击"浏览"，双击将接受委派的服务器名字（本例中双击"CXG"），双击"正向查找区域"，双击"hbsi.com"区域名，如图 9.29 所示页面双击"JQC"主机记录；

图 9.28 受委派域名

图 9.29 浏览页面

(7) 分别单击"确定"、"下一步"、"完成"。

委派工作完成后，只要在名为 JQC 的 DNS 服务器上新建一个名为"training.hbsi.com"的正向查找区域，则名为 JQC 的 DNS 服务器对该子域有完全的管理权限，而名为 CXG 的 DNS 服务器失去对该子域的管理权限。

复习题

9-1 DNS 服务的作用是什么？

9-2 DNS 的查询响应有哪些？

9-3 请描述管理配置 DNS 主要区域的步骤。

9-4 什么是根提示和 DNS 区域的委派？

9-5 实训项目：根据一下场景描述架设 DNS 服务器。

某公司准备建立自己的宣传网站，申请到完全合格域名为 kaka.com.cn，公司自己负责本区域名的解析，即公司自己负责本区域 DNS 服务器的建立，你作为公司的系统管理员，要建立 DNS 服务器，你准备以 www.kaka.com.cn 为 Web 服务器的完全合格域名，请实现并撰写实训报告。

第 10 章 WWW 服务器

本章学习目标：
- 了解什么是 WWW 服务器
- 掌握 WWW 服务的安装
- 掌握 WWW 站点的架设方法
- 熟悉使用虚拟目录
- 熟悉如何远程管理 WWW 服务器

10.1 WWW 服务概述

WWW 服务使用的是超文本链接（HTML），可以很方便的从一个信息页转换到另一个信息页。它不仅能查看文字，还可以欣赏图片、音乐、动画。在过去的十几年中，WWW 服务得到了飞速的发展，用户平时上网最普遍的活动就是浏览信息、查询资料，而这些上网活动都是通过访问 WWW 服务器来完成的，利用 IIS 建立 WWW 服务器是目前世界上使用的最广泛的手段之一。

10.1.1 什么是 WWW 服务器

WWW（World Wide Web）服务器又称为 Web 服务器，是指专门提供 Web 文件保存空间，并负责传送和管理 Web 文件和支持各种 Web 程序的服务器。

WWW 服务器的功能如下：
- 为 Web 文件提供存放空间；
- 允许因特网用户访问 Web 文件；
- 提供对 Web 程序的支持；
- 架设 WWW 服务器让用户通过 HTTP 协议来访问自己架设的网站；
- WWW 服务是实现信息发布、资料查询等多项应用的基本平台。

WWW 服务器使用超文本标记语言 HTML（HyperText Marked Language）描述网络的资源，创建网页，以供 Web 浏览器阅读。HTML 文档的特点是交互性。不管是文本还是图形，都能通过文档中的链接连接到服务器上的其他文档，从而使客户快速地搜索所需的资料。

10.1.2 WWW 服务的工作过程

WWW 服务器同 Web 浏览器（客户端）之间的通信是通过 HTTP 协议进行的。HTTP

协议是基于 TCP/IP 协议的应用层协议，是通用的、无状态的、面向对象的协议。WWW 服务器的工作过程如图 10.1 所示。

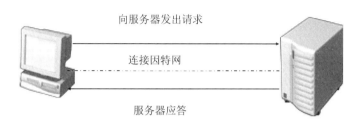

图 10.1 WWW 服务器的工作过程

从上图可以看出，一个 WWW 服务器的工作过程包括几个环节：首先是建立连接，然后浏览器端通过网址或 IP 地址向 WWW 服务器提出访问请求，WWW 服务器接收到请求后进行应答，也就是将网页相关文件传递到浏览器端，浏览器接收到网页后进行解析并显示出来，下面分别作简要介绍。

（1）连接：Web 浏览器与 WWW 服务器建立连接，打开一个称为 Socket（套接字）的虚拟文件，此文件的建立标志着连接成功。

（2）请求：Web 浏览器通过 socket 向 WWW 服务器提交请求。

（3）应答：WWW 服务器接到请求后进行事务处理，结果通过 HTTP 协议发送给 Web 浏览器，从而在 Web 浏览器上显示出所请求的页面。

（4）关闭连接：当应答结束后，Web 浏览器与 WWW 服务器必须断开，以保证其他 Web 浏览器能够与 WWW 服务器建立连接。

WWW 服务器的作用最终体现在对内容特别是动态内容的提供上，WWW 服务器主要负责同 Web 浏览器交互时提供动态产生的 HTML 文档。WWW 服务器不仅仅提供 HTML 文档，还可以与各种数据源建立连接，为 Web 浏览器提供更加丰富的内容。

10.2 IIS 6.0 的安装

10.2.1 IIS 6.0 简介

微软 Windows Server 2003 家族里包含的 Internet 信息服务（IIS）提供了集成、可靠、可伸缩、安全和可管理的 WWW 服务器功能。IIS 是用于为静态和动态网络应用程序创建强大的通信平台的工具。各种规模的组织都可以使用 IIS 来管理因特网或 Intranet 上的网页、管理 FTP 站点、使用网络新闻传输协议 NNTP 和简单邮件传输协议 SMTP。IIS 6.0 还增加了一些新功能，例如：高度的可靠性、增强的安全性、支持 Web 应用程序技术、功能强大的管理工具和支持最新的 Web 标准等。

10.2.2 IIS 6.0 的服务

IIS 提供了基本服务，包括发布信息、传输文件、收发邮件等，下面介绍 IIS6.0 中包含的几种服务。

1．WWW 服务

即万维网发布服务，通过将客户端的 HTTP 请求连接到 IIS 中运行的网站上，WWW 服务向 IIS 最终用户提供 Web 发布。WWW 服务管理 IIS 核心组件，这些组件处理 HTTP 请求并配置和管理 Web 应用程序。

2．FTP 服务

即文件传输协议服务，该服务使用传输控制协议 TCP，这就确保了文件传输的完成和数据传输的准确。该版本的 FTP 支持在站点级别上隔离用户（Windows Server 2003 新增功能），以帮助管理员保护其因特网站点的安全。

3．SMTP 服务

即简单邮件传输协议服务，IIS 通过此服务发送和接收电子邮件。SMTP 不支持完整的电子邮件服务，它通常和 POP3 服务一起使用。要提供完整的电子邮件服务，可以使用 Microsoft Exchange Server。

4．NNTP 服务

即网络新闻传输协议，可以使用此服务控制单个计算机上的 NNTP 本地讨论组。因为该功能完全符合 NNTP 协议，所以用户可以使用任何新闻阅读客户端程序，加入新闻组进行讨论。

5．IIS 管理服务

IIS 管理服务管理 IIS 配置数据库，并为 WWW 服务、FTP 服务、SMTP 服务和 NNTP 服务更新 Microsoft Windows 操作系统注册表，配置数据库用来保存 IIS 的各种配置参数。IIS 管理服务对其他应用程序公开配置数据库，这些应用程序包括 IIS 核心组件、在 IIS 上建立的应用程序，以及独立于 IIS 的第三方应用程序（如管理或监视工具）。

10.2.3 配置 WWW 服务器的需求

配置 WWW 服务器应满足下列要求：
- 使用内置了 IIS 以提供 WWW 服务的 Windows 等服务器端操作系统。
- WWW 服务器的 IP 地址、子网掩码等 TCP/IP 参数应手工指定。
- 为了更好地为客户端提供服务，WWW 服务器应拥有一个友好的 DNS 名称，以便 WWW 客户端能够通过该 DNS 名称访问 WWW 服务器。

10.2.4 安装 WWW 服务

在最初安装 IIS 6.0 后，IIS 6.0 只为静态内容提供服务，像 ASP.NET、在服务器端的包含文件、WebDAV 发布和 FrontPage Server Extensions 等功能只有在启用时才能工作。下面简要说明 IIS 6.0 的安装过程。

（1）选择"开始"→"控制面板"→"添加或删除程序"→"添加/删除 Windows 组件"选项，打开"Windows 组件向导"对话框。在列表中，选中"应用程序服务器"复选框，如图 10.2 所示。

（2）单击"详细信息"按钮，弹出如图 10.3 所示的对话框，选中"Internet 信息服务（IIS）"复选框。

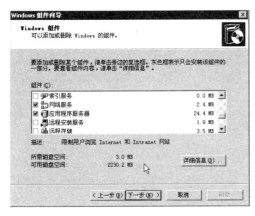
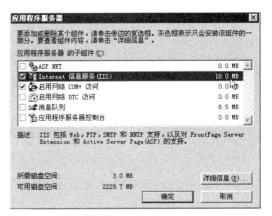

图 10.2　选择"应用程序服务器"　　　　　图 10.3　选择"Internet 信息服务（IIS）"

（3）单击"详细信息"按钮，弹出如图 10.4 所示的对话框，包括："Internet 信息服务管理器"、"万维网服务"、SMTP Service 和文件传输协议（FTP）服务等子组件。

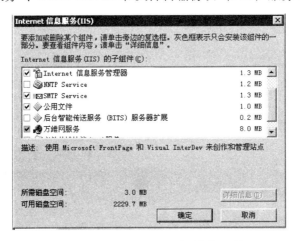

图 10.4　"Internet 信息服务（IIS）"的子组件

在"万维网服务"的可选组件中包含了一些子组件，例如：Active Server Pages、远程管理（HTML）和远程桌面 Web 连接等。要安装这些组件，可以选中"万维网服务"复选框，然后单击"详细信息"按钮即可，如图 10.5 所示。

（4）单击"确定"按钮，然后单击"下一步"，弹出如图 10.6 所示的对话框。完成安装。

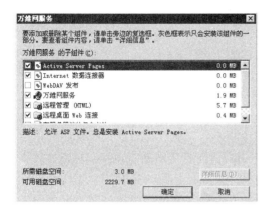
图 10.5 "万维网服务"的子组件

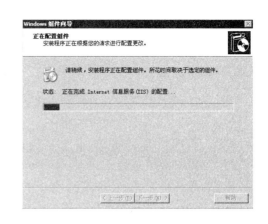
图 10.6 "正在配置组件"的界面

10.2.5 验证 WWW 服务安装

WWW 服务安装完成之后，可以通过查看 WWW 相关文件和 WWW 服务两种方式来验证 WWW 服务是否成功安装。

1．查看文件

如果 WWW 服务成功安装，将会在%systemdrive%中创建一个 Inetpub 文件夹，其中包含 wwwroot 子文件夹，如图 10.7 所示。

说明：%systemdrive%是系统变量，所代表的值为安装 Windows Server 2003 的硬盘分区。如果将 Windows Server 2003 安装在 C 分区，则%systemdrive%所代表的值为 C 分区。

2．查看服务

WWW 服务如果成功安装，会自动启动。因此，在服务列表中将能够看到已启动的 WWW 服务。选择"开始"→"管理工具"→"服务"，打开"服务"管理控制台，如图 10.8 所示。在其中能够看到已启动的 WWW 服务。

图 10.7 C:\Inetpub\wwwroot 文件夹

图 10.8 使用"服务"管理控制台查看 WWW 服务

10.3 WWW 服务器的配置

10.3.1 设置主目录

IIS 安装完成后，系统会自动建立一个"默认网站"，可以利用它作为自己的网站或者自己新建一个网站。所有的网站都必须要有主目录。主目录是指保存 Web 网站的文件夹，当用户访问该网站时，WWW 服务器会自动将该文件夹中的默认网页显示给客户端用户。

默认网站的主目录是 c:\Inetpub\wwwroot。当用户访问默认网站时，WWW 服务器会自动将其主目录中的默认网页传送给用户的浏览器。但在实际应用中通常不采用该默认文件夹，因为将数据文件和操作系统放在同一磁盘分区中会带来安全保障、恢复不太方便等问题，并且当保存大量音视频文件时，可能造成磁盘或分区的空间不足。所以最好将作为数据文件的 Web 主目录保存在其他硬盘或非系统分区中。

设置主目录的具体步骤如下。

(1) 打开"Internet 信息服务（IIS）管理器"→"网站"→右击"默认网站"→选择"属性"命令，弹出如图 10.9 所示的对话框。

(2) 在"默认网站 属性"对话框中选择"主目录"选项卡，如图 10.10 所示。

图 10.9 "默认网站属性"对话框

图 10.10 "主目录"选项卡

在"主目录"选项卡中，选择主目录内容的存放位置。

① 此计算机上的目录：此选项用于将主目录的位置指定为当前计算机上的本地目录，系统默认的设置在%systemdrive%:\Inetpub\wwwroot 文件夹内，可以单击"浏览"按钮选择其他的文件夹。可以先在本地计算机上设置好主目录文件夹和内容，然后在"本地路径"文本框中设置主目录为该文件夹的路径。

② 另一台计算机上的共享：此选项用于将网站主目录的位置指定为另一台计算机上的共享文件夹中，如图 10.11 所示。如果选择此选项，则需要在"网络目录"文本框中输入指向远程共享目录的 UNC 路径，例如：\\192.168.1.110\website，单击"连接为"按钮，可以在打开的"网络目录安全凭据"对话框中设置连接远程共享目录所需要的用户名和密码

信息，如图 10.12 所示。

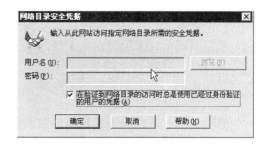

图 10.11　主目录的网络目录　　　　　图 10.12　设置连接远程共享目录所需的用户名和密码

如果"在验证到网络目录的访问时总是使用已经过身份验证的用户的凭据"复选框被选中，则不能自行指定用户名和密码（"用户名"和"密码"栏不可用），WWW 服务器将根据当前登录的用户名和密码来连接远程共享目录。如果需要自行指定用户名和密码，则需要取消选中该复选框，并再次输入用户名和密码。

③ 重定向到 URL：此选项用于将网站主目录重定向到指定的 URL，如图 10.13 所示。

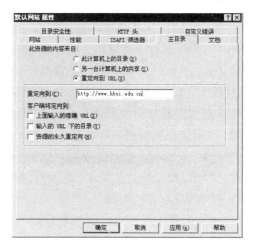

图 10.13　主目录重定向

如果选中"此计算机上的目录"或"另一台计算机上的共享"单选按钮，则可以设置访问权限相关的选项。

- 读取：此权限允许用户通过 Web 浏览器读取或者下载 Web 文件或目录及其相关属性。
- 写入：此权限允许用户通过 Web 浏览器将文件及其相关属性上传到网站已启用的目录中，或者更改可写文件的内容。
- 脚本资源访问：此权限允许用户通过 Web 浏览器访问文件的源代码，如 ASP 应用程序中的脚本。只有指派了"读取"或"写入"权限时，才能指派此权限。如果同时指派了"读取"权限和此权限，则可以读取源代码;如果同时指派了"写入"权限，则也可以对源代码进行写入。如果选中"脚本资源访问"复选框，用户就能够查看用户名和密码等信息，并且还可以更改在服务器上运行的源代码，因此会对服务器安全和性能造成重大影响，在实际应用中应慎重使用。
- 目录浏览：此权限允许用户通过 Web 浏览器查看网站目录的文件列表。如果禁用了目录浏览且未配置默认文档，而且用户在访问时未指定文件名，则 WWW 服务器将在用户的 Web 浏览器中显示"禁止访问"的错误消息。
- 记录访问：选中此选项可以在日志文件中记录所有对此目录的访问事件。只有启用了该网站的日志记录之后，此功能才有效。
- 索引资源：选中此选项将允许索引服务将此目录包含到网站的全文索引中，使用此选项之前，必须要安装并启用索引服务。
- 执行权限：此选项用于控制网站资源中脚本和应用程序执行的权限。

10.3.2 设置默认文档

通常情况下，Web 网站都需要有一个默认文档，当在 IE 浏览器中使用 IP 地址或域名访问时，WWW 服务器会将默认文档返回给客户端的浏览器，并显示其内容。当用户浏览网页时没有指定文档名时，例如，输入的是 http://192.168.1.110，IIS 服务器会把已设定的默认文档返回给用户，这个文档就称为默认文档。

利用 IIS6.0 搭建 Web 网站时，默认文档的文件名如图 10.14 所示，这些也是一般网站中最常用的主页名。在访问时，系统会自动按照由上到下的顺序依次查找与之相对应的文件名。当客户浏览 http://192.168.1.110 时，WWW 服务器会先读取主目录下的 Default.htm（排列在列表中最上面的文件），若在主目录内没有该文件，则依次读取后面的文件（Default.asp）等。可以通过单击"上移"和"下移"按钮来调整读取这些文件的顺序，也可以通过单击"添加"或"删除"按钮来添加或删除默认网页。

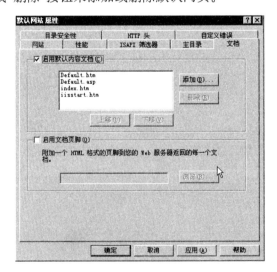

图 10.14 "文档"选项卡

10.3.3 添加默认文档文件

可以使用"记事本"或"写字板"等工具编辑一个文档作为主页,只要该文档的名字在"默认文档"列表中存在即可。假如:采用默认的主目录,需要在 wwwroot 文件夹下添加文件名为 default.htm 的网页。

如果将要作为网站默认文档的名称不在此列表,则 Web 浏览器在访问时将会出现如图 10.15 所示的错误信息。此时可以单击"添加"按钮,打开"添加内容页"对话框,通过该对话框可以添加默认文档的名称。

图 10.15 访问未设置默认文档的网站出现的错误信息

10.3.4 创建 Web 站点

在 Windows Server 2003 的 IIS 中,创建 Web 站点的操作可以通过"Internet 信息服务(IIS)管理器"来完成。具体操作步骤如下。

(1) 使用具有管理员权限的用户账号登录 Web 服务器,打开"Internet 信息服务(IIS)管理器"控制台。

(2) 右击"网站",在弹出的快捷菜单中选择"新建"→"网站",打开"网站创建向导"对话框。

(3) 单击"下一步"按钮,进入"网站描述"界面,输入关于该网站的描述信息,如图 10.16 所示。

(4) 单击"下一步"按钮,进入"IP 地址和端口设置"界面,在此界面中可以设置 Web 网站所使用的 IP 地址和端口号,如图 10.17 所示。

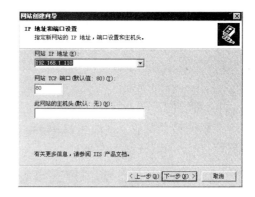

图 10.16 "网站描述"界面　　　　　　　　图 10.17 "IP 地址和端口设置"界面

（5）单击"下一步"按钮，进入"网站主目录"界面，在此可以设置 Web 网站的主目录，如图 10.18 所示。

（6）单击"下一步"按钮，进入"网站访问权限"界面。在此界面中可以设置 Web 网站的访问权限，如图 10.19 所示。

注意：Web 站点访问权限除了可以通过其本身的权限进行控制之外，还可以通过 NTFS 权限来控制。

图 10.18 "网站主目录"界面　　　　　　　　图 10.19 "网站访问权限"界面

（7）单击"下一步"按钮，进入"完成"界面，新建了一个 Web 网站。如图 10.20 所示。

图 10.20　新建的 Web 网站

10.3.5 启动、停止和暂停 WWW 服务

当一个站点的内容和设置需要进行比较大的修改时，网站管理人员就需要将该 Web 站点的服务停止或者暂停，并在 Web 网站完成维护工作后再继续服务。

（1）打开"Internet 信息服务（IIS）管理器"→"网站"→右击某一网站名称，在弹出的快捷菜单中分别选择 "启动"、"停止"或"暂停"命令，即可进行各项相应的操作，如图 10.21 所示。

（2）打开"Internet 信息服务（IIS）管理器"控制台→右击"ZEDZZF（本地计算机）"，在弹出的菜单中选择"所有任务→重新启动 IIS"命令，如图 10.22 所示，在下拉列表框中选择"重新启动 ZEDZZF 的 Internet 服务"，单击确定按钮，如图 10.23 所示。

图 10.21　WWW 服务的停止、启动和暂停设置

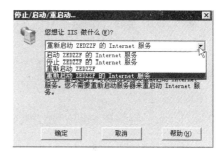

图 10.22　设置启动选项

（3）在 IIS 控制台中，右击"ZEDZZF（本地计算机）"，并在弹出的菜单中分别选择"断开"、"连接"命令，即可进行各项相应的操作，如图 10.24 所示。

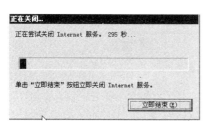

图 10.23　重新启动提示

图 10.24　WWW 服务器的关闭与启动

此外，还可以通过"管理工具"下的"服务"工具进行服务的启动、停止和重新启动 WWW 服务。

10.4 虚拟目录

虚拟目录是在 Web 网站主目录下建立的一个易记的名称或别名，可以将位于主目录以外的某个物理目录或其他网站的主目录链接到当前网站主目录下。这样，客户端只需要连接一个网站，就可以访问到存储在服务器中各个位置的资源，以及存储在其他计算机上的资源。

10.4.1 使用虚拟目录的好处

- 虚拟目录的名称通常要比物理目录的名称易记，因此更便于用户访问。
- 使用虚拟目录可以提高安全性，因为客户端并不知道文件在服务器上的实际物理位置，所以无法使用该信息来修改服务器中的目标文件。
- 使用虚拟目录可以更方便地移动网站中的目录，只需更改虚拟目录物理位置之间的映射，无需更改目录的 URL。
- 使用虚拟目录可以发布多个目录下的内容，并可以单独控制每个虚拟目录的访问权限。
- 使用虚拟目录可以均衡 WWW 服务器的负载，因为网站中资源来自于多个不同的服务器，从而避免单一服务器负载过重，响应缓慢。

10.4.2 虚拟目录与物理位置的映射

虚拟目录可以映射到本地服务器上的目录（例如 D:\network）或者通过 UNC 路径映射到其他计算机上的共享目录（例如：\\192.168.1.110\yucheng），也可以映射到其他网站的 URL（例如 http://www.sohu.com）。表 10.1 列出了虚拟目录及其映射关系的示例。

表 10.1 虚拟目录及其映射关系的示例

物理位置	虚拟目录名称	Web 客户端连接使用的 URL
D:\site1	无（主目录）	http://www.sohu.com
D:\wangluoxi	Wangluoxi	http://www..sohu.com/wangluoxi
\\192.168.0.1\market	Market	http://www..sohu.com/market
http://www.sohu.com	Sohu	http://www..sohu.com/sohu

10.4.3 创建虚拟目录

创建虚拟目录的具体步骤如下。

（1）使用具有管理员权限的用户账户登录 WWW 服务器，打开"Internet 信息服务（IIS）管理器"控制台。

（2）在左侧的控制台树中双击展开 Web 服务器，再双击展开"网站"选项，然后右击要创建虚拟目录的网站，在弹出的快捷菜单中选择"新建"→"虚拟目录"，如图 10.25 所示。

第 10 章　WWW 服务器

图 10.25　新建虚拟目录

（3）单击"下一步"按钮，进入"虚拟目录别名"界面，在"别名"文本框中输入虚拟目录的名称，如图 10.26 所示。

（4）单击"下一步"按钮，进入"网站内容目录"界面，在"路径"文本框中输入虚拟目录映射的物理位置，如图 10.27 所示。

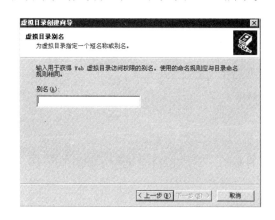

图 10.26　指定虚拟目录别名

图 10.27　指定虚拟目录映射的物理位置

在"虚拟目录创建向导－网站内容目录"对话框中只能输入本地硬盘上的目录或指向其他计算机上共享目录的 UNC 路径，不能输入指向到其他网站的 URL。如果要创建映射到 URL 的虚拟目录，则需先在此对话框中输入本地硬盘上的目录，然后在虚拟目录创建完成后，在虚拟目录属性对话框中将其重定向到指定的 URL。

在使用 UNC 路径将虚拟目录映射到其他计算机上的共享目录时，需要提供用于验证用户权限的用户名和密码，如图 10.28 所示。

（5）单击"下一步"按钮，进入"虚拟目录访问权限"界面，如图 10.29 所示，在此界面中可以设置访问权限，该权限与主目录的权限相同。

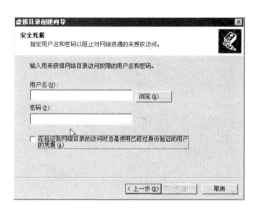 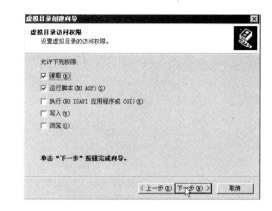

图 10.28　设置使用 UNC 路径时所需的用户名和密码　　　图 10.29　设置虚拟目录的访问权限

（6）单击"下一步"按钮，进入"完成"界面。可以看到建立的虚拟目录，如图 10.30 所示。

图 10.30　创建的虚拟目录

10.4.4　测试虚拟目录

登录 WWW 客户端，打开 IE。输入虚拟目录的 URL，对虚拟目录进行测试，如图 10.31 所示。

图 10.31　测试虚拟目录

10.5 虚拟主机技术

10.5.1 虚拟主机技术

在安装 IIS 时系统已经建立了一个默认的 Web 网站，直接将网站内容放到其主目录或虚拟目录中即可直接使用，但最好还是重新设置，以保证网站的安全。如果需要，还可在一台服务器上建立多个虚拟主机，来实现多个 Web 网站，这样可以节约硬件资源，达到降低成本的目的。

虚拟主机的概念对于 ISP（因特网服务提供商）来讲非常有用，因为虽然一个组织可以将自己的网页挂在其他域名的服务器上的下级网址上，但使用独立的域名和根网址更为正式，易为众人接受。一般来讲，必须自己设立一台服务器才能达到独立域名的目的，然而这需要维护一个单独的服务器，很多小企业缺乏足够的维护能力，所以更为合适的方式是租用别人维护的服务器。ISP 也没有必要为每一个机构提供一个单独的服务器，完全可以使用虚拟主机，使服务器为多个域名提供 WWW 服务，而且不同的服务互不干扰，对外就表现为多个不同的服务器。

使用 IIS6.0 的虚拟主机技术，通过分配 TCP 端口、IP 地址和主机头名，可以在一台服务器上建立多个虚拟 Web 网站，每个网站都具有唯一的由端口号、IP 地址和主机头名三部分组成的网站标识，用来接收来自客户端的请求，不同的 Web 网站可以提供不同的 WWW 服务，而且每一个虚拟主机和一台独立的主机完全一样。虚拟技术将一个物理主机分割成多个逻辑上的虚拟主机使用，显然能够节省经费，对于访问量较小的网站来说比较经济实用，但由于这些虚拟主机共享这台服务器的硬件资源和带宽，在访问量较大时就容易出现资源不够用的情况。一般来讲，架设多个 Web 网站可以通过以下几种方式：

- 使用不同端口号建立多个网站
- 使用不同 IP 地址建立多个网站
- 使用不同主机头建立多个网站

10.5.2 使用同一 IP 地址、不同端口号建立多个网站

IP 地址资源越来越紧张，有时需要在一个 WWW 服务器上架设多个网站，但一台计算机却只有一个 IP 地址，那么使用不同的端口号也可以达到架设多个网站的目的。其实，用户访问所有的网站都需要使用相应的 TCP 端口，WWW 服务器默认的 TCP 端口为 80，在用户访问时不需要输入。但如果网站的 TCP 端口不为 80，在输入网址时就必须添加上端口号，而且用户在上网时也会经常遇到必须使用端口号才能访问的网站。利用 WWW 服务的这个特点，可以架设多个网站，每个网站均使用不同的端口号，这种方式创建的网站，其域名或 IP 地址部分完全相同，仅端口号不同。

例如，WWW 服务器中原来有一个网站为 www.zed.com，使用的 IP 地址为 192.168.1.110，现在要再架设一个网站 www.zzf.com，IP 地址仍使用 192.168.1.110，这时可以将新网站的 TCP 端口号设为其他端口号（如:8080），如图 10.32 所示。这样，用户在访问该网站时，就可以使用网址 http://www.zzf.com:8080 或 http://192.168.1.110:8080 来访问。

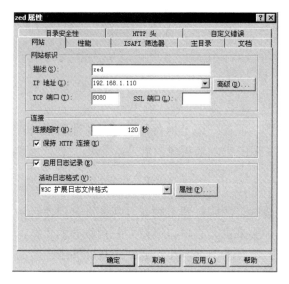

图 10.32 设置端口号

10.5.3 使用不同的 IP 地址建立多个网站

如果要在一台 WWW 服务器上创建多个网站，为了使每个网站域名都能对应于独立的 IP 地址，一般都使用多 IP 地址来实现。当然，为了用户在浏览器中可以使用不同的域名来访问不同的 Web 网站，必须将主机名及其对应的 IP 地址添加到 DNS 服务器中。

Windows Server 2003 系统支持在一台服务器上安装多块网卡，并且一块网卡还可以绑定多个 IP 地址。将这些 IP 分配给不同的虚拟网站，就可以达到一台服务器多个 IP 地址来架设多个 Web 网站的目的。例如，要在一台服务器上创建两个网站：www.zed.com 和 www.zzf.com，对应的 IP 地址分别为 192.168.1.110 和 192.168.1.120，需要在服务器网卡中添加这两个地址，具体的操作步骤如下。

（1）从"控制面板"中打开"网络连接"→右击要添加 IP 地址的网卡的"本地连接"→选择"属性"选项→在"Internet 协议（TCP/IP）属性"窗口中，单击"高级"按钮，显示"高级 TCP/IP 设置"窗口，如图 10.33 所示。单击"添加"按钮将这两个 IP 地址添加到"IP 地址"列表中。

（2）在 DNS 控制台中，需要使用"新建区域向导"新建两个域，域名称分别为 zed.com 和 zzf.com，并创建相应主机，对应的 IP 地址分别为 192.168.1.110 和 192.168.1.120，使不同 DNS 域名与相应的 IP 地址对应起来，如图 10.34 所示。这样，因特网上的用户才能够使用不同的域名来访问不同的网站。

（3）在 IIS 管理器中用鼠标右击"网站"，并依次选择"新建"→"网站"选项，打开"网站新建向导"，新建一个网站。在显示的窗口中的"网站 IP 地址"下拉列表中，分别为网站指定两个 IP 地址，如图 10.35 所示。

当这两个网站创建完成以后，再分别为不同的网站进行配置，如指定主目录等，这样在一台 WWW 服务器上就可以创建多个网站了。

第 10 章　WWW 服务器

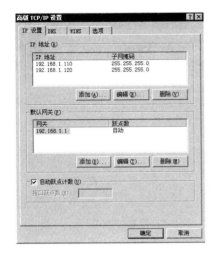

图 10.33　添加网卡地址

图 10.34　添加 DNS 域名

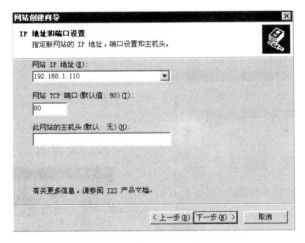

图 10.35　IP 地址和端口设置

10.5.4　使用主机头名建立多个网站

使用主机头创建的域名也称二级域名。现在，在 WWW 服务器上利用主机头创建 ftp.zed.com 和 soft.zed.com 两个网站为例进行介绍，其 IP 地址均为 192.168.1.110。具体的操作步骤如下。

（1）为了让用户能过通过因特网找到 ftp.zed.com 和 soft.zed.com 网站的 IP 地址，需将其 IP 地址注册到 DNS 服务器。在 DNS 服务器中，新建两个主机，分别为"ftp"和"soft"，IP 地址均为 192.168.1.110，如图 10.36 所示。

（2）打开 IIS 管理器窗口，使用"网站创建向导"创建两个网站。当显示"IP 地址和端口设置"窗口时，在"此网站的主机头"文本框中输入新建网站的域名，如 ftp.zed.com 和 soft.zed.com，如图 10.37 所示。继续单击"下一步"按钮，进行其他配置，直至创建完成。

图 10.36 新建主机

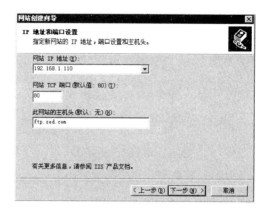

图 10.37 IP 地址和端口设置

（3）如果要修改网站的主机头，也可以右击已创建好的网站中，并选择"属性"选项，在"网站"选项卡中单击"IP 地址"右侧的"高级"按钮，显示"高级网站标识"窗口，如图 10.38 所示。

（4）选中主机头名，单击"编辑"按钮，显示"添加/编辑网站标识"窗口，即可修改网站的主机头名，如图 10.39 所示。

图 10.38 "高级网站标识"窗口

图 10.39 "添加/编辑网站标识"窗口

使用主机头来搭建多个具有不同域名的 Web 网站，与利用不同 IP 地址建立虚拟主机的方式相比，这种方案更为经济实用，可以充分利用有限的 IP 地址资源，来为更多的客户提供虚拟主机服务。

10.6 远程管理 WWW 服务器

WWW 服务器配置完成后，对它的管理是非常重要的一个问题，网络管理员不可能每天都坐在服务器前进行操作，此时网站管理员可以从任何一个接入因特网的计算机连入到 WWW 服务器，对服务器进行日常管理。本节主要介绍两种管理方式，分别是利用 IIS 远程管理和利用远程管理（HTML）进行管理。

10.6.1 利用 IIS 管理器进行远程管理

打开"IIS 管理器"→右击"本地计算机"选项,在出现的快捷菜单中选择"连接"命令,在打开的对话框中选择另外一台要被管理的 IIS 计算机,如图 10.40 所示。

图 10.40 连接到远程计算机

如果目前所登录的账号没有权限来连接该 IIS 计算机,可选中"连接为"复选框,然后输入另外一个有权限连接的账号和密码。

10.6.2 远程管理

1. 安装远程管理工具

可以使用远程管理(HTML)工具,从 Intranet 上的任何 Web 浏览器上管理 IIS Web 服务器。本版本的远程管理(HTML)工具只在运行 IIS 6.0 的服务器上运行。

远程管理(HTML)的安装方法是:选择"开始"→"控制面板"→"添加或删除程序"→"添加/删除 Windows 组件"→"应用程序服务器"→"详细信息"→"Internet 信息服务(IIS)"→"详细信息"→"万维网服务"→"详细信息",如图 10.41 所示,选中"远程管理(HTML)"复选框。

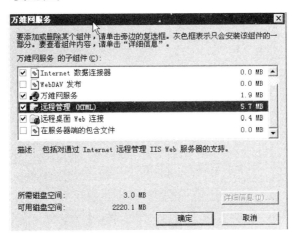

图 10.41 安装远程管理(HTML)组件

安装完成后,在"Internet 信息服务(IIS)管理器"窗口中,将多出一个名称为

Administration 的网站，如图 10.42 所示。Administration 网站默认的端口是 8099，SSL 端口为 8098。

图 10.42　Administration 网站

下面将通过此 Administration 网站来远程管理 IIS 计算机。由于 Administration 网站的默认网页是用 Active Server Pages 编写的 default.asp，因此 ActiveServer Pages 会自动被启动，如图 10.43 所示。

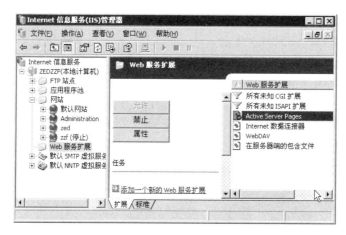

图 10.43　Administration 网站启动 Active Server Pages

2．远程登录管理的方法

假设远程计算机的 IP 地址是 192.168.1.120，那么在该网络内的任何一台计算机的浏览器的地址栏内输入 https://192.168.1.120:8098 时，会弹出如图 10.44 所示的警告信息，直接单击"是"按钮即可。要求输入连接到远程计算机相应权限的用户名和密码，如图 10.45 所示。然后会出现如图 10.46 所示的"欢迎使用"窗口。

(1)"站点"选项

单击"站点"选项卡，出现如图 10.47 所示的"网站配置"窗口，在此窗口中可以创建、删除和修改站点。

第 10 章　WWW 服务器

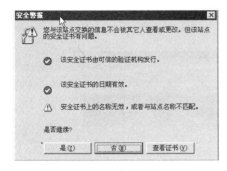

图 10.44　警告信息　　　　　　　　　图 10.45　连接到远程计算机的登录界面

图 10.46　Web 远程管理界面　　　　　　　图 10.47　"网站配置"窗口

（2）"Web 服务器"选项

选择"Web 服务器"选项卡，出现如图 10.48 所示的窗口。在此窗口中可对 Web 服务器或者 FTP 服务器的日志、权限和消息进行设置。

图 10.48　设置 Web 服务器

(3)"网络"选项

选择"网络"选项卡,出现如图 10.49 所示的"网络"窗口。

图 10.49 设置网络窗口

(4)"维护"选项

选择"维护"选项卡,出现如图 10.50 所示的"维护"窗口。该界面提供服务器的基本配置和维护服务,其中使用"远程桌面"登录服务器后,可以像操作本地计算机一样管理服务器。

图 10.50 设置维护窗口

第 10 章　WWW 服务器

复习题

10-1 请简要说明 WWW 服务的工作过程。

10-2 简述 IIS 6.0 的新特性。

10-3 在 IIS 6.0 中包括哪些服务？

10-4 若需要 Web 站点支持 ASP，发布目录应怎么设置？

10-5 什么是默认文档？

10-6 如何利用虚拟主机技术建立多个网站？（请分别用实验证明使用同一 IP 地址、不同端口号来建立多个网站，使用不同的 IP 地址建立网站，使用主机头名建立网站）

10-7 简要说明使用虚拟目录的好处。如何利用虚拟目录技术实现网站的安全性和隐蔽性？

10-8 如何远程管理 WWW 服务器？

10-9 架设一台 WWW 服务器，要求能够以 IP 地址访问也能够以 DNS 访问，详细说明建立的步骤并实验证明。

第 11 章 FTP 服务器

本章学习目标：
- 理解 FTP 服务的工作过程
- 掌握 FTP 服务的安装及验证
- 掌握非隔离用户模式的 FTP 站点的建立
- 掌握隔离用户模式的 FTP 站点的建立

11.1 FTP 服务简介

FTP（文件传输协议）是 TCP/IP 协议簇中的协议之一，是英文 File Transfer Protocol 的缩写。FTP 服务器实现在不同计算机之间进行文件传输的服务器，它通常提供分布式的信息资源共享，例如上传、下载或实现软件更新等。但是必须拥有一定的权限才可以上传或者下载，这种服务器一般用于公司内部。

11.1.1 什么是 FTP 服务器

在互联网诞生初期，FTP 就已经被应用在文件传输服务上，而且一直是文件传输服务的主角。FTP 是因特网上最早应用于主机之间进行文件传输的标准之一。FTP 服务的一个非常重要的特点就是可以独立于平台，因此在 Windows、Linux、UNIX 等各种常用的网络操作系统中都可以实现 FTP 的服务器和客户端。

文件传输协议（FTP）标准是在 RFC959 说明的。该协议定义了一个在远程计算机系统和本地计算机系统之间传输文件的一个标准。FTP 工作在 OSI 模型的应用层，它利用 TCP（传输控制协议）在不同的主机之间提供可靠的数据传输。由于 TCP 是一种面向连接的、可靠的传输控制协议，所以它的可靠性就保证了 FTP 文件传输的可靠性。FTP 还具有一个重要的特点就是支持断点续传功能，这样做可以大大地减少 CPU 和网络带宽的开销。

一般有两种 FTP 服务器。一种是普通的 FTP 服务器，这种 FTP 服务器一般要求用户输入正确的用户账号和密码才能访问。另一种是匿名 FTP 服务器，这种 FTP 服务器一般不需要输入用户账号和密码就能访问目标站点。用户不需要注册就可以与它连接并且进行上传和下载文件的操作，通常这种访问限制在公共目录下。

11.1.2 FTP 服务的工作过程

FTP 采用客户端/服务器模式，用户通过一个支持 FTP 协议的客户端程序，连接到远程主机上的 FTP 服务器程序。通过客户端程序向服务器程序发出命令，服务器程序执行用户所发出的命令，并将执行结果返回给客户机。FTP 通过 TCP 传输数据，TCP 保证客户端与服务器之间数据的可靠传输。客户端与服务器之间通常建立两个 TCP 连接，一个被称作控制连接，另一个被称作数据连接，如图 11.1 所示。控制连接主要用来传送在实际通信过程中需要执行的 FTP 命令以及命令的响应。控制连接是在执行 FTP 命令时，由客户端发起的通往 FTP 服务器的连接。控制连接并不传输数据，只用来传输控制数据传输的 FTP 命令集及其响应。数据连接用来传输用户的数据。在客户端要求进行上传和下载等操作时，客户和服务器将建立一条数据连接。在数据连接存在的时间内，控制连接肯定是存在的，但是控制连接断开，数据连接会自动关闭。

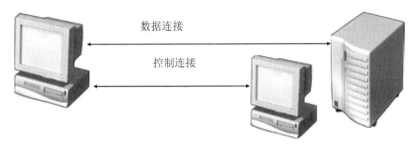

图 11.1　连接 FTP 服务器

当客户端启动 FTP 客户端程序时，首先与 FTP 服务器建立连接，然后向 FTP 服务器发出传输命令，FTP 服务器在收到客户端发来命令后给予响应。这时激活服务器的控制进程，控制进程与客户端进行通信。如果客户端用户未注册并获得 FTP 服务器授权，也就不能使用正确的用户名和密码，即不能访问 FTP 服务器进行文件传输。如果服务器启用了匿名 FTP 就可以让用户在不需要输入用户名和密码的情况下，直接访问 FTP 服务器。

使用 FTP 传输文件时，用户需要输入 FTP 服务器的域名或 IP 地址。如果 FTP 服务器不是使用默认端口，则还需要输入端口号。当连接到 FTP 服务器后，提示输入用户名和密码，则说明该 FTP 服务器没有提供匿名登录。否则，用户可以通过匿名登录直接访问该 FTP 服务器。

11.2　FTP 服务的安装及验证

11.2.1　配置 FTP 服务器的需求

在配置 FTP 服务器前应满足下列要求：
- 使用内置了 IIS 以提供 FTP 服务的 Windows 等服务器端操作系统；
- FTP 服务器的 IP 地址、子网掩码等 TCP/IP 参数应手工指定；
- 为了更好地为客户端提供服务，FTP 服务器应拥有一个友好的 DNS 名称，以便 FTP 客户端能够通过该 DNS 名称访问 FTP 服务器。

11.2.2 安装 FTP 服务

（1）选择"开始"→"控制面板"→"添加或删除程序"→"添加/删除 Windows 组件"选项，打开"Windows 组件向导"对话框。在列表中，选中"应用程序服务器"复选框，如图 11.2 所示。

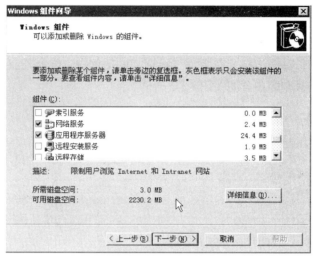

图 11.2 选择"应用程序服务器"

（2）单击"详细信息"按钮，弹出如图 11.3 所示的对话框，选中"Internet 信息服务（IIS）"复选框。

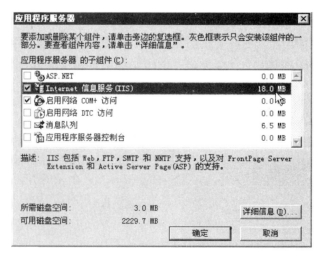

图 11.3 选择"Internet 信息服务（IIS）"

（3）单击"详细信息"按钮，弹出如图 11.4 所示的对话框，选中"文件传输协议（FTP）服务"复选框。

（4）单击"确定"按钮，然后单击"下一步"，开始安装 FTP 服务。

第 11 章 FTP 服务器

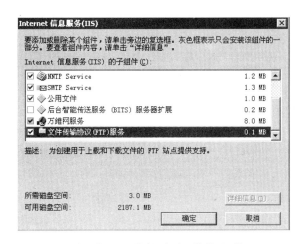

图 11.4 选择"Internet 信息服务（IIS）"的子组件

11.2.3 验证 FTP 服务安装

FTP 服务安装完成之后，可以通过查看 FTP 相关文件和 FTP 服务两种方式来验证 FTP 是否成功安装。

1．查看文件

如果 FTP 服务成功安装，将会在%systemdrive%中创建一个 Inetpub 文件夹，其中包含 ftproot 了文件夹，如图 11.5 所示。

图 11.5　C:\Inetpub\ftproot 文件夹

2．查看服务

FTP 服务如果成功安装，会自动启动。因此，在服务列表中将能够看到已启动的 FTP 服务。选择"开始"→"管理工具"→"服务"命令，打开"服务"管理控制台，如图 11.6 所示。在其中能够看到启动的 FTP 服务。

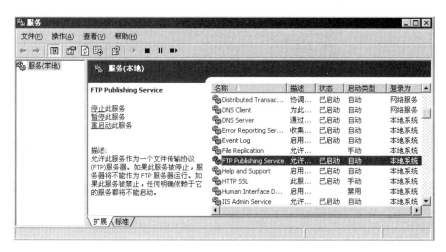

图 11.6　使用"服务"管理控制台查看 FTP 服务

11.2.4　启动、停止和暂停 FTP 服务

当一个 FTP 站点的内容和设置需要进行比较大的修改时，网站管理人员就需要将该站点的服务停止或者暂停，并在 FTP 站点完成维护工作后再继续服务。

（1）使用具有管理员权限的用户账户登录 FTP 服务器。

（2）选择"开始"→"管理工具"→打开"Internet 信息服务（IIS）管理器"控制台窗口，展开"FTP 站点"，右击站点名称，在弹出的快捷菜单中分别选择"暂停"、"停止"或"启动"命令，即可进行各项相应的操作，如图 11.7 所示。

图 11.7　FTP 服务的停止、启动和暂停设置

此外，还可以通过"管理工具"下的"服务"工具进行服务的启动、停止和重新启动 FTP 服务，如图 11.8 所示。

第 11 章 FTP 服务器

图 11.8 使用"服务"工具设置 FTP 服务

11.3 建立 FTP 站点

11.3.1 FTP 主目录

建立 FTP 站点之前,应当先将 FTP 主目录准备好,以方便用户进行文件传输。出于安全性等方面考虑,FTP 主目录通常存储在与系统文件不同的硬盘或分区中。在 Windows Server 2003 中,存储 FTP 主目录的分区建议使用 NTFS 文件系统,以确保能够更加灵活地对 FTP 的权限进行控制。

11.3.2 创建 FTP 站点

创建 FTP 站点的操作可以通过"Internet 信息服务(IIS)管理器"来完成。具体操作步骤如下。

(1) 使用具有管理员权限的用户账号登录 FTP 服务器,打开"Internet 信息服务(IIS)管理器"控制台。

(2) 右击"FTP 站点",在弹出的快捷菜单中选择"新建"→"FTP 站点",打开"FTP 站点创建向导"对话框。

(3) 单击"下一步"按钮,进入"FTP 站点描述"界面,输入关于 FTP 站点的描述信息,如图 11.9 所示。

(4) 单击"下一步"按钮,进入"IP 地址和端口设置"界面,在此界面中可以设置 FTP 站点所使用的 IP 地址和端口号,如图 11.10 所示。

(5) 单击"下一步"按钮,进入"FTP 用户隔离"界面,通过此界面,可以设置 FTP 用户隔离的选项,有关用户隔离的知识在后面进行介绍,在此选中"不隔离用户"按钮,如图 11.11 所示。

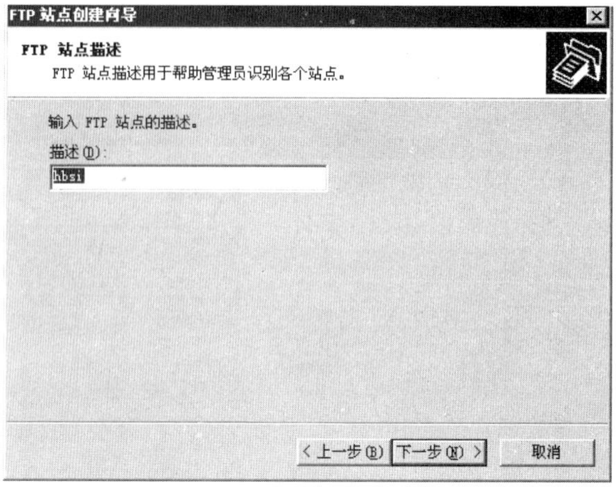

图 11.9 "FTP 站点描述"界面

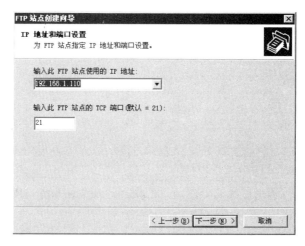

图 11.10 "IP 地址和端口设置"界面

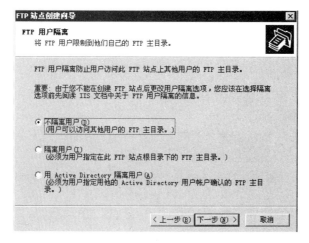

图 11.11 "FTP 用户隔离"界面

(6) 单击"下一步"按钮,进入"FTP 站点主目录"界面,在此可以设置 FTP 站点的主目录,如图 11.12 所示。

(7) 单击"下一步"按钮,进入"FTP 站点访问权限"界面。在此界面中可以设置 FTP 站点的访问权限,如图 11.13 所示。

注意:FTP 站点访问权限除了可以通过其本身的权限进行控制之外,还可以通过 NTFS 权限来控制。

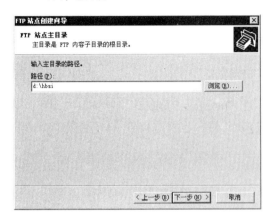

图 11.12 "FTP 站点主目录"界面

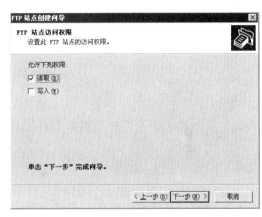

图 11.13 "FTP 站点访问权限"界面

(8) 单击"下一步"按钮,进入"完成"界面,新建了一个 FTP 站点。如图 11.14 所示。

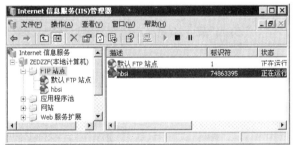

图 11.14 新建的 FTP 站点

11.3.3 连接 FTP 站点

下面以 IE 浏览器为例来说明,客户端连接 FTP 站点的具体步骤。

(1) 登录 FTP 客户端,选择"开始"→"运行",打开"运行"对话框,如图 11.15 所示。

图 11.15 输入 FTP 站点的 URL

(2) 在文本框中输入 FTP 站点的 IP 地址或 FQDN，然后按 Enter 或单击"确定"按钮，将打开 IE 连接的 FTP 站点，如图 11.16 所示。

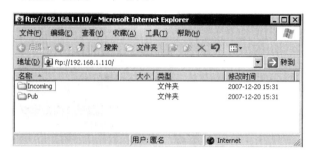

图 11.16　使用 IE 打开 FTP 站点

此外，还可以选择"开始"→"所有程序"→"Internet Explorer"命令，打开 IE，在"地址"文本框中输入 FTP 站点的 URL，然后按 Enter 键，也将连接到 FTP 站点。

11.4　FTP 站点的管理

11.4.1　管理 FTP 站点标识、连接限制和日志记录

选择"Internet 信息服务（IIS）管理器"→"FTP 站点"→"默认 FTP 站点"选项，右击选择"属性"选项，弹出"默认 FTP 站点属性"对话框，选择"FTP 站点"选项卡，如图 11.17 所示，该选项卡共有三个选项区域。

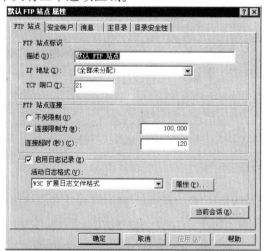

图 11.17　"FTP 站点"选项卡

1．"FTP 站点标识"选项区域

该区域用于设置每个站点的标识信息。
- 描述：可以在文本框中输入一些文字说明，一般为用于描述该站点的名称。

- IP 地址：用于指定可以通过哪个 IP 地址才能够访问 FTP 站点。
- TCP 端口：FTP 默认的端口号是 21，可以修改此号码，但是修改后，用户要连接此站点时，必须以 IP:端口号的方式访问站点。

2. "FTP 站点连接"选项区域

该区域用来限制最多可以同时建立多少个连接和设置连接超时的时间。

3. "启用日志记录"选项区域

该区域用来设置将所有连接到此 FTP 站点的记录都存储到指定的文件。

如上图所示，单击"当前会话"按钮，打开"FTP 用户会话"对话框，如图 11.18 所示，在此对话框中可以查看到当前连接到该 FTP 站点的客户端、连接使用的用户和连接时间。

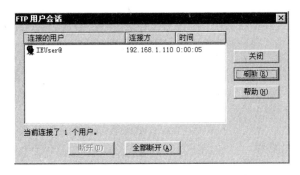

图 11.18 "FTP 用户会话"对话框

11.4.2 验证用户的身份

根据用户的安全需要，可以选择一种 IIS 验证方法。FTP 身份验证方法有两种，即匿名 FTP 身份验证和基本 FTP 身份验证。

（1）匿名 FTP 身份验证

如果为资源选择了匿名 FTP 身份验证，则接受对该资源的所有请求，并且不提示用户输入用户名和密码。因为 IIS 将自动创建名为 IUSR_computername 的用户账号，其中 computername 是正在运行 IIS 服务的名称。如果启用了匿名 FTP 身份验证，则 IIS 始终先使用该验证方法，即使已经启用了基本 FTP 身份验证也是如此。

（2）基本 FTP 身份验证

要使用该身份验证与 FTP 服务器建立连接，用户必须使用与有效的用户账号对应的用户名和密码进行登录。如果 FTP 服务器不能证实用户的身份，服务器就会返回一条错误信息。基本 FTP 身份验证只提供很低的安全性能，因为它是以不加密的形式在网络上传输用户名和密码。

选择"Internet 信息服务（IIS）管理器"→"FTP 站点"→右击"默认 FTP 站点"选项，选择"属性"选项，弹出"默认 FTP 站点属性"对话框，选择"安全账户"选项卡，如图 11.19 所示。

Windows 服务器管理与维护

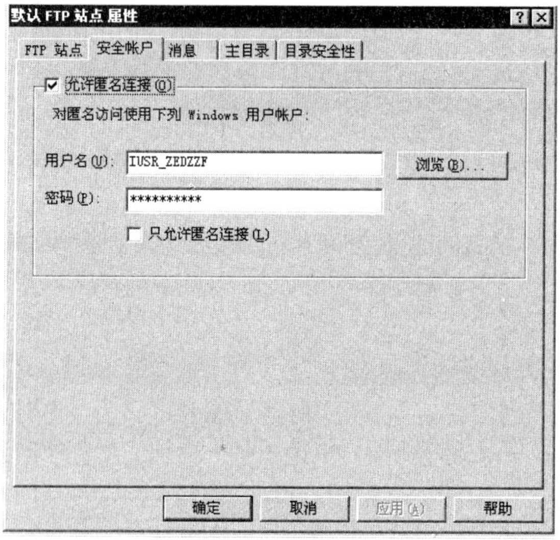

图 11.19 "安全账户"选项卡

如果在上图中选中了"允许匿名连接"复选框，则所有的用户都必须利用匿名账号来登录 FTP 站点。反之，如果取消选中"允许匿名连接"复选框，则所有的用户都必须输入正确的用户账号和密码，不可以利用匿名方式登录。

11.4.3 管理 FTP 站点消息

设置 FTP 站点时，可以向 FTP 客户端发送站点消息。该消息可以是欢迎用户登录到 FTP 站点的问候消息、用户注销时的退出消息或标题消息等。对于企业网站而言，这既是一种自我宣传的机会，也对客户端提供了更多的提示信息。

选择"Internet 信息服务（IIS）管理器"→"FTP 站点"→右击"默认 FTP 站点"选项，选择"属性"选项，弹出"默认 FTP 站点属性"对话框，选择"消息"选项卡，如图 11.20 所示。

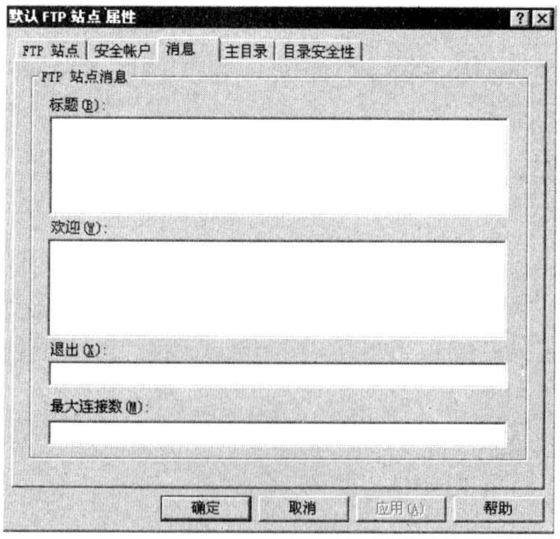

图 11.20 站点"消息"选项卡

- 标题：当用户连接 FTP 站点时，首先会看到设置在"标题"列表框中的文字。标题信息在用户登录到站点前出现，可以用标题显示一些较为醒目的信息。默认情况下，这些信息是空的。
- 欢迎：当用户登录到 FTP 站点时，会看到此消息。欢迎信息通常包含下列信息，如：向用户致意、使用该 FTP 站点时应当注意的问题、站点所有者或管理者的信息及联络方式、上传和下载文件的规则说明等。
- 退出：当用户注销时，会看到此信息。通常为表达欢迎用户再次光临，向用户表示感谢之类的内容。
- 最大连接数：如果 FTP 站点有连接数目的限制，而且目前连接的数目已达到此数目，当再有用户连接此 FTP 站点时，会看到此信息。

11.4.4 管理 FTP 站点主目录

每个 FTP 站点都必须有自己的主目录，用户可以设定 FTP 站点的主目录。具体方法为：选择"Internet 信息服务（IIS）管理器"→"FTP 站点"→右击"默认 FTP 站点"选项，选择"属性"选项，弹出"默认 FTP 站点属性"对话框，选择"主目录"选项卡，如图 11.21 所示。

图 11.21 "主目录"选项卡

1. "此资源的内容来源"选项区域

- 此计算机上的目录：系统默认 FTP 站点的主目录位于 C:\Inetpub\ftproot。
- 另一台计算机上的目录：可以将主目录指定到另外一台计算机的共享文件夹，同时需要单击"连接为"按钮设置一个权限存取此共享文件夹的用户名和密码。

2. "FTP 站点目录"选项区域

可以选择本地路径或者网络共享，同时可以设置用户的访问权限，共有三个复选框：

- 读取：用户可以读取主目录内的文件，例如，可以下载文件。
- 写入：用户可以在主目录内添加、修改文件，例如，可以上传文件。
- 记录访问：启动日志，将连接到此 FTP 站点的操作记录到日志文件。

3．"目录列表样式"选项区域

该区域用来设置如何将主目录内的文件显示在用户的屏幕上，有两种选择：
- UNIX：以四位数格式显示年份，如果文件日期与 FTP 服务器相同，则不会返回年份。
- MS-DOS：这是默认选项，以两位数字显示年份。

11.4.5 通过 IP 地址来限制 FTP 连接

可以配置 FTP 站点，以允许或拒绝特定计算机或域访问 FTP 站点。具体的操作步骤为：选择"Internet 信息服务（IIS）管理器"→"FTP 站点"→右击"默认 FTP 站点"选项，选择"属性"选项，弹出"默认 FTP 站点属性"对话框，选择"目录安全性"选项卡，如图 11.22 所示。

图 11.22 "目录安全性"选项卡

11.5 创建隔离用户的 FTP 站点

11.5.1 FTP 站点的三种模式

FTP 用户隔离可以为大家提供上传文件的个人 FTP 目录。FTP 用户隔离通过将用户限制在自己的目录中，来防止用户查看或删除其他用户的目录。

Windows Server 2003 添加了"FTP 用户隔离"功能，配置成"隔离用户"模式的 FTP 站点，可以使用户登录后直接进入属于该用户的目录中，且该用户不能查看或修改其他用户的目录。在创建 FTP 站点时，IIS 6.0 支持以下三种模式。

1. 不隔离用户

该模式不启用 FTP 用户隔离，该模式的工作方式与以前版本的 IIS 类似，最适合于只提供共享下载功能的站点，或不需要在用户间进行数据访问保护的站点。

2. 隔离用户

在该模式下，用户访问与其用户名相匹配的主目录，所有用户的主目录都在单一的 FTP 主目录下，每个用户均被限制在自己的主目录中，不允许用户浏览自己主目录以外的内容。当使用该模式创建了上百个主目录时，服务器性能会下降。

3. Active Directory 隔离用户

该模式根据相应的 Active Directory 容器验证用户，而不是搜索整个 Active Directory。将为每个客户指定特定的 FTP 服务器实例，以确保数据的完整性及隔离性。该模式需要在 Windows Server 2003 家庭的操作系统上安装 Active Directory，也可以使用 Windows 2000 Active Directory，但是需要手动扩展 User 对象架构。

11.5.2 创建隔离用户的 FTP 站点

创建隔离用户的 FTP 站点的具体步骤如下。

1. 创建用户账号

首先，要在 FTP 站点所在的 Windows Server 2003 服务器中为 FTP 用户创建一些用户账号（例如：user1、user2），以便他们使用这些账号登录 FTP 站点。

2. 规划目录结构

创建了一些用户账户后，就需要开始一项重要性的操作，即规划文件夹结构，创建"用户隔离"模式的 FTP 站点，对文件夹的名称和结构有一定的要求。我们在 NTFS 分区中创建一个文件夹作为 FTP 站点的主目录（例如：d:\ftp），然后在此文件夹下创建一个名为"localuser"的子文件夹，最后在"localuser"文件夹下创建若干个和用户账号相对应的个人文件夹（例：user1、user2）。

另外，如果想允许用户使用匿名方式登录"用户隔离"模式的 FTP 站点，则必须在"localuser"文件夹下面创建一个名为"public"的文件夹，这样匿名用户登录以后即可进入"public"文件夹中进行读写操作。

FTP 站点的主目录应该指定为 d:\ftp，而不是 d:\ftp\localuser。另外，FTP 站点主目录下的子文件夹名必须为 localuser,且在其下创建的用户文件夹必须跟相关的用户账号使用完全相同的名称，否则，将无法使用该账号登录。例：用 user1 和 user2 用户分别对应 user1 和 user2 文件夹，匿名用户访问时对应的是 D:\ftp\localuser\public 目录下的内容。

以上的准备工作完成后，即可开始创建隔离用户的 FTP 站点，具体操作步骤如下：

（1）在"Internet 信息服务（IIS）管理器"窗口中，展开"本地计算机"，右击"FTP

站点"文件夹,选择"新建"→"FTP 站点"命令。

(2) 按照"FTP 站点创建向导"依次输入"FTP 站点描述"、IP 地址、端口号等内容,具体操作步骤如前。

(3) 在弹出的"FTP 用户隔离"窗口中选择"隔离用户"单击按钮,单击"下一步"按钮,如图 11.23 所示。

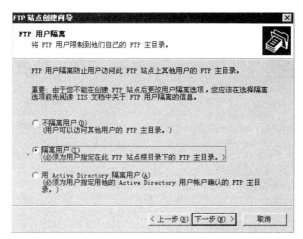

图 11.23 "FTP 用户隔离"窗口

(4) 弹出"FTP 站点主目录"窗口,单击"浏览"按钮,选择 d:\ftp 目录,单击"下一步"按钮,如图 11.24 所示。

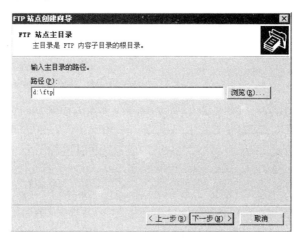

图 11.24 "FTP 站点主目录"界面

(5) 弹出"FTP 站点访问权限"窗口,在"允许下列权限"选项区域中选择相应的权限,单击"下一步"按钮。

(6) 弹出"完成"窗口,单击"完成按钮,即可完成 FTP 站点的配置。

(7) 测试 FTP 站点:以用户名 user1 连接 FTP 站点,在 IE 浏览器地址栏中输入 ftp://192.168.1.110,然后在图 11.25 中输入用户名和密码,连接成功后即进入主目录相应的用户文件夹 d:\ftp\localusre\user1 窗口。

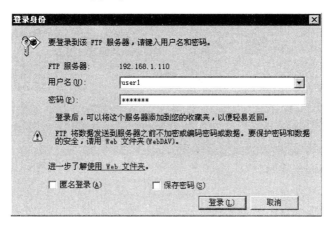

图 11.25 "登录身份"窗口

复习题

11-1 简述 FTP 会话建立的过程。
11-2 简要说明 FTP 的两种身份验证方法。
11-3 简要说明建立不隔离用户模式的 FTP 站点的具体步骤。
11-4 如何建立隔离用户模式的 FTP 站点,应该注意哪些方面?
11-5 FTP 客户端如何访问 FTP 站点?
11-6 FTP 服务主要应用在哪些地方?

第 12 章　邮件服务器

本章学习目标：
（1）了解邮件服务器概念
（2）熟悉邮件服务器的安装
（3）熟悉邮件服务器的配置
（4）熟悉邮件服务器客户端软件

本章主要介绍了邮件服务器的概念；安装邮件服务器；配置邮件服务器；以及邮件服务器客户端软件 OutLook Express 的使用方法。

12.1　认识邮件服务器

在认识电子邮件之前，先来观察下传统的邮件服务，如图 12.1 所示，这是一个典型的邮件服务，投递者将邮件投递到本地邮局，经本地邮件辗转送到收件人所在邮局，再由收取人收取邮件。

图 12.1　传统邮件服务

随着信息技术的飞速发展，通过网络进行邮件传送成为一种常用手段，相对普通邮件系统，电子邮件系统应解决：从客户端到网络服务器的传输，服务器之间的邮件传送以及邮件如何识别邮件用户，进行，邮件分发。

因此电子邮件系统在物理上包括：收发邮件的客户端（MUA）和邮件处理的服务器（MTA），如图 12.2 所示。

图 12.2　电子邮件示意图

客户端 MUA（Mail User Agent）：客户端程序提供阅读、发送和接受电子邮件的用户接口。MUA 也是用户和 MTA 之间的接口。

第 12 章 邮件服务器

服务器 MTA（Mail Transfer Agent）：主要负责邮件的存贮和转发，包括接受和传递由客户端发送的邮件；维护邮件队列，以便客户端不必一直等到邮件真正发送出去；接收客户的邮件，并将邮件放置在存储区；知道用户链接，让用户收取邮件；有选择的转发和拒绝转发接受到的、目的地为另一个服务器的邮件。

电子邮件系统在软件协议上包括解决文件传输的协议和分发邮件的邮局协议，即客户端和服务器之间完成接收、发送和服务器之间进行转发，需使用的简单邮件传输协议（SMTP）和分发邮件的邮局协议（POP3）。

SMTP 协议是基于 TCP 服务应用层的协议，要求可靠、高效地传送邮件，解决电子邮件从客户端到服务器的传送和服务器之间的传送。

POP3 协议是请求—响应协议，客户端发送一个命令，服务器返回一个响应的命令，解决将服务器上用户邮箱的内容传送至客户端电脑。

12.2 邮件服务器的安装

在 Windows Server 2003 的默认安装下，不包含邮件服务器的安装，因此要提供邮件服务需配置成邮件服务器，配置方法两种主要途径。

（1）利用"配置您的服务器向导"；
（2）通过"添加或删除程序"安装相关组件进行。

不管哪种方法，首先将 Windows Server 2003 的安装准备好，放进光驱，再进行邮件服务器的安装。

12.2.1 利用"配置您的服务器向导"方式

（1）点击"开始"菜单，选择"配置您的服务器向导"项，出现如图 12.3 所示欢迎画面，开始服务器的配置，

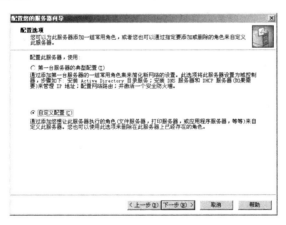

图 12.3 欢迎画面

（2）点"下一步"出现图 12.4 的配置选项中，选择自定义配置；
（3）单击"下一步"按钮，打开如图 12.5 所示的服务器角色对话框，在其中选择"邮件服务器(POP3，SMTP)选项；

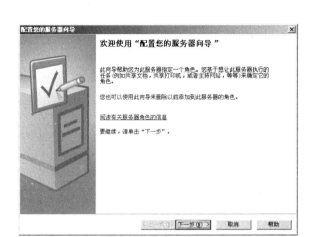

图 12.4 配置选项

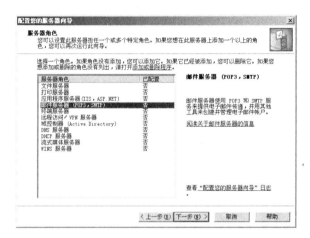

图 12.5 选择服务器角色

（4）单击"下一步"按钮，打开如图 12.6 所示对话框，选择邮件服务器中所使用的用户身份验证方法，并在 "电子邮件域名"中指定邮件服务器名，如"jsjx.com"；

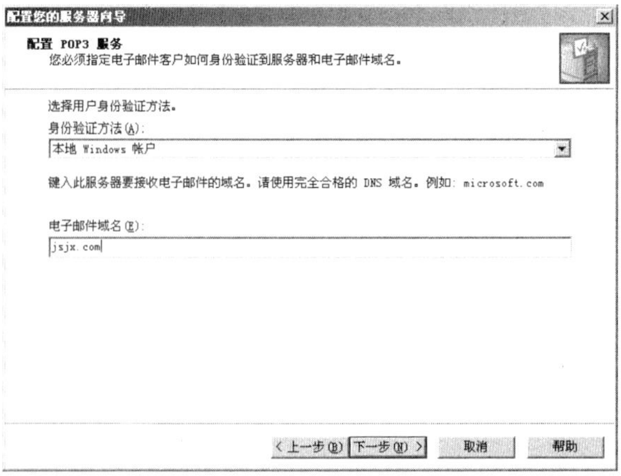

图 12.6 POP3 的选择

(5) 再单击 "下一步"，出现对前面所有选择的总结画面，如图 12.7 所示。点击 "下一步" 则开始邮件服务器配置的所有组件安装，如图 12.8 所示，最后，弹出如图 12.9 所示的完成安装的提示，即完成了邮件服务器的安装。

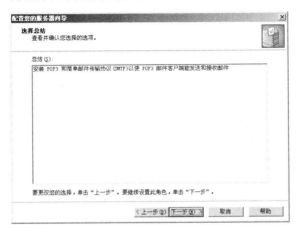

图 12.7 选择总结

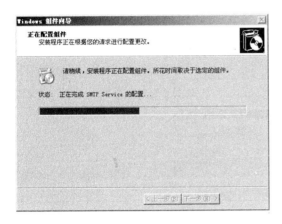

图 12.8 安装组件

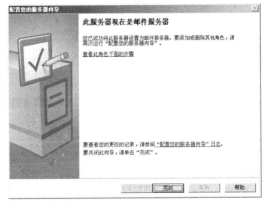

图 12.9 安装完成

12.2.2 通过 "添加或删除程序" 方式

（1）打开 "控制面板"，选择 "添加删除程序"，在打开的对话框中左侧选择 "Windows 组件"，在如图 12.10 所示的对话框中，勾选 "电子邮件服务"，点出 "详细信息" 按钮则可以选择 "POP3 服务" 和 "POP3 服务远程管理"；

（2）拖动右侧的滚动条，找到 "应用程序服务器"，如图 12.11 所示。选中后，点击 "详细信息" 按钮；

（3）在出现的详细信息如图 12.12 所示，再选中 "Internet 信息服务"，点击 "详细信息" 按钮；

（4）在 "Internet 信息服务" 的选中，如图 12.13 所示，勾选 "NMTP Service" 和 "SMTP Service"；

（5）逐个对话框确定后，回到"Windows 组件"对话框，如图 12.10 和图 12.11 所示，最后确定，完成安装后，出现完成安装的提示对话框，即完成了邮件服务器的安装。

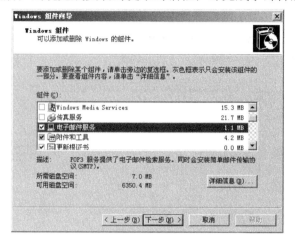

图 12.10　电子邮件服务

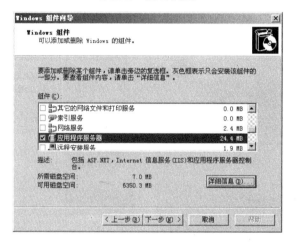

图 12.11　应用程序服务器

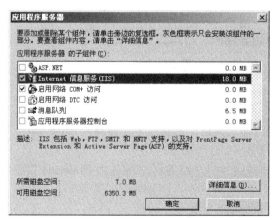

图 12.12

第 12 章 邮件服务器

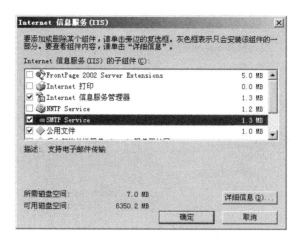

图 12.13

12.3 邮件服务器的配置

安装完邮件服务器，下一步就是对服务器进行配置，主要对 POP3 服务器和 SMTP 服务器的配置。

12.3.1 POP3 服务的配置

邮件的地址格式一般是：用户名@域名。因此 POP3 服务器的配置包括三个方面，服务器本身的配置、域名的配置和用户的配置。而域名和 IP 地址的转换是由 DNS 服务器来完成。

1．配置邮件服务器

点击"开始"菜单，在"管理工具"中找到"POP3 服务"，弹出 POP3 服务控制台窗口，如图 12.14 所示。

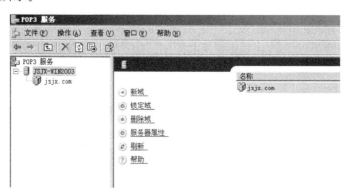

图 12.14 POP3 服务

选择左边服务器 JSJX-WIN2003，在右边点击"服务器属性"，弹出如图 12.15 的对话框，指定 POP3 服务器端口和邮件根目录，并勾上"总为新的邮箱创建关联的用户"。

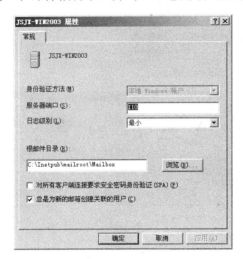

图 12.15　邮件服务器 POP3 属性

2．身份认证

POP3 服务提供两种不同的身份验证方法来验证连接到邮件服务器的用户，如图 12.15 中的第一个选项，包括本地 Windows 账户身份验证和加密密码文件身份验证。

（1）本地 Windows 账户身份验证

本地 Windows 账户身份验证将邮件服务集成到本地计算机的安全账户管理器（SAM）中。通过使用安全账户管理器，在本地计算机上拥有用户账户的用户就可使用与由 POP3 服务提供的或本地计算机进行身份验证的相同的用户名和密码。

本地 Windows 账户身份验证可以支持一个服务器上的多个域，但是不同域上的用户名必须是唯一的，不可以相同。如：用户名为 test@jsxj.com 和 test@wyx.com 的用户不能同时在一台服务器上存在的。

如果以相应的用户账户创建一个邮箱，则该用户将被添加到"POP3 用户"本地组。即使在服务器上拥有相同的用户账户，POP3 用户组的成员也不能在本地登录服务器。使用计算机的本地安全策略可以增强对本地登录的限制，因此仅授权的用户有本地登录权限，这样可以提高服务器的安全性。另外，如果用户不能本地登录到服务器，并不影响其使用 POP3 服务。

本地 Windows 账户身份验证同时支持明文和安全密码身份验证（SPA）的电子邮件客户端身份验证。其中的明文以不安全的非加密的格式传输用户数据，所以不推荐使用明文身份验证。而 SPA 要求电子邮件客户端使用安全的身份验证传输用户名和密码，回此推荐使用该方法来取代明文身份验证。

（2）加密密码文件身份验证

"加密的密码文件"身份验证对于没有安装活动目录，并且又不想在本地计算机上创建用户的大规模部署来说十分理想，管理员从一台本地计算机上就可以轻松管理可能存在的大量账户。

加密密码文件身份验证将使用用户的密码来创建一个加密文件,该文件存储在服务器上用户邮箱的目录中。在用户的身份验证过程中,用户提供的密码将被加密,然后与存储在服务器上的加密文件进行比较,如果相匹配,则用户通过身份验。如果是使用加密密码文件身份验证,则可以在不同的域中使用相同的用户名。

3．创建邮件域

选中左栏中的服务器后,点击右栏中的"新域",弹出"添加域"对话框,接着在"域名"栏中输入邮件服务器的域名,也就是邮件地址"@"后面的部分,如"jsxj.com",最后点击"确定"按钮。其中"jsxj.com"为在 Internet 上注册的域名,并且该域名在 DNS 服务器中设置了 MX(Mail Exchange)邮件交换记录,解析到 Windows Server 2003 邮件服务器 IP 地址上。

4．创建用户邮箱

选中刚才新建的"jsxj.com"域,右击鼠标,在弹出的菜单中选择"新建->邮箱",如图 12.16 所示,"添加邮箱",弹出添加邮箱对话框,在"邮箱名"栏中输入邮件用户名,然后设置用户密码,最后点击"确定"按钮,完成邮箱的创建,如图 12.17 所示。

图 12.16　新建邮箱

图 12.17　邮箱设置

如果勾选了"为此邮箱创建相关联的用户"项,则系统同时会创建一个用户账户。

当所创建的用户邮箱名与域系统中已有用户账户名一样时,最好不要选择"为此邮箱创建相关联的用户"复选项了,直接输入与用户账户一样的邮箱名即可。这样,系统会自动在他们的用户账户中配置以邮件服务器域名为尾缀的电子邮件地址,否则将创建一个以所输入的用户名+000 为用户名的用户账户。

12.3.2 SMTP 服务的安装及配置

SMTP 的配置，是基于 Internet 信息服务的，所以它的配置是在 IIS 里面进行。

点击"开始→程序→管理工具→Internet 信息服务（IIS）管理器"，在"IIS 管理器"窗口中右键点击"默认 SMTP 虚拟服务器"选项，在弹出的菜单中选中"属性"，如图 12.18 所示。

图 12.18 配置 SMTP 服务器

弹出的属性页有六个标签页，分别是"常规/访问/邮件/传递/LDAP 路由/安全"，主要是前面三个标签页的配置。

(1) 常规页，如图 12.19 所示，主要是指定 SMTP 服务器的 IP 地址。

图 12.19 常规页面

(2) 访问页，如图 12.20 所示，主要是设置身份验证方式。

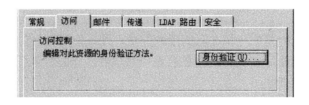

图 12.20 访问页面

点击进入后，出现如图 12.21 所示对话框，勾选"集成 Windows 身份验证"，以保证 SMTP 服务的安全性。

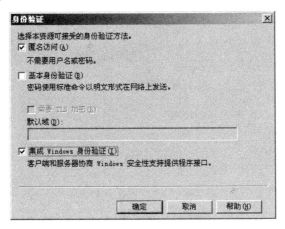

图 12.21　身份验证对话框

（3）邮件页，如图 12.22 所示，主要配置邮件大小、会话大小、邮件数等相关参数，如没有特殊要求，要中直接使用默认值。

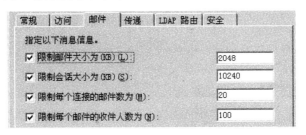

图 12.22　身份验证对话框

这样一个简单的邮件服务器就架设完成了，完成以上设置后，用户就可以使用邮件客户端软件连接邮件服务器进行邮件收发工作了。

12.4　邮件服务器客户端软件

电子邮件的收发现在有两种方式，一种邮件服务器提供的 Web 方式，在邮件服务器上进行个人的邮件操作，收取、撰写、发送、阅读、管理等，基本上主流的邮件服务器都提供个人邮件管理功能，如 126、163、Sina 等；另外一种方式，个人邮件都在本地机器上进行收取、撰写、发送、阅读、管理等，这就需要使用邮件客户端软件，将 POP3 服务器上的邮件收取下到本地机器，发送时将写好的邮件发送到 SMTP 服务器，再由服务器进行转发至指定的收件人的 POP3 服务器。

12.4.1　Web 邮件操作

前面已经了解了怎样创建一个邮件用户，下面以 163 邮件服务器为例，介绍下申请邮箱的基本过程和在邮件服务器上管理邮件的操作。

打开 IE，地地址栏输入 mail.163.com，出现如图 12.23 的登录画面，点击下面左边的注册按钮，进入注册画面和程序，按照提示，输入用户名、密码、密码保护等相关问题后，即可获得一个免费的邮箱。

图 12.23　163 邮箱登录画面

下次再从登录画面就可以直接登录到自己申请的邮件，进行邮件的各项操作（如图 12.24 所示）。

图 12.24　163 邮箱操作界面

12.4.2　使用 Outlook 客户端软件

邮件客户端软件很多,常见的有国产的 FoxMail，Windows 系统自带的 OutLook Express，Office 套件里面的 OutLook 等，这里介绍 Windows 的 OutLook Express 6.0。

1．认识 OutLook Express

从"开始"菜单,打开 OutLook Express,出现 OutLook Express 的操作界面如图 12.25 所示。

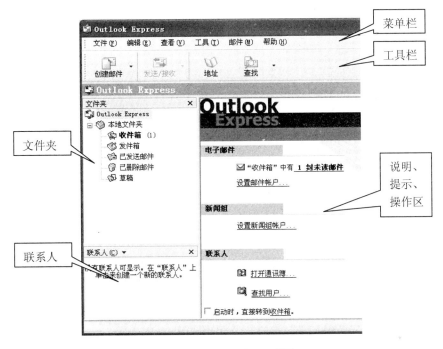

图 12.25 OutLook Express 界面

OutLook Express 的操作界面与传统的 Windows 应用程序类似,包括菜单栏、工具栏、左侧的树形文件夹、联系人和右中部分说明、提示、操作区域。

2．创建用户

使用 OutLook Express 管理邮件,首先要有一个邮箱,点击"工具"菜单中的"用户"菜单项,在出现的对话框,点击"下一步",根据提示分别输入用户名和邮箱地址。

用户名:一般是指自己的姓名,撰写邮件时会自动将用户名添加在落款处;

邮箱地址:前面在 163 申请的邮箱是 gzyang87@163.com,而在 POP3 服务器中创建的邮件用户则是 example1@jsjx.com。

填写这两项后,在如图 12.26 所示中,输入邮件服务器名,如 163 的邮箱,则分别是接收服务器:pop3.163.com,发送服务器:Smtp.163.com。

最后输入邮箱用户名和密码,邮箱的作户名,即邮箱地址@前面部分,系统会自动将邮箱地址的@前面部分,填在用户名位置,输完密码即完成了用户的设置。

Windows 服务器管理与维护

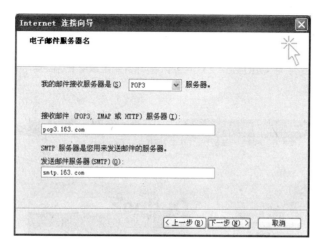

图 12.26 邮件服务器输入界面

12.4.3 OutLook Express 账户设置

创建好账户后，因为服务器的升级、修改、收发邮件不正常等，需对账户相关设置进行检查和修改，可以再点击"工具→账户"，打开如图 12.27 所示的账户对话框。

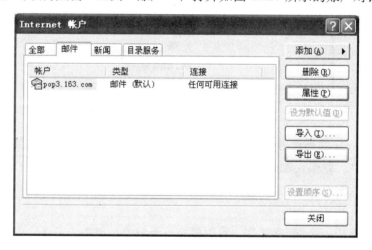

图 12.27 账户管理对话框

选择对应的账户，点击右侧的"属性"按钮，出现如图 12.28 所示的界面，进行检查和修改。

在账户的属性中，包括"常规/服务器/连接/安全/高级"五个标签页，主要检查、配置常规、服务器和高级三个标签页。

在"常规"标签页中主要检查、设置电子邮件地址；

在"服务器"标签页中主要检查、设置接收和发送的服务器地址，这两个地址，可以在申请邮箱的服务器上看到相关的说明；

在"高级"标签页中主要检查、配置 POP3 和 SMTP 的服务端口。

第 12 章 邮件服务器

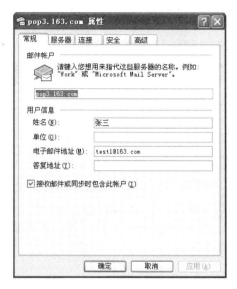

图 12.28　账户属性页

用户设置好后，在工具栏中的第二个按钮"发送/接收"按钮，即由灰色不可选变成可选了，该按钮是下拉按钮，点击此按钮即可进行邮件的发送和接收，对应的邮件分别存放在 OutLook Express 左边树形的对应文件夹中。

撰写邮件则点击工具栏第一个按钮，其他的操作都相当简单，这里主要介绍邮件服务，其他的就不再详细介绍了。

复习题

一、填空题

12-1　邮件服务器使用的协议有＿＿＿＿＿＿＿＿＿和＿＿＿＿＿＿＿＿＿。
12-2　邮件服务器的创建可以使用＿＿＿＿＿＿＿和＿＿＿＿＿＿＿＿＿方法。
12-3　在 POP3 服务器中创建一个用户名＿＿＿＿＿＿＿自动在域中创建对应的用户。
12-4　举出 3 个常用的邮件网址＿＿＿＿＿＿＿、＿＿＿＿＿＿＿、＿＿＿＿＿＿＿。
12-5　SMTP 的中文名称是＿＿＿＿＿＿＿＿，英文全名是：＿＿＿＿＿＿＿＿＿。

二、简答题

12-6　简单说明邮件服务器的设置步骤。
12-7　结合自己的实际情况，比较使用 Web 方式管理邮箱和使用客户端邮件软件管理邮箱的优劣。

三、上机操作

12-8　配置 Windows Server 2003 邮件服务功能。
12-9　使用 Outlook Express 发送一份邮件给老师。

第 13 章 活 动 目 录

学以致用：由于 Windows Server 2003 的易操作性和 Active Directory 的便捷性，在当今企业中得到了广泛的应用，当其与 Exchang Server 2007 和 Office Communications Server 2007 结合时，可轻松地构建企业级 E-mail 服务器和即时通信平台。而这所有的一切都是基于一个统一的基础，那就是 Active Directory，所以，本章就针对 Active Directory 进行详细的讲解，为以后企业级服务器及信息交流平台的搭建打下坚实的基础。

本章学习目标：
- 了解活动目录的概念，熟悉活动目录的逻辑结构及物理结构
- 掌握活动目录的安装及其配置方法
- 掌握活动目录中用户、组以及 OU 的创建及管理方法
- 掌握在活动目录中对打印机及共享文件夹的发布及管理的方法
- 掌握在活动目录中使用组策略管理用户环境的方法

本章主要介绍在 Windows Server 2003 操作系统中，Active Directory 的相关内容，包括活动目录的基本概念；活动目录的安装、配置方法；活动目录中用户、组、OU 的创建方法；在活动目录中如何发布资源，如何在活动目录中使用组策略管理用户环境等。

13.1 活动目录简介

Microsoft Active Directory 服务是 Windows 平台的核心组件，它为用户管理网络环境各个组成要素的标识和关系提供了一种有力的手段。

Windows Server 2003 产品家族改进了 Active Directory 的易管理性，并且简化了迁移和部署工作的复杂程度。

Active Directory 已经得到了增强，以便降低企业的整体拥有成本（TCO）和操作的复杂性。各种新的功能和改进特性被添加到了产品的各个层面上，以提高系统的通用性，简化管理以及提升可靠性。利用 Windows Server 2003，组织可以在受益于成本节省的同时，提高各类不同企业要素的共享和管理效率。

本节主要介绍活动目录的基本概念，不涉及操作内容，由于活动目录的概念较为抽象，学生理解起来不是很容易，所以非常有必要单独使用一节来完成对活动目录概念的讲解。

13.1.1 什么是活动目录

Active Directory 用于存储有关网络上的对象的信息,并使管理员和用户更方便地查找和使用这种信息。Active Directory 使用结构化的数据存储作为目录信息的逻辑化、分层结构的基础。

从字面上来看活动目录由"活动"和"目录"两部分组成,其中"活动"是用来修饰"目录"的,其核心是"目录"两个字,而目录代表的是目录服务(Directory Server)。

目录的作用大家都很熟悉,当拿到一本新书时首先看到的就是目录。通过目录能知道书中有哪些具体内容。目录服务和目录不同,目录服务是一种网络服务,它存储网络资源信息并使用户和应用程序能访问这些资源。

"活动"说明这个目录是动态的、可扩展的。

Active Directory 目录服务可安装在运行 Microsoft Windows Server 各个版本的服务器上。

13.1.2 活动目录的对象

在活动目录中可以被管理的一切资源都称为活动目录对象,如用户、组、计算机账号、共享文件夹和共享打印机等。活动目录的资源管理就是对这些活动目录对象的管理,包括设置对象的属性、对象的安全性等。每一个对象都存储在活动目录的逻辑结构中,可以说活动目录对象是组成活动目录的基本元素。

13.1.3 轻型目录访问协议

LDAP(Lightweight Directory Access Protocol)是在 TCP/IP 网络上使用的通讯协议。LDAP 定义目录客户端如何访问目录服务器以及客户端如何能进行目录操作并共享目录数据。当活动目录中对象的数目非常多时,如果要对某个对象进行管理或使用就需要定位该对象,这时就需要一种层次结构来查找它,LDAP 就提供了这样一种机制。

Active Directory 中的每个对象都可通过多种不同的名称引用。Active Directory 根据对象创建或修改时提供的信息,为每个对象创建**相对可分辨名称**和**规范名称**。每个对象也可通过其**可分辨名称**引用。

- **相对可分辨名称**:对象名称中的一部分,用来将命名层次中该对象从其命名空间中标识为唯一。例如,在可分辨名称 CN=My Name,CN=Users,DC=Microsoft,DC=Com 中,用户对象的相对可分辨名称是 My Name。用户对象的父对象的相对可分辨名称为 Users。
- **可分辨名称**:可分辨名称标识了对象以及对象在树中的位置。Active Directory 中的每个对象都有一个可分辨名称。一个典型的可分辨的名称是 CN=MyName,CN=Users,DC=Microsoft,DC=Com 这个可分辨的名称标识了 microsoft.com 域中的"MyName"用户对象。
- **规范名称**:规范名称对象的可分辨名称,以根开头且没有"轻型目录访问协议(LDAP)"属性标记(例如:CN=,DC=)。名称的片段用正斜杠(/)分开。例如:CN=MyDocuments,,OU=MyOU,,DC=Microsoft,DC=Com 被表示为 microsoft.com/MyOU/MyDocuments 的规范形式。

13.1.4 活动目录的逻辑结构

在活动目录中有很多资源对象，要对这些资源进行很好的管理，就必须把它们有效地组织起来，活动目录逻辑结构就是用来组织资源的。

活动目录的逻辑结构可以和公司的组织机构框图结合起来，通过对资源进行逻辑组织，使用户可以通过名称而不是通过物理位置来查找资源，并且使网络的物理结构对用户来说是透明的。

活动目录的逻辑结构包括域（Domain）、域树（Domain Tree）、域目录林（Forest）和组织单位（Organization Unit），如图13.1所示。

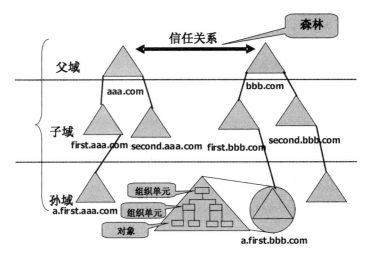

图 13.1　活动目录逻辑结构示意图

1．域

域是活动目录的一种实现形式，也是活动目录最核心的管理单位和复制单位，一个域由域控制器和成员计算机组成。域控制器就是安装了活动目录服务的一台计算机。在域控制器上，每一个成员计算机都有一个计算机账号，每一个域用户有一个域用户账号。域管理员可以在域控制器上实现对域用户账号和计算机账号以及其他资源的管理。域还是一种复制单位，我们在域中可以安装多台域控制器，域管理员可以在任何一台域控制器上创建和修改活动目录对象。域控制器之间可以自动的同步，或者是复制这样一种更新。

域提供了多项优点。

● 组织对象。

如果只是为了反映您公司的部门组织结构，则不必创建独立的域树。在一个域中，可以使用组织单位来实现这个目标。使用组织单位可帮助您管理域中的账户和资源。然后，可以指定组策略设置并将用户、组和计算机放在组织单位中。使用单域极大地简化了管理的开销。

● 发布有关域对象的资源和信息。

域仅存储位于该域的对象的信息，所以通过创建多个域，您可以将目录分区或分段，从而更好地服务于不同的用户群。使用多个域，您可以根据规模规划 Active Directory 目录服务以适应管理和目录发布要求。

- 将组策略对象应用到域可加强资源和安全性管理。

域定义了策略的作用域或单元。组策略对象（GPO）确立了访问、配置和使用域资源的方法。这些策略只在域中应用，而不是跨域应用。

- 委派授权使您不再需要大量的具有广泛管理权限的管理员。

使用与组策略对象和组成员身份连接的委派授权允许您指派管理权利和权限，以管理整个域或域中一个或多个组织单位的对象。

- 安全策略和设置（如管理权利和密码策略）不会从一个域移至另一个域。

每个域都有自己的安全策略和与其他域的信任关系。但是，林是最后的安全边界。

- 每个域仅存储该域中各对象的有关信息。

通过这样区分目录，Active Directory 可将规模扩展到拥有大量对象。

2．域树

- 域树（Domain）是由一组具有连续命名空间的域组成的。

如图 13.2 所示，root.com 是整棵树的根域，first.root.com 和 second.root.com 是其下属的子域，a.first.root.com 和 b.first.root.com 是 first.root.com 子域，a.second.root.com 是 second.root.com 的子域，三个域形成一个连续的名字空间。

组成一棵域树的第一个域称为树的根域，树中的其他域称为该树的结节域。

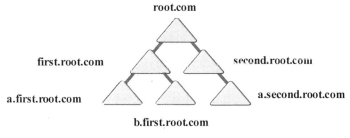

图 13.2　域树示意图

- 域和信任关系：

域是安全的最小这界，而域树是由多个域组成的，因此多个域之间互相访问时就需要一种信任关系。在 Windows Server 2003 的域树中父域和子域之间可以自动建立一种双向可传递的信任关系。

如果两个域之间有双向信任关系，则可以达到以下结果：

- 这两个域就像一个域一样，A 域中的账号可以在 B 域中登录 A 域。
- A 域中的用户可以访问 B 域中有权限访问的资源。
- A 域中的全局组可以加入 B 域中的本地组，反之亦然。

可以说像这种双向信任关系淡化了不同域之间的界线。而在 Windows Server 2003 的域树中，父域和子域之间的信任关系不但是双向的，而且是可传递的。可传递的意思是，如果 A 域信任 B 域，B 域信任 C 域，那么 A 域也就信任 C 域。在 Windows Server 2003 的域树中，由于有这两种双向可传递的信任关系存在，实际上就把这几个域融为一体了。

3．域目录林

域目录林（Forest）是由一棵或多棵域树组成的，每棵域林独享连续的名字空间，不同的域树之间没有命名空间的连续性，如图 13.3 所示。

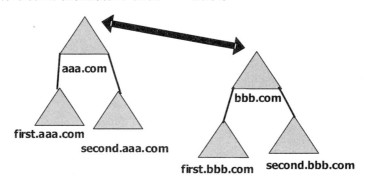

图 13.3　域目录林示意图

域目录林具有以下特点：
- 目录林中的所有域树拥有相同的架构和全局编目（Global Catalog）。
- 目录林中的第一个域称为该目录林的根域。
- 用目录林根域的名字作为此目录林的名字。
- 目录林的根域和该目录林中的其他域树的根域之间存在双向可传递的信任关系。

在活动目录中，如果只有一个域，该域和其他域没有任何关系，那么这个域也称为一个目录林，只是这个目录林小一点，只有一棵树，而且这棵树只有一个域。

前面讲了域是安全的最小边界，如果一个域的管理员要对其他域进行管理必须要得到其他域的明确授权。在目录林中有一个特殊情况，那就是默认情况下目录林的根域管理员可以对目录林中所有域执行管理权根，这个管理员也称为整个目录林的管理员。

4．组织单位

包含在域中的特别有用的目录对象类型就是组织单位。组织单位是可将用户、组、计算机和其他组织单位放入其中的 Active Directory 容器。它不能容纳来自其他域的对象。

组织单位是可以指派组策略设置或委派管理权限的最小作用域或单元。使用组织单位，您可在组织单位中代表逻辑层次结构的域中创建容器。这样您就可以根据您的组织模型管理账户和资源的配置和使用。

组织单位中可包含其他的组织单位。可根据需要扩展容器的层次以模拟域中组织的层次。使用组织单位可帮助您将网络所需的域数量降到最低。

可使用组织单位创建可缩放到任意规模的管理模型。用户可拥有对域中所有组织单位或对单个组织单位的管理权限。组织单位的管理员不需要具有域中任何其他组织单位的管理权限，如图 13.4 所示。

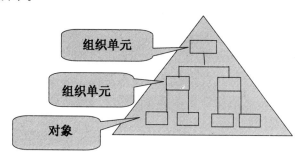

图 13.4 组织单位示意图

13.1.5 活动目录的物理结构

在活动目录中，物理结构与逻辑结构有很大的不同，它们是彼此独立的两个概念。逻辑结构侧重于网络资源的管理，而物理结构则侧重于网络的配置和优化。活动目录的物理结构主要着眼于活动目录信息的复制和用户登录网络时的性能优化。物理结构的三个重要概念是站点、域控制器和全局编录服务器。

1. 站点

站点是由一个或多个 IP 子网组成，这些子网通过高速网络设备连接在一起。站点往往由企业的物理位置分布情况决定，可以依据站点结构配置活动目录的访问和复制拓扑关系，这样能使得网络更有效地连接，并且可使复制策略更合理，用户登录更快速，活动目录中的站点与域是两个完全独立的概念，一个站点中可以有多个域，多个站点也可以位于同一域中。

活动目录站点和服务可以通过使用站点提高大多数配置目录服务的效率。可以通过使用活动目录站点和服务向活动目录发布站点的方法提供有关网络物理结构的信息，活动目录使用该信息确定如何复制目录信息和处理服务的请求。计算机站点是根据其在子网或一组已连接好子网中的位置指定的，子网提供一种表示网络分组的简单方法，这与我们常见的邮政编码将地址分组类似。将子网格式化成可方便发送有关网络与目录连接物理信息的形式，将计算机置于一个或多个连接好的子网中充分体现了站点所有计算机必须连接良好这一标准，原因是同一子网中计算机的连接情况通常优于网络中任意选取的计算机。使用站点的意义主要在于以下几点。

（1）提高了验证过程的效率

当客户使用域账户登录时，登录机制首先搜索与客户处于同一站点内的域控制器，使用客户站点内的域控制器首先可以使网络传输本地化，加快了身份验证的速度，提高了验证过程的效率。

（2）平衡了复制频率

活动目录信息可在站点内部或站点与站点之间进行信息复制，但由于网络的原因，活动目录在站点内部复制信息的频率高于站点间的复制频率。这样做可以平衡对最新目录信

息需求和可用网络带宽带来的限制。您可通过站点链接来定制活动目录如何复制信息以指定站点的连接方法，活动目录使用有关站点如何连接的信息生成连接对象以便提供有效的复制和容错。

(3) 可提供有关站点链接信息

活动目录可使用站点链接信息费用，链接使用次数，链接何时可用以及链接使用频度等信息确定应使用哪个站点来复制信息，以及何时使用该站点。定制复制计划使复制在特定时间（诸如网络传输空闲时）进行会使复制更为有效。通常，所有域控制器都可用于站点间信息的交换，但也可以通过指定桥头堡服务器优先发送和接收站间复制信息的方法进一步控制复制行为。当拥有希望用于站间复制的特定服务器时，宁愿建立一个桥头堡服务器而不使用其他可用服务器。或在配置使用代理服务器时建立一个桥头堡服务器，用于通过防火墙发送和接收信息。

2．域控制器

域控制器是指运行 Windows Server 2003 版本的服务器，它保存了活动目录信息的副本。域控制器管理目录信息的变化，并把这些变化复制到同一个域中的其他域控制器上，使各域控制器上的目录信息处于同步。域控制器也负责用户的登录过程以及其他与域有关的操作，比如身份鉴定、目录信息查找等一个域可以有多个域控制器。规模较小的域可以只需要两个域控制器，一个实际使用，另一个用于容错性检查。规模较大的域可以使用多个域控制器。

Windows Server 2003 的域结构与 WinNT 的域结构不同的是，活动目录中的域控制器没有主次之分，活动目录采用了多主机复制方案，每一个域控制器都有一个可写入的目录副本，域控制器之间可以进行数据的复制，这为目录信息的容错带来了无尽的好处。尽管在某一个时刻，不同的域控制器中的目录信息可能有所不同，但一旦活动目录中的所有域控制器执行同步操作之后，最新的变化信息就会一致。

尽管活动目录支持多主机复制方案，然而由于复制引起的通信流量以及网络潜在的冲突，变化的传播并不一定能够顺利进行。因此有必要在域控制器中指定全局目录服务器以及操作主机。全局目录是一个信息仓库，包含活动目录中所有对象的一部分属性，往往是在查询过程中访问最为频繁的属性。利用这些信息，可以定位到任何一个对象实际所在的位置，而全局目录服务器是一个域控制器，它保存了全局目录的一份副本，并执行对全局目录的查询操作。全局 目录服务器可以提高活动目录中大范围内对象检索的性能，比如在域林中查询所有的打印机操作。如果没有一个全局目录服务器，那么这样的查询操作必须要调动域林中每一个域的查询过程。如果域中只有一个域控制器，那么它就是全局目录服务器如果有多个域控制器，那么管理员必须把一个域控制器配置为全局编录服务器。

3．全局编录服务器

全局编录是存储林中所有 Active Directory 对象的副本的域控制器。全局编录存储林中主持域的目录中所有对象的完全副本，以及林中所有其他域中所有对象的部分副本。

全局编录中包含的所有域对象的部分副本是用户搜索操作中最常使用的部分。作为其架构定义的一部分,这些属性被标记为包含到全局编录中。在全局编录中存储所有域对象的最常搜索的属性,可以为用户提供高效的搜索,而不会以不必要的域控制器参考影响网络性能。

在林中的初始域控制器上,会自动创建全局编录。可以向其他域控制器添加全局编录功能,或者将全局编录的默认位置更改到另一个域控制器上。

全局编录允许用户在林中的所有域中搜索目录信息,而不论数据存储在何处。执行林内的搜索时可获得最大的速度并使用最小的网络通信。

13.2 活动目录的安装

安装活动目录是实现使用活动目录管理网络资源的基础。下面,我们就将介绍将活动目录安装到服务器中的方法。

13.2.1 安装活动目录的前提条件

要在一台计算机上安装活动目录,必须满足下面几个条件。

- 要准备一台运行 Windows Server 2003 Standard Edition、Enterprise Edition 或 Datacenter Edition 操作系统的计算机。
- 执行活动目录安装过程的用户必须对计算机具有管理权限(Administrators 组的成员)。
- 计算机上至少有 250MB 的剩余空间,而且至少有一个格式化为 NTFS 的分区。
- 计算机必须安装 TCP/IP 协议且 IP 地址最好为静态 IP 地址,配置 DNS 服务器地址为网络中维护该区域 DNS 服务器的 IP 地址,如图 13.5 所示。

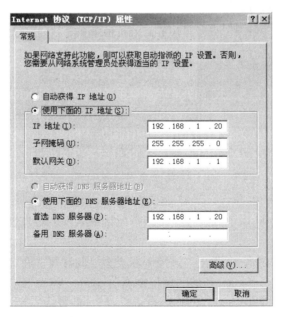

图 13.5 "TCP/IP 属性"窗口

13.2.2 活动目录的安装过程

Windows Server 2003 提供了一个活动目录安装向导来进行活动目录的安装，在活动目录安装完成后计算机会发生一些变化，其具体内容会在下一节中详细阐述，在本节中，我们将详细介绍如何在一台 Windows Server 2003 计算机中安装活动目录。

下面是在一台 Windows Server 2003 计算机上安装活动目录的过程。

（1）在计算机上打开"运行"窗口，在文本框中输入"dcpromo"命令，如图 13.6 所示。

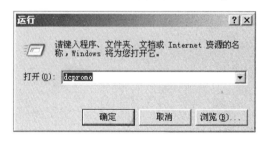

图 13.6 "运行"窗口

（2）单击"确定"按钮，即会弹出"Active Directory 安装向导"对话框，如图 13.7 所示。

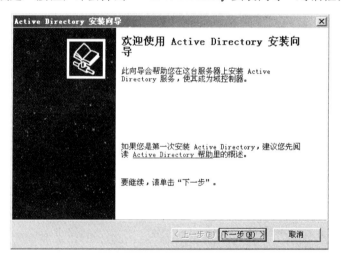

图 13.7 "Active Directory 安装向导"窗口

（3）单击"下一步"按钮，弹出"操作系统兼容性"向导页，在此向导页中，提示用户为了更好地利用 Windows Server 2003 所提供的安全特性，建议域中的成员服务器的操作系统最好是 Windows 2000 以上的版本，否则将无法最大限度地发挥 Windows Server 2003 的特点，如图 13.8 所示。

（4）单击"下一步"按钮，弹出"域控制器类型"向导页。在此选择域控制器的类型，域控制器的类型为两种：一种为"新域的域控制器"，另外一种为"现有域的额外域控制器"，由于这是目录林中根域的第一台域控制器（DC），所以此处应选中"新域的域控制器"单选按钮，如图 13.9 所示。

第 13 章　活动目录

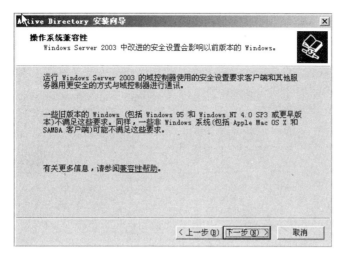

图 13.8　"Active Directory 安装向导"窗口

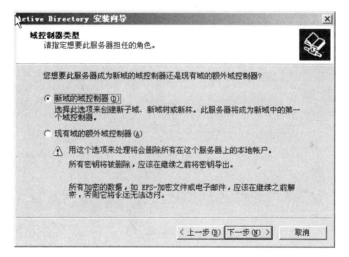

图 13.9　"域控制器类型"窗口

注意：在一个域中可以有两台以上的域控制器来同时管理网络，所以可以创建多台域控制器。如果是新创建的一个域，则选择"新域的域控制器"；如果是在已有的域中创建域控制器则选择"现有域的额外域控制器"。

（5）单击"下一步"按钮，弹出"创建一个新域"向导页。在此选择要创建的域的类型，此处选中"在新林中的域"单选按钮，如图 13.10 所示。

（6）单击"下一步"按钮，弹出"新的域名"向导页。在此为要创建的域指定 DNS 名称，此处指定的 DNS 名称为 hbsi.com，如图 13.11 所示。

（7）单击"下一步"按钮，弹出"NetBIOS 域名"向导页。在此指定新域的 NetBIOS 名，默认情况下系统会使用 DNS 名称中最前面的部分作为 NetBIOS 名，如果该名称已经在网络中使用，那么系统会自动在该名称后面加上一个字符作为新域的 NetBIOS 名称。也可以根据自己的需要手工指定另外一个名称作为新域的 NetBIOS 名，如图 13.12 所示。

Windows 服务器管理与维护

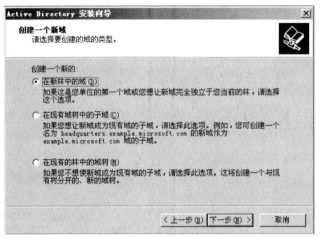

图 13.10 "创建一个新域"窗口

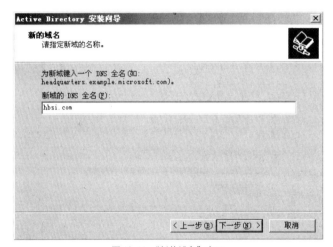

图 13.11 "新的域名"窗口

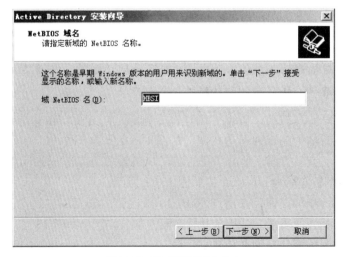

图 13.12 "NetBIOS 域名"窗口

(8) 单击"下一步"按钮,弹出"数据库和日志文件文件夹"向导页,在此选择活动目录数据库和日志的存放位置,默认情况下存放在%systemroot%\NTDS 文件夹下,也可以单击"浏览"按钮选择其他存放位置,如图所示。出于安全性的考虑,最好不要将活动目录数据库和日志放在同一个分区,而且要确保活动目录日志所在的分区必须有足够的剩余空间,如图 13.13 所示。

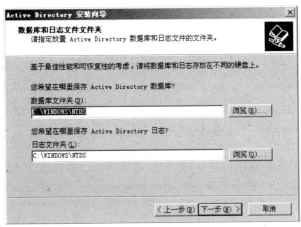

图 13.13 "数据库和日志文件文件夹"窗口

(9) 单击"下一步"按钮,弹出"共享的系统卷"向导页。在此指定 SYSVOL 文件夹的位置,SYSVOL 文件夹必须存放在 NTFS 分区内,否则安装无法进行,如图 13.14 所示。

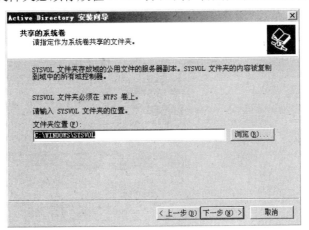

图 13.14 "共享的系统卷"窗口

(10) 单击"下一步"按钮,系统会自动到 DNS 服务器中查找是否有相应的 DNS 区域,如果在 DNS 服务器上有相应的 DNS 区域并已设置了区域属性允许动态更新,则立即进行安装;如果没有相应的 DNS 区域则出现下图所示的"DNS 注册诊断"向导页。此时选中"在这台计算机上安装并配置 DNS 服务器,并将这台 DNS 服务器设为这台计算机的首选 DNS 服务器"单选按钮,如图 13.15 所示。

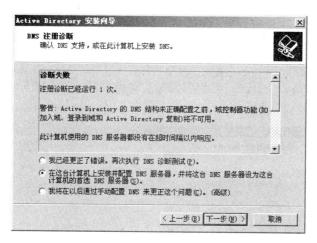

图 13.15 "DNS 注册诊断"窗口

注：可以将 DNS 服务器与域控制器（DC）创建在一台计算机上，也可以将其分别创建在两台不同的计算机上，但为了提高对用户的响应速度，建议由一台单独的计算机维护域的 DNS 区域。

（11）单击"下一步"按钮，弹出"权限"向导页。在此选择用户和组对象的默认权限。在此选中"只与 Windows 2000 或 Windows Server 2003 操作系统兼容的权限"即可，如图 13.16 所示。

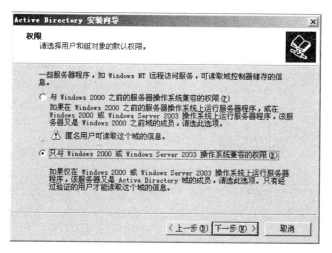

图 13.16 "权限"窗口

（12）单击"下一步"按钮，弹出"目录服务还原模式的管理员密码"向导页。在此指定"目录服务还原模式"下的管理员密码，如图 13.17 所示。

注意：目录服务还原模式是当活动目录发生损坏无法正常启动时对活动目录进行修复的模式，只有 Administrator 账号才可以执行活动目录的修复，此处设置的密码是进入活动目录还原模式的密码，与 Administrator 账号正常登录所使用的密码没有任何关系。

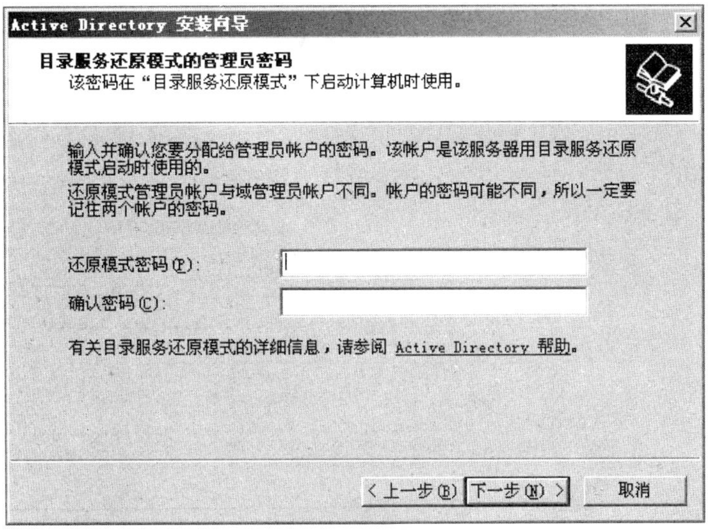

第 13 章 活动目录

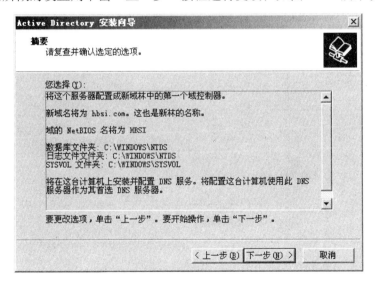

图 13.17 "还原模式密码"窗口

（13）单击"下一步"按钮，弹出"摘要"向导页，在此给出以上各步操作的汇总，若需要修改以前所做的设置则单击"上一步"按钮进行更改，如图 13.18 所示。

图 13.18 "确认选项"窗口

（14）单击"下一步"按钮开始安装活动目录，如图所示。建议在安装过程中不要取消安装，否则可能造成未知的后果。用户可以在安装结束后执行活动目录的删除过程，如图 13.19 所示。

（15）在安装过程中需要提供 Windows Server 2003 相关的安装文件，这些文件可以在 Windows Server 2003 安装光盘中的 I386 文件夹中找到。如图所示。单击"浏览"按钮选择安装文件的位置，然后单击"确定"按钮即可，如图 13.20 和图 13.21 所示。

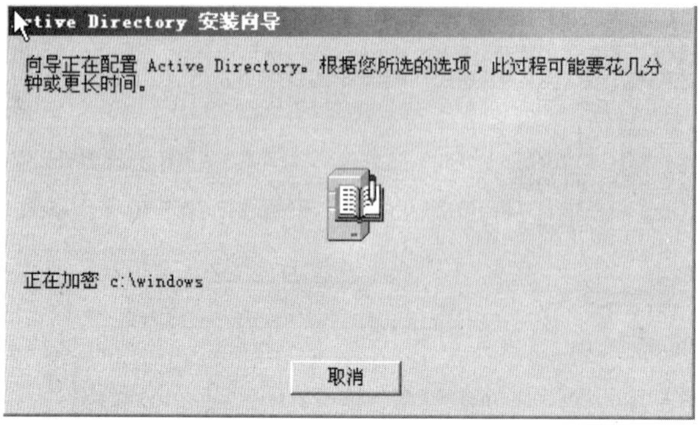

图 13.19 活动目录安装窗口

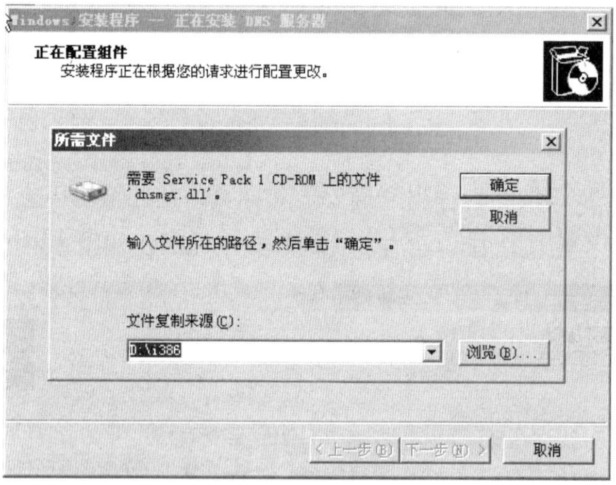

图 13.20 "请求文件"窗口

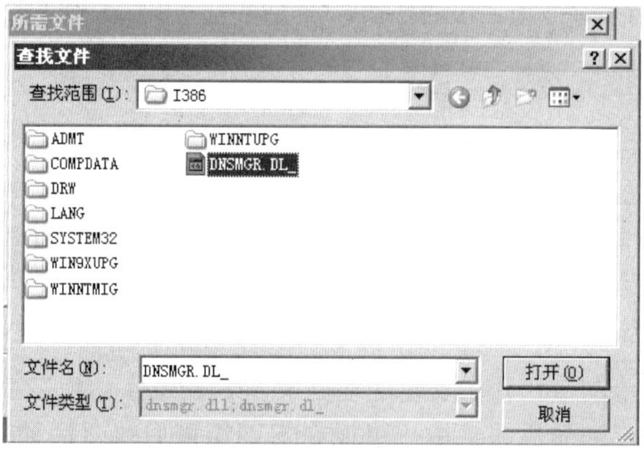

图 13.21 "查找文件"窗口

(16) 根据计算机配置的不同,活动目录的安装过程可能需要几分钟或几十分钟的时间。安装完成后可以看到下图所示的向导页,显示活动目录安装成功,如图 13.22 所示。

第 13 章　活动目录

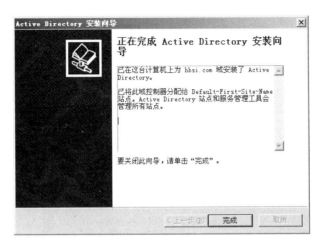

图 13.22　"完成安装"窗口

（17）单击"完成"按钮会出现如下图所示的向导页。活动目录安装成功后必须重新启动计算机才会生效，如图 13.23 所示。

图 13.23　"请求重新启动"窗口

（18）单击"立即重新启动"按钮，重新启动后该计算机就以域控制器的角色出现在网络中，如图 13.24 所示。

图 13.24　"域控制器登录"窗口

注意：默认情况下，只有具有管理权限的用户才能在 DC 上登录，但通过修改策略可以让普通用户在域控制器上登录。

13.2.3 安装活动目录后操作系统的变化

计算机在安装完活动目录后,就成为一台域控制器,此时,域控制器的操作系统将会发以下的变化。

1. 域控制器的计算机名

在 DC 上右击"我的电脑",选择"属性"命令,在弹出的"系统属性"对话框中单击"计算机名"标签,可以查看当前域控制器的计算机名,如图 13.25 所示。

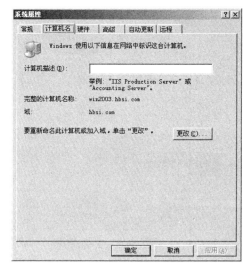

图 13.25 "系统属性"窗口

2. 查看管理工具

在 DC 上选择"开始"→"程序"→"管理工具"命令,可以看到新增加了 5 个与活动目录相关的工具,如图 13.26 所示。

- Active Directory 用户和计算机:该工具用于管理域中的用户、组、计算机账号及 OU 等。
- Active Directory 域和信任关系:该工具用于管理活动目录域之间的信任关系。
- Active Directory 站点和服务:该工具用于管理与活动目录复制相关的站点信息。
- 域安全策略:该工具用于创建和管理域的安全策略。
- 域控制器安全策略:该工具用于创建和管理域控制器的安全策略。

图 13.26 DC 管理工具

3. 查看用户和组账号的位置

活动目录安装后,计算机上用户和组账号的位置会发生变化。当一台计算机安装活动目录后,其原有的本地用户和组将会被禁用,取而代之的为"活动目录用户和计算机",如图 13.27 和图 13.28 所示。

图 13.27 "计算机管理"窗口

图 13.28 "Active Directory 用户和计算机"窗口

4．查看 SYSVOL（系统卷）文件夹

对 DC 来说 SYSVOL 文件夹是非常重要的，如果 SYSVOL 文件夹创建得不正确，那么存储在此文件夹下的组策略，脚本等就不能正确地分发给域中的计算机，也无法在 DC 之间进行复制。

SYSVOL 文件夹位于%systemroot%下，其中包含以下几个文件夹。

- domain（域）
- staging（分级）
- staging areas（分级区域）
- sysvol（系统卷）

5．查看活动目录数据库和日志文件

默认情况下活动目录数据库和日志文件存放在%systemroot%\NTFS 文件夹下，其中 ntds.dit 是活动目录数据库文件，还有检查点文件 edb.chk，日志文件 edb.log 和保留日志文件 res*.log 等。

6．查看 DNS 数据库

活动目录域与 DNS 服务是紧密结合的，活动目录的正常工作必须有相应的 DNS 区域来支持，而且还要有服务资源记录（SRV）记录，如图 13.29 所示。

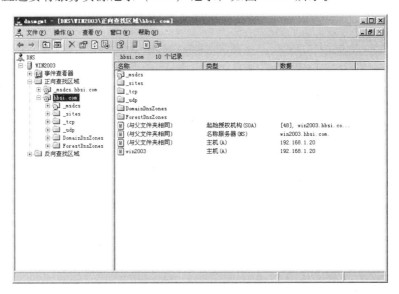

图 13.29 "DNS 服务器"窗口

如果 SRV 记录显示不完全，可以重新启动计算机或者在命令行窗口下先后运行 net stop netlogon 和 net start netlogon 命令，重新启动 netlogon 服务，然后在 DNS 服务器中查看 SRV 记录是否已经显示完全。

7．查看事件日志

安装活动目录后打开"事件查看器"可以看到增加了一个日志"目录服务"，在此将记录有关活动目录的信息。

13.3 把计算机加入到域

只有将计算机加入到域中后，管理员才可以对域中的计算机进行集中的配置和管理。

13.3.1 哪些计算机可以加入到域

以下操作系统的版本可以被加入到 Windows Server 2003 的域中：
- Windows NT
- Windows 2000
- Windows XP
- Windows Server 2003

13.3.2 把计算机加入到域的方法

将计算机加入到域的过程如下。

（1）将客户端 TCP/IP 属性中的 DNS 服务器地址指向域中的 DNS 服务器地址，如图 13.30 所示。

（2）在客户机"我的电脑"图标上右击，选择"属性"，单击"计算机名"标签，如图 13.31 所示。

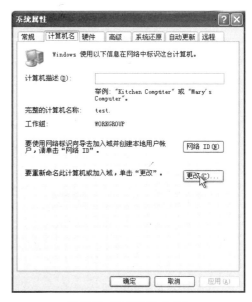

图 13.30 "TCP/IP 属性"窗口　　　　　　　图 13.31 "计算机名"选项卡

（3）单击"更改"按钮，在随之出现的"计算机名称更改"对话框中选择隶属于中的

"域"按钮,在其下方的空白框处输入要加入的域的名称,如图 13.32 所示。

(4)单击"确定"按钮,随之会出现一个登录对话框,在其中输入先前在域控制器中创建的域用户及密码,如图 13.33、13.34 所示。

图 13.32 "计算机名称更改"对话框

图 13.33 "计算机名更改"对话框

(5)域用户及密码输入完成后,单击"确定"按钮,当域控制器对其域用户名及密码验证无误后会弹出计算机加入域操作成功的对话提示框,如图 13.35 所示。

图 13.34 "计算机名更改"对话框

图 13.35 "加入域成功"窗口

(6)在上图提示框中单击"确定"按钮,则会弹出重启计算机的提示框,如图 13.36、13.37 所示。

图 13.36 "重启提示"窗口

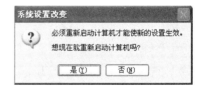

图 13.37 "重启确认"窗口

(7)单击"是"重新启动计算机,即可在客户机上登录到域,同时此计算机也将加入到域中,如图 13.38、图 13.39、图 13.40 所示。

第 13 章 活动目录

图 13.38 "登录到域"窗口   图 13.39 "登录"窗口

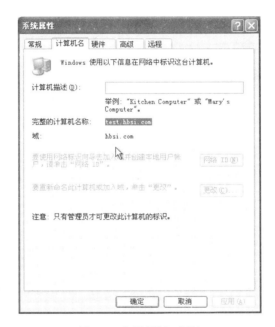

图 13.40 "系统属性"对话框

13.4 管理用户账号和组账号

在本节中,学生要重点理解用户账号及组账号的概念,掌握用户账号及组账号的创建、管理方法以及 A-G-DL-P 策略的实施方法。

13.4.1 用户账号的介绍

在计算机网络中,用户账号作为用户身份的唯一标识,可以通过账号赋予用户不同的权力及访问资源的权限,从而实现用户对网络的访问和管理。

在 Windows Server 2003 中的用户账号可以分为以下两类。

本地用户账号:本地用户账号是位于工作组环境下或非 DC 的计算机中的用户账号,

在本节中不予讨论。

域用户账号：域用户账号是位于域环境下的账户，是在域中用于标识用户唯一性身份的标识。域用户账号采用用户主名的格式。用户主名=用户登录名@域名，这种命名格式使域中的用户名更有层次感，更容易区分其所在的域。

使用用户主名有以下优点。

- 当把一个用户账号从一个域移动到另外一个域时，用户名不变。因为后缀界定，所以这个名字在活动目录中是唯一的。
- 用户主名可以和用户的 E-mail 地址联系起来，实现一个用户主名通行整个网络，并且可以和 Exchange 邮件系统集成在一起。

13.4.2 创建用户账号

当有新的员工加入公司时，公司管理员就有必要为新员工分配一个用户账号，在域环境中，此账号即为域用户账号，在此节中，我们将讨论如何创建域用户账号。

1．使用"Active Directory 用户和计算机"创建用户账号

（1）在 DC 中打开"Active Directory 用户和计算机"工具，展开 User 容器，在 Users 容器上右击，选择"新建"→"用户"命令，如图 13.41 和图 13.42 所示。

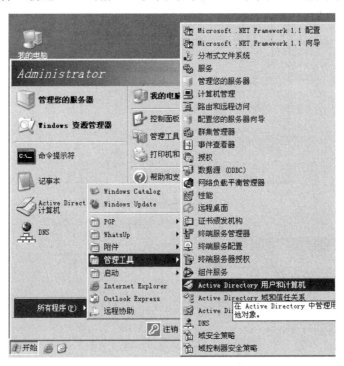

图 13.41 "管理工具"菜单

（2）在"新建对象－用户"对话框中输入用户的姓名及用户登录名信息，如图 13.43 所示。

第13章 活动目录

图 13.42 "Active Directory 用户和计算机"窗口

(3) 单击"下一步"按钮，为用户设置密码及相关选项，如图 13.44 所示。

图 13.43 "新建对象—用户"窗口　　　　图 13.44 "新建对象—用户"窗口

在此界面中有四个选项可供选择，分别解析如下：

● 用户下次登录时修改密码

此选项使该用户在下次登录到域时必须修改密码，该选项使用户密码保密性得到了提高（即只有用户本人知道密码）。

注意：使用该选项尽管使管理员也不知道该用户的密码，但管理员还是可以轻易地修改此用户的密码的。

● 用户不能修改密码

此选项不允许用户自行修改密码，但管理员可能对其密码进行修改。

● 密码永不过期

此选项的作用在于使该账号的密码永不过期。

注意：在 Windows Server 2003 中，为了安全起见，密码都会有一个失效期，当密码失效后，用户必须重新设置密码，否则将法登录到域，这样做的目的在于使用户的密码可周期性的变化，提高密码的安全性，降低被破解的危险。默认情况下，密码的有效期为 42 天。

- 账户已禁用

此选项的作用在于停用此账号，当此账号被停用后，该账号就不能在域中登录了。

此选项主要用于当某员工短期离开公司时（出差）可以先将账号禁用，待用户回来时再由管理员将其启用。

（4）选择好适当的选项后，单击"下一步"按钮即可创建一个用户账号。

2．使用 dsadd 命令创建用户账号

在 Windows Server 2003 中加强了命令行的功能，有许多管理任务可能利用命令来完成。利用 dsadd 命令可以创建用户账号，其具体的格式为：

```
dsadd user cn=用户登录名,ou=组织单元名,dc=域名分解
```

举例如下。

（1）要在 hbsi.com 域中的组织单元 sample 中创建用户 user3，可以使用下面的命令（如图 13.45 和图 13.46 所示）。

```
C:\>dsadd user cn=user3,ou=sample,dc=hbsi,dc=com
```

图 13.45 "命令创建新用户"

注意：当用 dsadd 命令新建用户账号时，为安全起见，如果不输入初始密码，默认情况下新建的账户将被禁用，只有设置初始密码后，此账号才能被启用。

（2）在域 hbsi.com 中的组织单元 sample 中创建用户账号 user4，初始密码为 123（如图 13.47 和图 13.48 所示）。

```
C:\>dsadd user cn=user4,ou=sample,dc=hbsi,dc=com -pwd {123}
```

第 13 章 活动目录

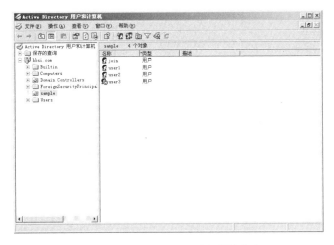

图 13.46 "Active Directory 用户和计算机"窗口

图 13.47 "命令创建新用户"

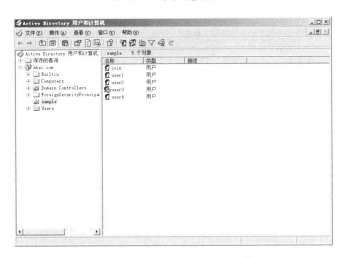

图 13.48 "Active Directory 用户和计算机"窗口

注意：用 dsadd 命令创建用户账号时，如果设置了初始密码，则此账号自动为启用状态。

13.4.3 管理用户账号

当用户账号被创建后，就需要对其进行日常的维护工作，例如：员工出差，休假，调动等。

在"Active Directory 用户和计算机"控制台下右击某用户账号后即可对其进行相应的管理工作，如图 13.49 所示。

1．复制：在创建多个属性相同的用户账号时，可以先创建一个模版，然后使用"复制"功能，对用户账号进行批量复制，以减轻网络管理员的劳动强度。

下面是复制域用户账号的操作步骤。

（1）以 administrator 身份登录到 DC，打开"Active Directory 用户和计算机"，在其中创建一个用户，名为 user1，并对此账号设定相应的属性信息，此账号即可作为模版。

（2）在 user1 用户上右击，选择"复制"选项，在出现的"复制对象-用户"对话框中输入相应的信息，并单击下一步，设置密码，如图 13.50 和图 13.51 所示。

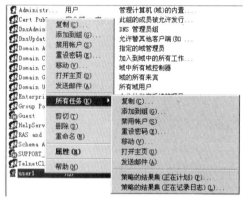

图 13.49 "所有任务"菜单

图 13.50 "复制"选项

图 13.51 "复制对象—用户"窗口

（3）单击"完成"后，在"Active Directory 用户和计算机"中发现出现一个刚创建的用户账号，右击查看属性后即可发现，其用户除了用户名、密码与模板用户不同外，其他信息与模板用户完全相同。

2．**添加到组**：把用户账号加入到某组账号中，使其具有该组所拥有的权限，其具体操作及意义与本地用户和组的操作相同。

3．**禁用账户**：当某用户账号在一段时间内闲置不用时，可使用该选项将其禁用，（当选择"禁用账户"，此选项将会变为"启用账户"）待使用时再将其启用。

4．**重设密码**：管理员可以针对所有的用户进行密码的重设，以应对密码丢失问题。

5．**移动**：此选项可用于将用户在不同的管理单元或容量中移动，以体现用户在不同的管理部门中的调动。

6．**打开主页**：当在用户账号属性的常规选项卡中输入了相应网页名称后，点击此选项可自动打开相应的网页。

7．**发送邮件**：同"打开主页"相同，当在用户账号属性中设置了邮件地址后，点击此选项可自动打开 Outlook 软件进行邮件的发送。

8．**删除**：当员工离职后，此账号也相应失去了存在的意义，此时，可使用该选项将其删除，如图 13.52 所示。

图 13.52 "删除"选项

9．**重命名**：此选项可对现有账号的名称进行更改，更改名称后的用户权限不发生任何变化。

10．**属性**：用户的属性信息对于用户来讲具有重要的意义，所以，详细的用户信息对于确定一个用户具有不可比拟的作用。

下面分别来说明其中各个选项卡的功能。

（1）"常规"、"地址"、"电话"和"单位"选项卡，如图 13.53 所示。

这几个选项卡分别用于输入用户账号的个人信息，以便将来进行查询。

（2）"账户"选项卡，如图 13.54 所示。

Windows 服务器管理与维护

图 13.53 "常规"选项卡　　　　　　图 13.54 "账户"选项卡

- 前两行用来显示用户账号的登录名信息。
- 登录时间：此按钮用于设置允许或拒绝此用户登录到域的时间，如图 13.55 所示；
- 登录到：此按钮用于设置用户可以从哪些计算机登录到域，默认情况下用户可以从域中任何计算机登录到域，如图 13.56 所示。

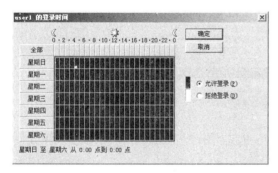

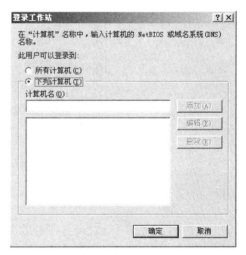

图 13.55 "登录时间"选项卡　　　　　　图 13.56 "登录工作站"窗口

注意：允许用户从域中的任何计算机上登录，有可能会泄露计算机本地硬盘上的重要数据，因此，出于安全性的考虑，可以设置一个用户只能从特定的计算机登录到域，这样就可以有效地防止本地数据的丢失，同时，利用此选项也可以达到使每个用户只能使用自己的计算机而不能通过其他计算机登录到域的目的。

- 账户选项：分别用于设置账号的密码选项及账号的禁用等。
- 账户过期：此选项用于设置账号的过期时间，当达到设置的过期时间后，此账号会自动失效。

(3) **"配置文件"选项卡**：此选项卡分为"用户配置文件"和"主文件夹"两部分。

① 用户配置文件

用户配置文件用于定义用户在登录计算机时所获得的工作环境，如：桌面设置，快捷方式，屏幕保护，区域设置等等。用户配置文件由一系列文件和文件夹组成，用于存储不同的环境。所有用户的配置文件都存放在系统分区下的 Documents and Settings 文件夹中，每个用户都有一个以自己的登录名命名的文件夹。

在 Documents and Settings 文件夹中，有一个 All Users 文件夹，此文件夹用于保存可以供所有登录到计算机上的用户使用的程序及文件。

在 Windows server 2003 中只有 Administrator、Server Operators、Power Users 组的用户所安装的应用程序才可以被所有用户使用，而普通用户安装的应用程序只能被该用户所使用，因为它只保存在该用户的用户配置文件中。

用户配置文件包括很多种类型，分别用于不同的工作环境。

- 默认的用户配置文件（Default User Profile）

默认的用户配置文件是在用户每一次登录计算机时使用的配置文件，所有用户的配置文件都是在默认用户配置文件的基础上进行修改的。默认的用户配置文件存在于所有 Windows Server 2003 计算机的%systemdrive%\Documents and Settings\Default Users 文件夹中。

注意：%systemdrive%是一个环境变量，代表当前操作系统的系统分区所在的磁盘驱动器，可以在 DOS 提示符下利用命令 echo %systemdrive%进行查看。

- 本地用户配置文件（Local User Profile）

存储在本地的配置文件称为本地用户配置文件。当用户第一次在一台计算机上登录时就为该用户在这台计算机上创建了一个以该用户名命名的本地用户配置文件。以后，每次当用户从本地登录计算机的时候，就采用该配置文件配置用户的工作环境。但如果用户登录到另一台计算机，本地用户配置就不起作用了。

一台计算机上可以有多个本地用户配置文件，分别对应每一个曾经登录过该计算机的用户。

若要查看当前计算机上有哪些配置文件，可以通过以下操作进行：

> 右击桌面上的"我的电脑"，选择"属性"命令，出现"系统属性"对话框。
> 在"系统属性"对话框中单击"高级"选项卡，如图 13.57 所示。
> 在"用户配置文件"选项区域中单击"设置"按钮，打开"用户配置文件"对话框，在此可以查看当前计算机上有哪些用户的配置文件，如图 13.58 所示。

Windows 服务器管理与维护

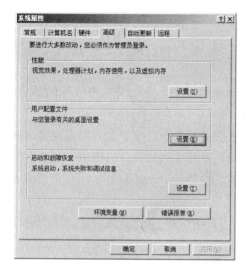
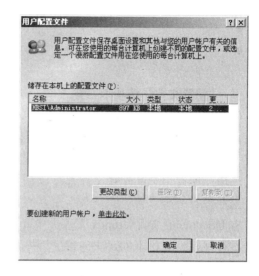

图 13.57 "高级"选项卡　　　　　　　　图 13.58 "用户配置文件"窗口

注意：域用户账号的配置文件名称为"域名\用户登录名"，本地用户账号的配置文件名称为"计算机名\用户登录名"。

如果要查看当前登录账号的配置文件夹的位置，可以利用环境变量"%userprofile%"，具体命令为：echo %userprofile%

● 漫游用户配置文件（Roaming User Profile）

当一个用户需要经常在多台计算机上登录，而且希望每次都得到相同的工作环境时就需要使用漫游用户配置文件。漫游用户配置文件实现是指将用户的配置文件存放在网络中一个台域成员服务器上，每次用户登录到域时就从该服务器中读取相应的配置文件，当用户环境改变时，配置文件中相应的内容也会随之改变。

漫游用户配置文件的实现方法如下。

实验环境：一台 DC，一台域成员服务器，两台 PC。

> 管理员身份在域成员服务器中登录，创建一个共享文件，使域中的所有用户对此共享文件夹均具有读、写权限。
> 管理员身份在 DC 中登录，打开"Active Directory 用户和计算机"工具，找到要设置的用户（例如 User1），右击打开属性对话框，在"配置文件"选项卡中输入"配置文件路径"，其格式为："\\Server_name\sharename\%username%"，其中%username%是环境变量，代表用户账号的名字。
> 单击"确定"按钮完成配置。
> PC1 计算机上，用 User1 登录到域，修改相应的桌面环境，退出登录。
> PC2 计算机上，还用 User1 登录到域，这时看到的环境与在 PC1 计算机中看到的环境完全一致。

注意：漫游用户配置文件只能在域环境下实现，工作组模式下不能使用。

- 强制漫游用户配置文件（Mandatory User Profile）

强制漫游用户配置文件是一种特殊类型的漫游用户配置文件。用户对强制漫游用户配置文件的修改将不会被保存，用户下次登录时仍然会使用原有的配置文件来配置用户的工作环境。这种配置文件可以强制用户在登录时使用同一种配置文件并且不允许随意篡改。管理员可以将用户配置文件夹中的 NTUSER.DAT 重命名为 NTUSER.MAN，即可把该用户的配置文件类型改变为"强制"。

注意：默认情况下 NTUSER.DAT 文件是隐藏的，按下面的操作可以查看该文件：在资源管理器中单击"工具"，选择"文件夹选项"命令，在"文件夹选项"对话框中单击"查看"选项卡，在"高级设置"下选中"显示所有文件和文件夹"单选按钮，单击"确定"后就可看到 NTUSER.DAT 文件了。

- 临时配置文件

如果用户在登录到域时，由于系统或网络故障导致用户配置文件加载失败时，那么系统会为用户建立一份临时配置文件，以保障用户登录。用户在使用临时配置文件时对工作环境所做的修改将不会被保存。

② 主文件夹

主文件夹也称为"宿主目录"，它可以使用户无论从域中的哪一台计算机登录，都可以使用位于一台服务器上属于自己的专用文件夹来存取文件。管理员可能在域中用一台服务器专门存放所有域用户账号的数据，方便对数据进行集中管理和备份。

下面将介绍如何为域用户 user1 创建宿主目录的过程：

- 在域中的一台计算机上创建文件夹 sample，共享此文件夹，共享名与文件夹名相同，为此文件夹指定权限，使域用户对此文件夹均有读、写的权限。
- 以 administrator 登录 DC，打开"Active Directory 用户和计算机"工具，右击用户 user1，选择"属性"命令，在"用户属性"对话框中单击"配置文件"选项卡，在"主文件夹"下选中"连接"单选按钮，输入路径 **\\servername\sharename\%username%**，如图 13.59 所示。

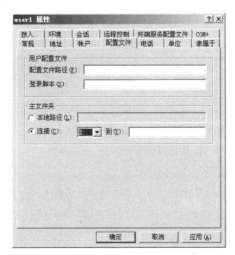

图 13.59 "配置文件"选项卡

- 单击"确定"按钮完成设置。此时可以看到在 sample 文件夹下已经创建了一个名为 user1 的目录。
- 以域用户 user1 在域中任何一台计算机上登录，即可看到在"我的电脑"中已创建一个位于 sample 文件夹下的一个磁盘映射，当用户向映射驱动器中进行文件读写操作时，实际上是对远程的宿主文件夹进行操作，如图 13.60 所示。

注意：如果域用户 user1 在域中登录后发现在"我的电脑"没有出现下图所示的网络驱动，此时，可用手动方式创建网络驱动器，方法如下：

右击"我的电脑"，选择"映射网络驱动器"命令，选择一个驱动器符，在文件夹选项中输入\\servername\sample\user1，单击"完成"。

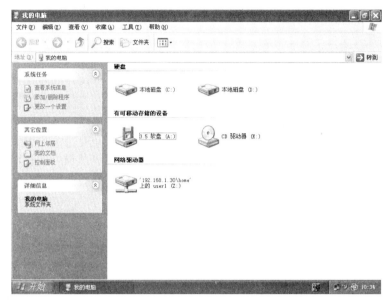

图 13.60 "我的电脑"窗口

注意：在 sample 文件夹下应该存储有所有域用户的宿主目录。账号 user1 只对自己的宿主目录有"完全控制"权限，其他用户也只对自己的宿主目录有相应的权限，对其他账号的宿主目录没有权限，这样可以保证数据的安全性。

(4)"隶属于"选项卡，如图 13.61 所示。

在"隶属于"选项卡中，可以看到该用户属于哪些组，即是哪些组的成员，默认情况下，域中的所有账户都是 Domain Users 组的成员。单击"添加"或"删除"按钮可以将此用户添加到某组中或将此用户从某组中删除。

(5)"拨入"选项卡，如图 13.62 所示。

此选项卡应配合 Windows Server 2003 中的远程访问服务（RAS）使用，利用此选项卡可以为通过拨号或 VPN 方式访问公司内部网络的客户机进行远程访问权限的设置。

① 远程访问权限

此选项用于设置用户是否拥有对远程访问服务器的访问权限。

第13章 活动目录

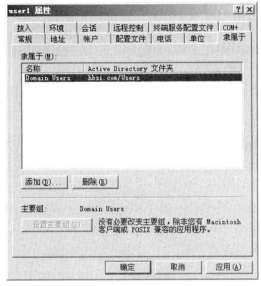

图 13.61 "隶属于"选项卡

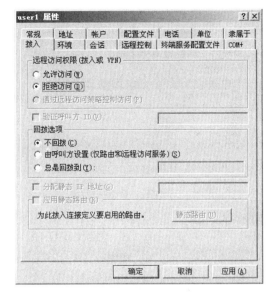

图 13.62 "拨入"选项卡

② 验证呼叫方 ID

此选项用于当客户机在拨服 RAS 服务器时验证呼叫方的电话号码或 IP 地址，如果呼叫方的电话号码或 IP 地址与 RAS 服务器中的设置不符，则拒绝该用户的远程访问连接。

③ 回拨选项

"不回拨"：意味着拨入 RAS 服务器的客户端将承担此次远程访问的全部费用。

"由呼叫设置"："意味着当客户拨入 RAS 服务器后，服务器会提示输入客户机目前使用的电话号码，然后 RAS 会断开连接，并按照客户提供的电话号码进行回拨，此时远程访问的全部费用由 RAS 所属的公属承担。

"总是回拨到"：当在此后的文本框中输入一个电话号码后，每次客户拨入 RAS 服务器后，服务器都会自动断开连接，并按其后的文本框中的电话号码进行回拨，此时远程访问的全部费用由 RAS 所属的公司承担。

④ 分配静态 IP 地址

当客户机拨入 RAS 后，RAS 会将此后文本框中的 IP 地址分配给客户机使用，在通信没有中断之前，客户机就使用该 IP 地址与服务器通信。

⑤ 应用静态路由

管理员定义一系统静态路由，当生成一个连接时就会将这些静态路由添加到远程访问服务器的路由表中，此选项与请求拨号中由一同使用。

(6) "安全"选项卡，如图 13.63 所示。

在活动目录的许多属性中都有"安全"选项卡，在此就不过多陈述了。

(7) "对象"选项卡。

在"对象"选项卡中可以查看当前对象的规范名称、对象类别、创建时间、修改时间以及更新序列号（USN）等信息。如图 13.64 所示。

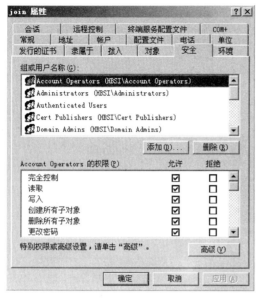

图 13.63 "安全"选项卡

图 13.64 "对象"选项卡

注意：默认情况下"发行的证书""安全""对象"三个选项是不会出现在用户属性中的，若要使它们显示出来，则需要在"Active Directory 用户和计算机"中选中"查看"菜单中的"高级功能"即可。如图 13.65 所示：

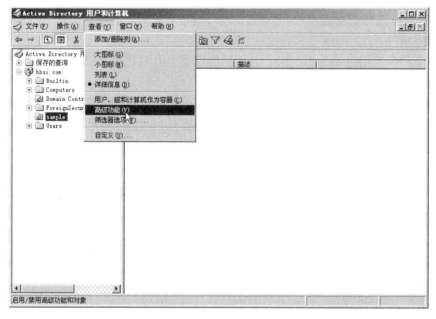

图 13.65 "高级功能"选项

（8）"会话"、"远程控制"、"终端服务配置文件"和"环境"选项卡。

这几个选项卡均与终端服务有关，在此处不做过多解释。

13.4.4 Windows Server 2003 的账号安全

1．账号管理的一般性原则

- 确保网络中只有必需的账号被使用，及时删除不使用的账号，而且每个账号仅有能满足他们完成工作的最小权限。
- 重命名敏感的用户账号。
- 实施严格的密码策略，阻止对密码的暴力攻击。
- 设置账号锁定策略。

2．密码策略

- 空密码

空密码在给用户带来方便的同时，也给系统的安全造成的隐患。

- 与用户登录名相同及用户登录名的简单变化

各种密码破译软件首先都以用户登录名及其变化进行密码猜测，因此这类密码被破解的几率非常高。

- 与用户相关的个人信息

用生日、电话号码等个人信息做密码，这是非常不安全的。因为用户的个人信息很容易被其他人知道，如果一个与你非常熟悉的人来猜测你的密码时，这些是他首先想到的。

- 英文单词

在各种密码破译软件中都有一个密码字典，如果你的系统没有任何限制，可以允许别人任意次地猜测密码时，以目前 CPU 的处理速度，一个英文单词的密码是很容易被破解的。

一个足够强壮的密码至少应该包括字母、数字、大小写、特殊符号、一定的长度（8位以上），并且是无意义的组合，还有就是密码要定期更改。

3．管理 Administrator 账号

在 Windows Server 2003 中，Administrator 账号对操作系统具有至高无上的权力，利用此账号可以对操作系统执行任何管理任务。因此该账号也是最为危险的账号之一。

在 Windows Server 2003 中 Administrator 账号不能被删除、禁用，也不能修改其默认权限，因此，除了前面说的要对其设置强壮的密码外，还可以将其更名来伪装 Administrator 账号。

注意：因为操作系统是根据账号的 SID（安全标识符）来识别每一个用户的，所以，将用户的名称更改后，不会对其造成任何的影响。

4．管理 Guest 账号

Guest 账号是一个来宾账号，是供那些未经授权的临时用户访问系统时使用的，所以，除非特别情况下，尽量不能启用 Guest 账号，而且也不要为此账号赋予其他权限。

5．查看用户账号的 SIDS

SID（Security Identifier，安全标识符），它是 Windows Server 2003 系统中用户、组和计算机账号的唯一性标识。当在系统中创建一个用户、组或计算机账号时，则会自动生成一个唯一的 SID，系统将以不同的 SID 区分不同的用户、组和计算机账号。

在 Windows Server 2003 中提供一个可能查看账号 SID 的命令：**whoami**，在 **cmd** 命令提示行中输入 **whoami /user** 命令即可查看当前用户的 SID 号。

13.4.5 组账号的介绍

1．组账号介绍

组是用来组织用户账号的，利用组可以把具有相同特点及属性的用户组合在一起，便于管理和使用。当要对某些身份相同或相似的用户分配权限时，我们通常的做法是先将身份相同或相似的用户加入到同一个组中，然后对组进行权限的分配，从而可以有效地减轻劳动强度，简化对资源的管理。

组账号具有以下的特点：
（1）组是用户账号的逻辑的集合。
（2）当一个用户账号加入到一个组以后，该用户账号就拥有该组所拥有的全部权限。
（3）一个用户账号同时可以是多个组的成员。
（4）在特定情况下，组是可以嵌套的。

2．Windows Server 2003 中组的类别

在 Windows Server 2003 中组可以分为工作组中的组和域中的组两大类。
（1）工作组中的组

工作组模式中的组可以分为内置组和本地组，其中内置组是在创建操作系统或安装相应的网络服务时系统自动创建的组。内置组不能删除且有一定的管理权限，将用户加入到该组中即可获得相应的权限；本地组是用户自定义创建的组，可以更改和删除。本地组在创建初期只拥有极少的权限，需要根据不同的要求由用户为其添加不同的权限。

（2）域中的组

域中的组可分为两种情况，一种是位于域中成员服务器中的组，另一种是位于域控制器（DC）中的组。

在域中成员服务器中即有本地组，又有域中的组，但对于域中成员服务器上的本地组来说，组中的成员可以是本地计算机上的本地用户账号、域中的域用户账号、域中的全局组和通用组账号、信任域中的域用户账号以及信任域中的全局组和通用组账号。

域控制器（DC）上只有域中的组账号，没有本地组。

13.4.6 活动目录中组账号的分类

（1）组的类型

根据组的作用不同，可以将域中的组分为两大类，即通讯组和安全组。

- **通讯组**：用来组织用户账号，没有安全特性，一般不用于授权。
- **安全组**：具备通讯组的全部功能，用来为用户和计算机分配权限，是标准的安全主体，安全组会出现在定义资源和对象权限的访问控制列表中。

（2）组的范围

组的范围是用来限制组的作用域的，换句话说就是组在多大的范围内有效。在域中根据组的范围进行分类，有3种类型，即全局组、本地组和通用组，见表13.1、13.2所示。

- **全局组**：使用全局组来管理那些具有相同或相似权限的用户账号。全局组只能包括该全局组所在域的用户账号。全局组可以是任何域的本地域组成员。
- **本地域组**：使用本地域组为本域中的资源分配权限，本地域组只在本域中可见。本地域组可以包括任何域的用户账号和任何域的全局组和通用组。
- **通用组**：通用组既具有全局组可以组织用户账号的作用，又具有本地域组可以分配权限的作用。在通用组中可以包括任何域的用户账号、任何域的全局组和通用组，而且通用组可以成为任何域的本地域组成员，并且可以在目录林的任域中指派权限。在活动目录中，通用组的主要作用是在多域环境下组织全局组。

表 13.1

组的范围	成员	许可	嵌套
通用组	可以来自森林中的任何域，成员可以是其他通用组、全局组、用户以及与森林中任何域有关联系的组织。不能容纳本地域组	在森林中的任可域都得到认可	可以是森林中的任何本地组和通用组的成员
全局组	只能来自所有者域，可以容纳来自所有者域的其他全局组和用户。不能容纳通用组和本地域组	在森林中的任何域都得到认可	可以是森林中的任何组的成员
本地域组	可以来自森林中的任何域，可以容纳其他通用组、全局组、用户以及同一域的本地域组	只能被含有此组的域认可	只能是所有者域中其他本地域组的成员

表 13.2

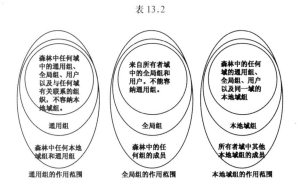

13.4.7 创建组账号

下面，我们就在域中创建组账号，创建组账号的步骤如下。

（1）在 DC 上打开"管理工具"，选择"Active Directory 用户和计算机"，右击 Users

容器，依次选择"新建"→"组"命令，如图 13.66 所示。

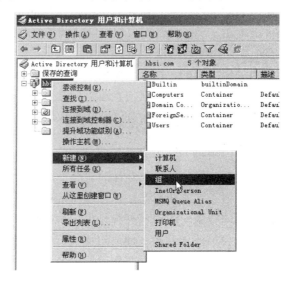

图 13.66 "组"选项

（2）弹出"新建对象-组"对话框，在"组名"文本框中输入新建的组账号的名称，如图 13.67 所示。

- 组名：新建的组的名称，该名称在其所在的域中必须唯一。
- 组名（Windows 2000 以前的版本）：该组名由系统自动输入，是为兼容以前的 Windows 版本而设计的。
- 组作用域：组账号的作用范围，可根据需要选择全局组、本地域组和通用组。
- 组类型：组账号的类型，可根据需要选择安全组或通讯组。

图 13.67 "新建对象—组"窗口

（3）填写及选择好上述内容后，单击"完成"按钮即可。

13.4.8 管理组账号

1．设置组账号的信息

当在域中寻找一个特定的组时，组账号信息会给用户的查找带来极大的便利。在"Active Directory 用户和计算机"中右击要设置组账号信息的组，选择"属性"即可打开属性对话框，在"常规"选项卡中输入相应的内容即可，如图 13.68 所示。

2．设置组成员

组账号的作用就是用来管理和组织用户账号的，所以，在创建了一个新组后，就可以给新组添加用户账号了，如图 13.69、13.70 所示。

在组账号上右击，选择"属性"，单击"成员"选项卡，单击"添加"按钮，在"选择用户、联系人、计算机和组"对话框中选择相应的对象，然后单击两次"确定"按钮即可。

在"成员"选项卡中选中某个对象，单击"删除"按钮可将此对象从该组账号中删除。

"隶属于"选项卡用于将该组账号加入到另一个组账号中。

图 13.68 "用户属性"对话框

图 13.69 "成员"选项卡

图 13.70 "选择用户、联系人、计算机或组"窗口

3. 设置组的管理者

"管理者"选项卡用于为组账号设置管理者,单击"更改"按钮,打开"选择用户或联系人"对话框来更改管理者;单击"清除"按钮,可以清除管理者,如图 13.71 所示。

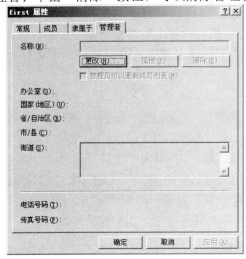

图 13.71 "管理者"选项卡

13.4.9 实现 AGDLP 法则

1. 利用 A、G、DL、P 策略来管理网络资源访问权限

A、G、DL、P 策略的意思就是先建立用户账户,然后把根据账户的访问权限不同把它加入到不同的全局组中,然后再把全局组加入到域本地组中,最后设置域本地组的权限。

如现在某个企业是通过域来管理的。在域中,有三台打印机,其中,销售部门只能够访问打印机 A;管理部门只能够使用打印机 B;财务部门可以访问打印机 C,当打印机 C 不能够使用时,则可以使用打印机 B。在域中,还有三个共享文件夹,其中文件夹甲是销售部门专用文件夹,只有销售员工以及销售总监与财务总监可以访问;文件夹乙是财务专用文件夹,只有财务部门以及财务总监账户可以访问;文件夹丙是一个公共文件夹,任何部门员工都可以访问。针对这种应用的话,该如何来管理账户的访问权限呢?

最简单也就是最原始的方法,就是没每个账户设置访问权限。但是,为每一个账户配置访问权限,很明显工作量会很大。若果企业有一百个用户,就需要配置一百次。而且,后续若权限需要进行变更的话,仍然需要变更一百次。显然,我们网络管理员不愿意接受工作量这么大的处理方式。若真的这么麻烦的话,我们也不会花这么多时间去辛辛苦苦搭建域环境了。

其实,在域中,采用了一个很好的权限管理平台,利用这个平台,我们可以轻松方便的管理域内账户的访问权限。具体的来说,就是通过组来设置用户的权限。先设置一个组,分配具体的权限;然后把用户加入到这个组中,加入到这个组中的用户就同时具有这个组的权限。这么做的好处,就是不用为每个用户设置权限,我们可以把相同权限的用户归类为一个组,在组中设置访问权限,然后把用户加入到这个组中即可。如按照上面打印机的访问规则，我们可以设置为三个组，分别为销售部门组、管理部门组、与财务部门组。然后让销售部门组具有访问打印机 A 的权限；管理部门组具有访问打印机 B 的权限；财务部门组具有访问打印机 C 与 B 的权限。然后建立各个部门的用户，加入到对应的组中即可。如此的话，就可以大大减轻我们网络管理员的工作量。

网路管理专家在实际工作中，总结了很多组设计的规则，如 A、G、DL、P 策略，A、G、G、DL、P 策略等等。不过在一般企业应用中，一般使用 A、G、DL、P 策略即可。

2．A、G、DL、P 策略

A、G、DL、P 策略中，A 表示域账户，G 表示全局组，DL 表示域本地组，P 表示访问权限。这个策略的意思就是先建立用户账户，然后把根据账户的访问权限不同把它加入到不同的全局组中，然后再把全局组加入到域本地组中，最后设置域本地组的权限。如此的话，域中的任何一个用户只要针对域本地组来设置访问权限，则出于该域本地组中的全局组中的所有用户，都自动继承该权限。

第一步：设置用户，不用分配权限

首先，我们需要给企业内的所有用户在域中设置账号。我们可以在域控制器中，利用用户账号建立向导一个个建立用户账号；也可以利用域控制器提供的导入工具，先在 Excel 等软件中建立好用户信息，然后再成批导入。不过这里要注意，利用成批导入功能的话，不能够导入用户账号的密码，所以为了安全性起见，在导入的时候，往往需要先把用户账号设置为锁定状态。等到密码更改后，再进行解锁。

用户账号信息建立完成之后，不需要为其设置具体的权限。

第二步：对用户进行分组

用户账户建立好之后，就需要对用户进行分组，看看各个用户具有哪些不同的权限。我公司对于用户分组比较简单，各个部门各分为一组，六个部门分为六组；企业管理层即各个部门经理以上人员一个小组；全体公司员工一个小组，总共分为八组。当然，企业对于网络资源访问权限不同，可以设置不同的组，如可以把销售部门再细分成销售一组、销售二组等等。

总之，在给用户划分组的时候，需要根据权限来进行划分。另外，同一个用户可以分属于不同的组。如销售部门经理可以在销售部门组，可以在管理层租，也可以在全体员工组等等。

第三步：根据分组的结果建立全局组，并把用户加入到全局组中

然后，我们可以根据上面的分组结果，在域控制器中建立相关的组。在建立全局组的时候，要注意，全剧组最好能够进行合理的命名，这对于我们后续的维护，具有非常大的帮助。

全局组建立之后，就需要把用户账户根据权限的不同一一加入到对应的组中。在此时，要注意一个问题，就是一个用户可能同时分属于不同的组。这主要是根据访问权限不同而考虑的。不过有时会在权限设计的时候，也可以在域本地组上实现权限的累加，具体可以根据企业的需要进行灵活的设置。

第四步：建立域本地组，并为其分配权限

然后，我们根据企业网络访问权限的不同，建立本地组。本地组一般有多种方式可以建立，如我们可以根据网络资源的不同进行建组。如根据网络打印机的不同，我们可以建立打印机 A 组、打印机 B 组，然后把具有相关打印机访问权限的全局组加入到这个组中。因为同一个全局组可以对不同的域本地组的权限进行累积。不过，这种处理方式的话，在网络资源比较多的时候，管理起来工作量仍然会很大。

所以，一般情况下，基本上都是按具体的权限来建立域本地组。如销售部门域本地组具有访问打印机 A 与共享文件夹"销售部门专用文件夹"，就可以为这个组分配这两个权限，然后把"销售部门全局组"加入到这个域本地组中，如此的话，销售部门全局组中的所有用户账号都有访问打印机 A 与"销售部门专用文件夹"的权利。

这里要注意，同一个全局组可以加入到不同的域本地组中，从而对域管理组的权限进行累加。如销售总监属于高层管理全局组，这个组属于"高层管理域本地组"，这个组可以访问"销售部门员工专用文件夹权利"，没有访问公共文件夹的权利;同时，这个用户又是企业用户全局组，这个全局组属于企业用户本地组，而这个本地组具有公共文件夹的访问权力，没有销售部门专用文件夹的访问权力。最后，销售总监这个账户，会对两个域本地组的权限进行累加，不仅具有销售部门员工专用文件夹的访问权力，也具有企业公共文件夹的访问权力。

所以，在组的设计中，要特别注意这个权限的累加问题。AGDLP 法则模型如图 13.72 所示。

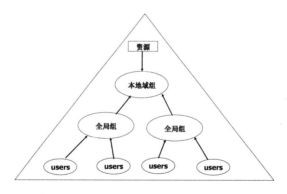

图 13.72 "AGDLP 法则模型"

AGDLP 法则的具体实施过程如下。

（1）打开"管理工具"，"Active Directory 用户和计算机"，新建一个名为"Sample"的 OU，在此 OU 中新建一个用户"user1"，一个全局组"group1"，一个本地域组"group2"，如图 13.73 所示。

（2）将用户"user1"加入到全局组"group1"中，如图 13.74 所示。

（3）将全局组"group1"加入到本地域组"group2"中，如图 13.75 所示。

（4）在"域成员服务器"或"域控制器"上创建一个名为"share"的文件夹，为本地域组"group2"设置相应的安全及共享权限,如图 13.76、图 13.77 所示。

图 13.73 "用户和计算机"窗口

图 13.74 "成员"选项卡

图 13.75 "成员"选项卡

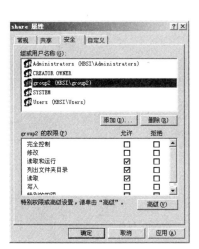

图 13.76 "安全"选项卡

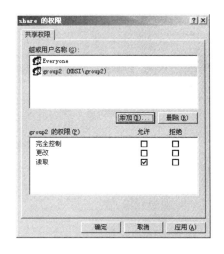

图 13.77 "共享"窗口

(5) 在"share"文件夹内创建一个文本文档,名为"示例文件.txt",如图 13.78 所示。

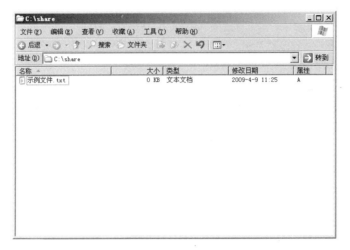

图 13.78 "创建文件"窗口

(6) 用 user1 登录到域,访问 share 文件夹,将自动打开该文件夹,不需要输入用户名和密码,如图 13.79 所示。

图 13.79 "共享访问"窗口

13.5 在活动目录中利用 OU 管理资源

在本节中,我们将学会使用 OU 管理和组织资源的方法。

13.5.1 组织单元简介

1. 组织单位的功能

OU 是活动目录逻辑结构中最小的管理单元,是活动目录对象的容器。OU 中可以容纳的对象可以包括用户账号、组账号、计算机、打印机、共享文件夹及子 OU 等。OU 与企业模型中的行政管理部门相对应,可以用来构建企业组织模型。

2. 组织单位与组账号的区别

- 相同点:OU 和组账号都是活动目录的对象,都是基于管理的目的而创建的。
- 不同点:
  ◆ OU:可以包含的对象包括用户账号,组账号,计算机,打印机,共享文件夹,联系人等对象。OU 可以用于委派管理权限并可以对其设置组策略,当删除一个 OU 时,其中所包括的一切活动目录对象都将随之被删除。
  ◆ 组账号:只能包含用户账号和组账号。组账号可以用于为某个 NTFS 分区上的资源赋予权限。当删除一个组账号时,其中所包含的用户账号不会因此而被删除。

3. 组织单位与域的关系

- 相同点:OU 和域都属于活动目录逻辑结构的范畴,都是用户和计算机的管理单元,都可以容纳活动目录对象,都可以对其设置组策略。
- 不同点:用户只能登录到域,而不能登录到 OU。应先有域,然后才能有 OU,OU 只能在域中存在,域不能在 OU 中存在,域的级别比 OU 高。

13.5.2 在活动目录中创建 OU

创建 OU 的方法如下。

(1) 在"Active Directory 用户和计算机"控制台右击相应容器,选择"新建"→"组织单位"命令,如图 13.80 所示。

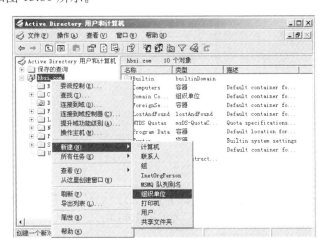

图 13.80 "组织单位"菜单项

注意:不能在普通容器对象下创建 OU,普通容器和 OU 是平级的,没有包含关系。只能在域或 OU 下创建一个 OU。

(2)弹出"新建对象—组织单位"对话框,在"名称"文本框中输入该组织单位的名称,在 OU 中创建的对象的名称必须保证在整个活动目录中的唯一性,如图 13.81 所示。

图 13.81 "新建对象—组织单位"窗口

(3)单击"确定"按钮,完成 OU 的创建,如图 13.82 所示。

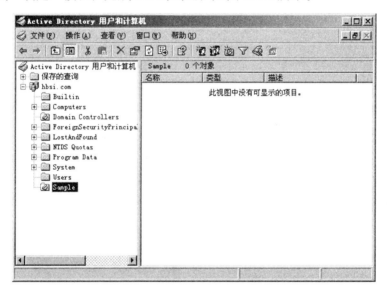

图 13.82 "用户和计算机"窗口

- 在 OU 中创建子 OU

在活动目录,OU 是可以嵌套的。在控制台中右击已存在的 OU,依次选择"新建"→"组织单位"命令,指定新建 OU 的名称,如图 13.83 所示。

- 在 OU 中创建其他活动目录对象

在 OU 中可以包括用账号、组账号、计算机和打印机等活动目录对象。在"Active Directory 用户和计算机"控制台上右击某个 OU,选择"新建"命令,然后选择想要创建的对象即可。

第 13 章 活动目录

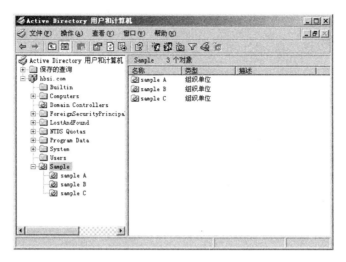

图 13.83 创建子 OU

13.5.3 在活动目录中管理 OU

1. 在活动目录中对 OU 执行常规管理任务

对 OU 的管理包括设置 OU 的常规信息、管理者、对象、安全性及组策略等。

（1）设置 OU 常规选项

设置 OU 的常规选项有助于在活动目录中查找 OU 对象。

在"Active Directory 用户和计算机"控制台中右击要设置的 OU，选择"属性"命令，选择"常规"选项卡，输入此 OU 相应的信息，如图 13.84 所示。

注意：为了设置 OU 的所有选项卡，可以在"Active Directory 用户和计算机"控制台中选择"查看"菜单中的"高级功能"命令。

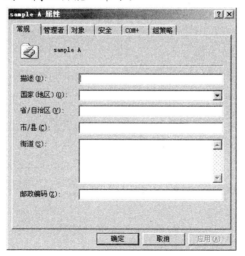

图 13.84 "OU 属性"对话框

(2) 设置 OU 管理者

在 OU 属性的"管理者"选项卡中可以为 OU 指定管理者。单击"更改"按钮,打开"选择用户或联系人"对话框来更改管理者;单击"属性"按钮,可以查看管理者的属性信息;单击"清除"按钮,清除管理者对 OU 的管理,如图 13.85 所示。

(3) 对象

此选项卡不需要输入任何信息,活动目录会自动将 OU 对象的规范名称、对象类别、创建时间、修改时间及更新序列号的信息显示出来,如图 13.86 所示。

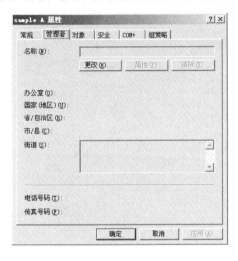
图 13.85 "管理者"选项卡

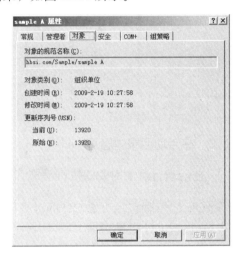
图 13.86 "对象"选项卡

(4) 安全

OU 的"安全"选项卡与以前我们学过的对象的"安全"选项卡没有本质的区别,设置方法也与以前的操作方法完全相同,如图 13.87 所示。

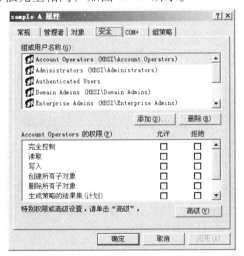
图 13.87 "安全"选项卡

OU 的权限分为标准权限和特别权限,其中标准权限有 7 种:

- **完全控制**：对 OU 可以执行任何操作；
- **读取**：可以读取 OU 的相关信息；
- **写入**：可以对 OU 的相关信息进行修改；
- **创建所有子对象**：可以在 OU 中创建所有子对象；
- **删除所有子对象**：可以在 OU 中删除所有子对象；
- **生成策略的结果集（计划）**：对 OU 执行生成组策略结果集操作（正在计划）；
- **生成策略的结果集（记录）**：对 OU 执行生成组策略结果集操作（下在记录日志）。

单击"高级"按钮，可以查看高级权限设置，如图 13.88 所示。

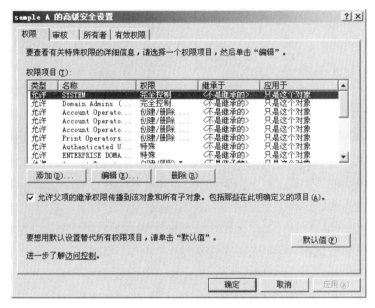

图 13.88 "权限"选项卡

高级安全设置中有 4 个选项卡：权限、审核、所有者和有效权限。

① 权限

在此可以查看用户对这个 OU 都具有什么权限，如果是特殊权限，则会特别指明，在权限项目列表中选中一条权限，再单击"编辑"按钮，就可以查看此用户或组对这些对象的所有权限设置，如图 13.89 所示。

在活动目录中，子 OU 默认会继承父 OU 的安全选项，但并不是所有对 OU 的安全权限都可以继承，而只有那些特殊的系统指定的权限是可以继承的。

继承关系是可以取消的，如果要打破父子 OU 之间的继承关系，只需在"权限"选项卡中取消"允许父项的继承权限传播到该对象和所有子对象。包括那些在此明确定义的项目"复选项的选中状态。取消选中该复选框时会出现下图所示的对话框。单击"复制"按钮将保留父 OU 的权限设置，但此时的权限设置已与父 OU 没有任何继承关系了；单击"删除"按钮将不保留父 OU 的权限设置，如图 13.90 所示。

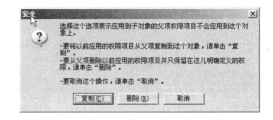

图 13.89 "权限项目"窗口　　　　　　图 13.90 "取消继承"窗口

在 Windows Server 2003 的活动目录中对 OU 的安全选项设置了默认设置。如果要用默认设置代替所有权限设置,只需单击"权限"选项卡中右下角的"默认值"按钮即可。

② 审核

审核指的是哪些用户对该 OU 的哪些操作被记录下来。单击"添加"按钮可以添加要审核的用户;单击"编辑"按钮可以编辑要审核的操作,如图 13.91 所示。

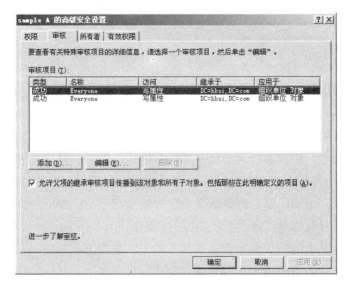

图 13.91 "审核"选项卡

注意:只有设置了相应的审核策略后,审核才会生效,审核记录存放在"事件查看器"中的安全日志中,如图 13.92 和图 13.93 所示。

图 13.92 "本地审核策略"

图 13.93 "安全性"选项

在"审核"选项卡下方也有一个"允许父项的继承审核项目传播到该对象和所有子对象。包括那些在此明确定义的项目。"复选框，默认情况下此复选框是被选中的。与"权限"选项卡中的该设置一样，如果对父 OU 设置了审核选项，那么默认情况下子 OU 会继承父OU 的审核选项设置。

上面所述的继承关系同样也是可以取消的，取消该复选框时会出现如下图所示的对话框。单击"复制"按钮将保留父 OU 的审核设置，但此时的审核设置已与父 OU 没有任何继承关系了；单击"删除"按钮将不保留父 OU 的审核设置，如图 13.94 所示。

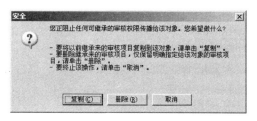

图 13.94 "取消审核继承"

③ 所有者

该 OU 的所有者是谁，谁就有权对该 OU 添加、删除及修改其中的内容。所有者是可以更改的，只有对此 OU 具有完全控制的用户账号或组账号才能出现在"将所有者更改为"文本框中。如果要把所有者改为其他对象，只需单击"其他用户或组"按钮，选择相应的对象账号，然后单击"确定"按钮即可，如图 13.95 所示。

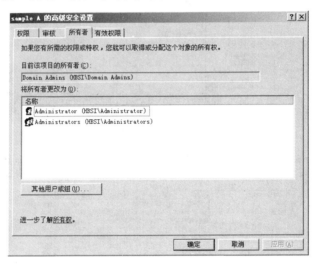

图 13.95 "所有者"选项卡

④ 有效权限

当一个用户所属的多个组被该 OU 赋予不同的权限时，用户很难直观地看到此 OU 有什么权限，这时可以利用"有效权限"选项卡。单击"组或用户名称"文本框右边的"选择"按钮，指定一个用户账号或组账号，在"有效权限"下拉菜单中就会显示该对象对此 OU 的权限，如图 13.96 所示。

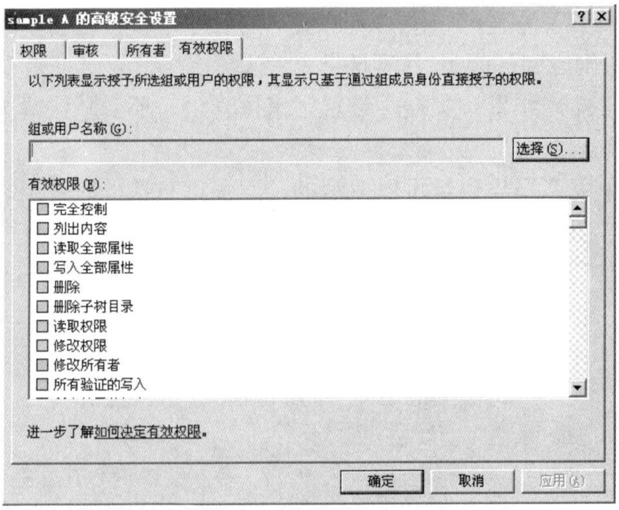

图 13.96 "有效权限"选项卡

用户对 OU 的权限是累加的。如果一个用户属于多个组，而这些组都被子赋予了对 OU 的权限，那么这个用户对 OU 的权限应该是这些权限的累加。但有一个例外，拒绝权限是不被累加的，而且优先级最高。

（5）组策略

对组织单位设置组策略是活动目录中最为重要的内容之一，关于组策略的内容，我们将在后续的章节中详细讲解。

2. 在 OU 之间移动活动目录对象

在实际工作中经常有一个员工从一个部调到另外一个部门的情况，体现在活动目录中就需要把一个用户账号从一个 OU 移动到另一个 OU。在用户账号移动后，赋予该用户账号的权限设置不会改为，只是该用户账号以后会使用新 OU 的组策略设置。

除移动用户账号以后，OU 中包括的其他活动目录对象如组账号、计算机账号、打印机等也可以根据管理的需要进行移动，而且移动到的目标位置可以是活动目录中的任可容器对象，包括活动目录中的普通容器。

下面将介绍在 OU 之间移动活动目录对象的方法。

（1）在"Active Directory 用户和计算机"控制台中右击准备要移动的用户账号，在弹出的快捷菜单中选择"移动"命令，如图 13.97 所示。

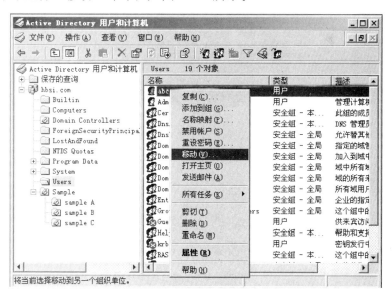

图 13.97 "移动"命令

（2）打开"移动"对话框，从中选择将要移动到的目标位置，如图 13.98 所示。

（3）单击"确定"按钮完成用户账号的移动。

图 13.98 "移动"窗口

3. 在活动目录中删除 OU

当活动目录中的 OU 所对应的部门被撤销时，就要在活动目录中删除该 OU 对象。

(1) 在"Active Directory 用户和计算机"控制台中右击要删除的 OU，然后选择"删除"命令，如图 13.99 和图 13.100 所示。

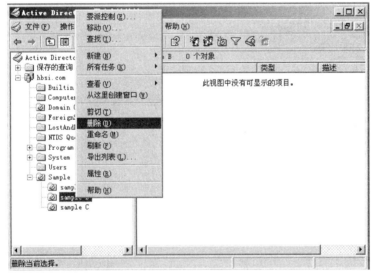

图 13.99 "删除"命令　　　　　　　　　　图 13.100 "确认删除"窗口

(2) 单击"是"按钮，确认删除该对象。如果此 OU 中没有任何其他对象，马上直接删除；如果此 OU 中还有其他活动目录对象，刚会弹出警告信息，提示删除 OU 时其所包含的用户也将随之删除，如图 13.101 所示。

(3) 确认无误后单击"是"按钮即可删除该 OU。

第13章 活动目录

图 13.101 "删除提示"

13.5.4 实现委派管理控制

1. 委派管理概述

当活动目录中的资源非常多时,利用 OU 除了起到组织资源的作用外,还可以对 OU 进行权限的委派,这样就可以减轻域管理员的工作负担。这种模式类似于企业中的组织结构模型(董事长,总经理,部门经理,项目经理,主管等),权限逐级下放,各级各司其职。

2. 在 AD 中实现委派

权限委派的具体操作步骤如下。

(1) 以管理员身份登录 AD,打开 "Active Directory 用户和计算机" 控制台,右击要委派的 OU,在弹出的快捷菜单中选择 "委派控制" 命令,如图 13.102 所示。

图 13.102 "委派控制" 命令

(2) 弹出 "控制委派向导" 对话框,如图 13.103 所示。

(3) 单击 "下一步" 按钮,进入 "用户和组" 界面,单击 "添加" 按钮,在打开的 "选择用户、计算机或组" 对话框中指定要委派的用户账号,如图 13.104 和图 13.105 所示。

(4) 单击 "下一步" 按钮,进入 "要委派的任务" 界面。

在此可以选中 "要委派下列常见任务" 或 "创建自定义任务去委派" 单选按钮,如图 13.106、图 13.107 及表 13.3 所示。

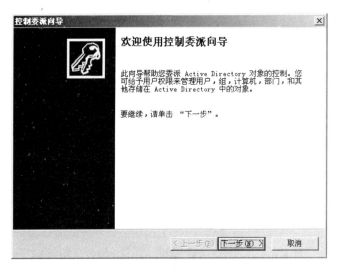

图 13.103 "控制委派向导"窗口

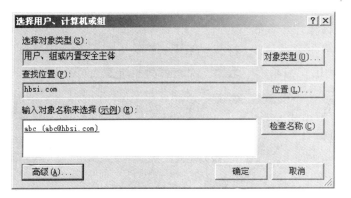

图 13.104 "选择用户、计算机或组"窗口

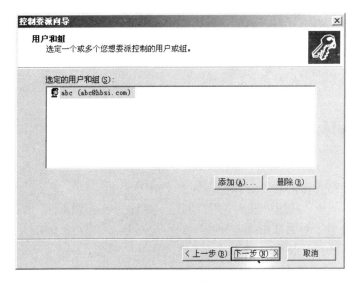

图 13.105 "选定用户和组"

第13章 活动目录

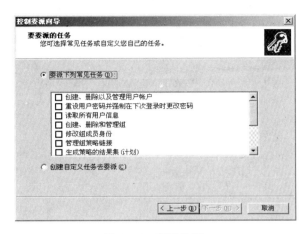

图 13.106　委派常见任务

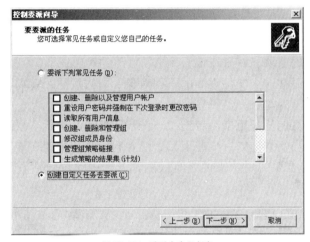

图 13.107　委派自定义任务

表 13.3　常见委派任务说明

常见任务	说　　明
创建、删除以及管理用户账号	允许用户或组建立、删除或修改所选中 OU 中的用户账号和用户账号的属性
重设用户密码并强制在下次登录时更改密码	允许用户或组改变所选 OU 中所有用户账号的密码，并强制用户账号下次登录时更改密码
读取所有用户信息	允许用户或组浏览所选 OU 中所有对象的属性
创建、删除和管理组	允许用户或组建立、删除或修改所选 OU 中的组账号和组账号属性
修改组成员身份	允许用户或组改变所选 OU 中组的成员
管理组策略链接	允许用户或组添加、删除或更改所选 OU 中组策略链接
生成策略的结果集（计划）	允许用户执行策略的结果集（正在计划）
生成策略的结果集（记录）	允许用户执行策略的结果集（正在记录日志）

（5）单击"下一步"按钮，进入"Active Directory 对象类型选择"界面，在此界面中可以选择要委派的任务范围，如图 13.108 所示。

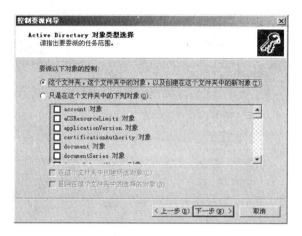

图 13.108　委派任务范围

- 若选中"这个文件夹，这个文件夹中的对象，以及创建在这个文件夹中的新对象"单击按钮，那么受委派的用户将对该 OU 进行全面的管理，可以管理 OU，该 OU 中已经存在的对象和将来在该 OU 中新创建的对象。
- 若选中"只是在这个文件夹中的下列对象"单击按钮，就需要手工选择受委派的用户所能管理的对象。

（6）在选择要委派的任务范围后单击"下一步"按钮，进行"权限"界面。在此界面中所显示的权限就是当受委派的用户在该 OU 中执行管理权限时，能看到的有关权限。在此被选中的权限对受委派的用户来说是有效的，未选中的权限则看不到或不能打开，如图 13.109 所示。

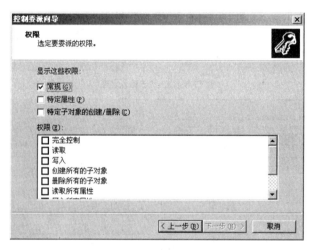

图 13.109　要委派的权限

在"显示这些权限"选项区域中有 3 个复选框，分别为"常规"、"特定属性"和"特定子对象的创建/删除"，当选择不同的复选框时，下面显示的权限的种类也不一样，如图 13.110～图 13.112 所示。

第 13 章 活动目录

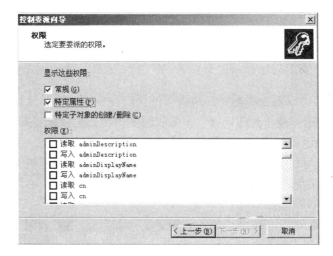

图 13.110 常规选项

图 13.111 常规、特定属性

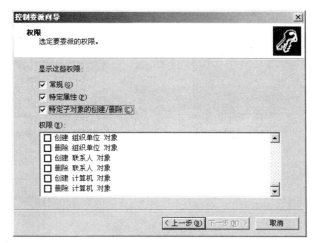

图 13.112 所有选项

（7）单击"下一步"按钮，进入"完成控制委派向导"界面，如图 13.113 所示。

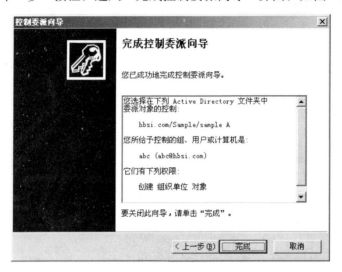

图 13.113　完成委派

3. 在 AD 中收回委派的权限

在对一个 OU 进行权限委派后，如果委派的用户发生部门调动或离职等情况，就要把委派的权限收回。利用"委派控制向导"不能收回委派出去的权限，要想收回委派的权限，需要修改 OU 属性对话框中的"安全"选项卡。

（1）以域管理员身份登录域，在"Active Directory 用户和计算机"控制台中选择指定的 OU，在 OU 属性对话框中的"安全"选项卡中可以看到 DACL 中包括被委派出去的用户的 ACE，如图 13.114 所示。

（2）单击"高级"按钮，弹出"高级安全设置"对话框，在"权限"选项卡中单击"编辑"按钮可以查看权限设置，如图 13.115 所示。

图 13.114　"OU 属性中的安全选项卡"

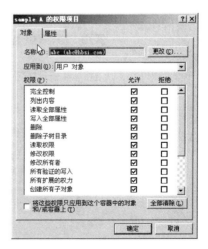

图 13.115　"对象"选项卡

第 13 章 活动目录

（3）要收回委派出去的权限，只需在"安全"选项卡中选择相应的用户，单击"删除"即可。

技巧：除了利用"控制委派向导"进行权限委派外，还可以通过修改 OU"安全"选项卡中的 DACL 来实现权限委派，其结果是一样的。

4. 委派管理控制原则

- 在 OU 层次上进行委派控制，便于跟踪权限的分配。
- 使用"控制委派向导"来进行委派，向导将简化委派对象权限的进程。
- 记录委派权限的分配。当活动目录中需要委派的对象非常多、被委派的对象也非常多时，最好能把委派的任务形成文档，这样在需要浏览安全设置时可以保持记录。
- 按所在 OU 的安全原则控制委派，在用户完成管理任务的前提下委派最小的权限。
- 尽可能少用拒绝权限。如果正确地分配权限，就不需要使用拒绝权限。在多数情况下，拒绝权限意味着在指定组成员关系时发生错误，使用拒绝权限还会使跟踪权限变得更加复杂。
- 确保委派的用户能担负起管理责任，并完成被委派的任务。作为管理员，应该负责委派的任务是否完成。
- 为委派控制对象的用户提供培训。通过培训，可以使用户明白他们的责任并知道如何执行管理任务。
- 建议最好把管理任务委派给组账号而不是具体的某个用户账号，需要时可以把用户账号添加到被委派的组账号中。

13.6 在活动目录中实现资源发布

13.6.1 介绍发布资源

在活动目录中有很多对象，如用户、组、计算机账号、打印机和共享文件夹等。如果活动目录中的用户要访问这些活动目录中的资源，就必须让用户在活动目录中看到这些对象。有些活动目录对象如用户、组和计算机账号默认就在活动目录中，用户可以直接利用活动目录工具来访问这些对象。而有些活动目录对象，如打印机和共享文件夹，默认情况下是不在活动目录中的。如果想让用户能够在活动目录中访问这些默认没有在活动目录中的资源，就必须把它们加入到活动目录中。我们把默认没有在活动目录中的对象加入到活动目录中的过程称为"发布"。

一旦资源被发布到活动目录中，活动目录用户就可以利用活动目录搜索工具来查找并访问该资源，而无需知道资源具体的物理位置。

在活动目录中发布的资源有以下特点。

- 在活动目录中发布资源可以确定资源的位置，即使资源的物理位置发生了变化。
- 应该把静态的、很少改动的资源发布到活动目录中。

- 用户经常访问的资源如打印机、共享文件夹应该发布到活动目录中。

13.6.2 设置和管理发布打印机

1. 发布打印机介绍

打印机是网络中最常见也是最重要的资源之一，活动目录中的用户在工作中都需要使用打印机，因此就该让打印机在活动目录中可见。在 Windows Server 2003 的域中，无论是在 DC 还是在域中的成员服务器上创建并共享一个打印机时，都会自动在活动目录中发布。

在 Windows Server 2003 的活动目录中打印机发布有以下特点。
- 任何一台共享的打印机都将自动发布到活动目录中。
- 当打印服务器与域脱离时，发布的打印机也从活动目录中删除。
- Windows Server 2003 会自动更新在活动目录中打印机对象的属性。
- 每一台打印服务器负责由它发布的打印机。
- 如果域中有多台打印机，没有集中式的发布打印机或取消发布的服务。

2. 创建并发布打印机

（1）以管理员身份登录一台域中的客户机，打开"控制面板"窗口，双击打开"打印机和传真"图标。

（2）弹出"添加打印机向导"对话框，选中"连接到这台计算机的本地打印机"单选按钮，指定 LPT1 端口，指定打印机的厂商和类型，在"打印机共享"界面选中"共享名"单选按钮，并指定打印机的共享名，如图 13.116 所示。

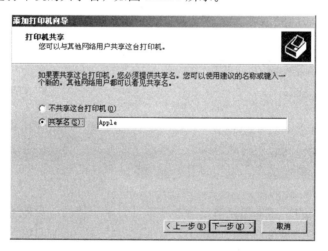

图 13.116 "添加打印机"

（3）连续单击"下一步"按钮，完成打印机的安装。

（4）在 DC 上打开 "Active Directory 用户和计算机"工具，选择"查看"→"用户、组和计算机作为容器"命令，如图 13.117 所示。

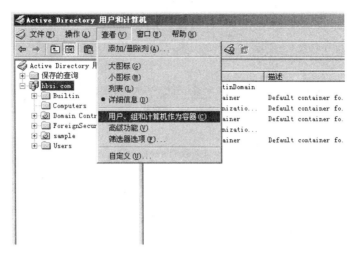

图 13.117 "用户、组和计算机作为容器"

(5) 在"Active Directory 用户和计算机"控制台下打开 Computers 容器，单击安装有打印机的计算机账号，在右边的窗口中会列出刚安装的打印机，如图 13.118 所示。

图 13.118 "发布打印机"

注意：在 Windows Server 2003 的域中，不仅在安装有 Windows Server 2003 操作系统的计算机上的打印机会自动发布，如果域中的成员服务器是 Windows 2000，那么安装在 Windows 2000 上的打印机也会自动发布到活动目录中。

3．在 Pre-Windows 2000 操作系统上发布打印机

如果在一个 Windows Server 2003 的域中有 Pre-Windows 2000 操作系统的计算机，如 Windows NT 4.0，那么在这些计算机上安装的打印机不会自动发布到活动目录中。要想把 Pre-Windows 2000 操作系统上的打印机发布到活动目录中，需要手工加入。

(1) 在域中 Pre--Windows 2000 操作系统的计算机上安装并共享一台打印机，设置打印机的共享名。

(2) 打开"Active Directory 用户和计算机"工具，右击单击准备发布打印机的容器（可以是普通容器，也可以是一个 OU），在弹出的快捷菜单中选择"新建"→"打印机"命令，如图 13.119 所示。

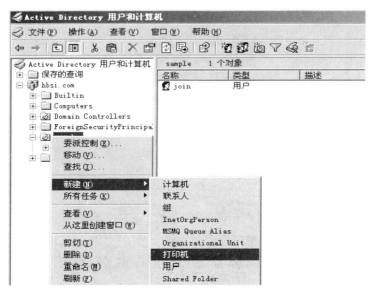

图 13.119　发布打印机

(3) 打开"新建对象—打印机"对话框，从中指定要发布打印机的 UNC 路径，即 \\servername\share name，如图 13.120 所示。

图 13.120　"新建对象—打印机"

(4) 单击"确定"按钮，完成打印机发布。

4. 搜索发布的打印机

当活动目录中的用户需要使用打印机资源时，可以利用活动目录查找工具搜索在活动目录中发布的打印机对象。

(1) 在"Active Directory 用户和计算机"控制台下右击域名,在弹出的快捷菜单中选择"查找"命令,如图 13.121 所示。

图 13.121 "查找打印机"

(2) 弹出"查找打印机"对话框,在"查找"下拉列表框中选择要查找的对象为打印机。可以根据打印机的位置信息、功能和高级属性等来查找,如图 13.122～图 13.124 所示。

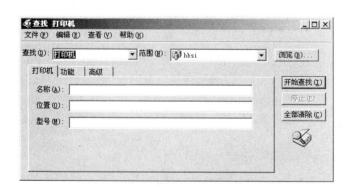

图 13.122 "查找打印机"

图 13.123 "查找选项"

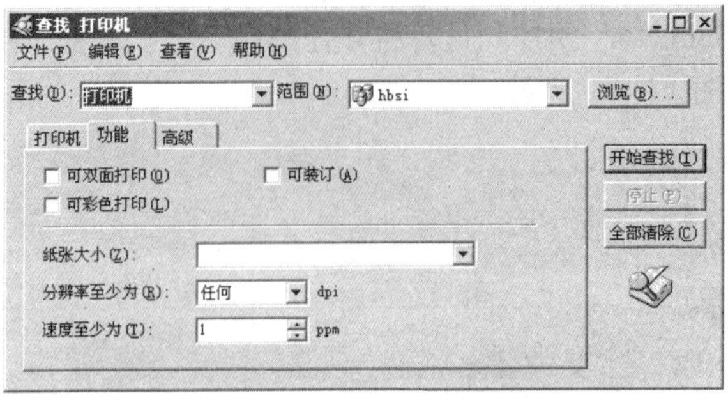

图 13.124 "查找打印机"

（3）指定搜索条件后，单击"开始查找"按钮在活动目录中进行搜索，如图 13.125 所示。

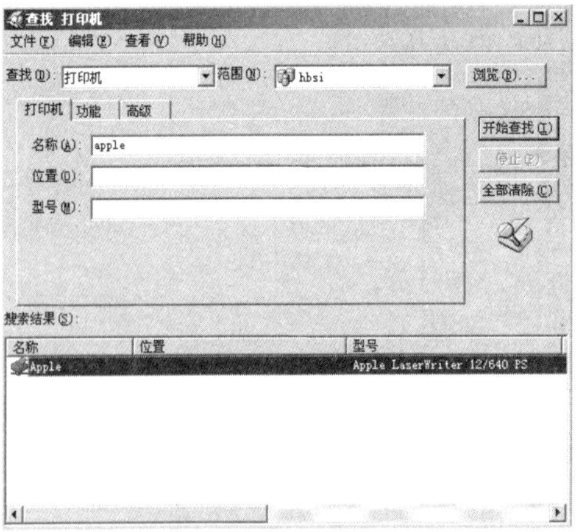

图 13.125 查找打印机

（4）单击"全部清除"按钮删除已经找到的打印机，可以重新指定搜索条件再次查找。
（5）如果不指定任何搜索条件，单击"开始查找"按钮，在"搜索结果"列表框中会列出活动目录中所有发布的打印机，如图 13.126 所示。

图 13.126 "查找打印机"

5. 管理发布的打印机

在"Active Directory 用户和计算机"控制台下或者在查找打印机的搜索结果中,右击要管理的打印机,就可以对其进行管理,如图 13.127 所示。
- 重命名:此选项可为打印机在活动目录中指定一个标识其唯一性的名称。
- 删除:将此打印机从活动目录中删除。
- 移动:将打印机从一个 OU 移动到另一个 OU。
- 连接:利用此选项可将搜索到的打印机安装在当前计算机中,以形成一台网络打印机。

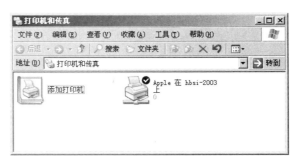

图 13.127 "管理发布的打印机"

- 打开:此选项可使用户看到该打印机上的打印队列内容。
- 属性:此选项可以打开打印机的属性对话框,在其中可以对打印机进行相应的设置。

如果不想让一台打印机出现在活动目录中,可以取消已经发布的打印机。在打印服务器的打印属性对话框中选择"共享"选项卡,取消选中"列入目录"复选框即可,如图 13.128 所示。

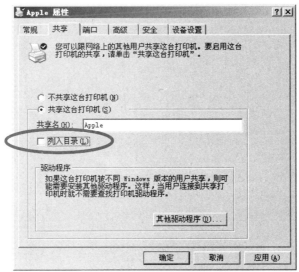

图 13.128 "管理发布的打印机"

如果在打印服务器上取消共享或删除打印机，那么发布到活动目录中的打印机对象也会随之删除。可是有时当打印机并未删除，而是不可用时，如打印服务器没有开机，这时发布在活动目录中的打印机对象就称为孤儿打印机，孤儿打印机是不可以使用的，需要删除。在 Windows Server 2003 的 DC 中有一个 orphan pruner 进程来管理孤儿打印机，该进程每隔 8h 运行一次，如果连续 3 次发现某个打印机对象的打印服务器不可用，就把该打印机视为孤儿打印机，并将其从活动目录中删除。

13.6.3 设置和管理共享文件夹

1. 发布共享文件夹介绍

在网络中共享文件夹是用户经常会用到的，如果用户要访问某共享文件夹时，则必须知到该共享文件夹的 UNC 路径。试想，如果网络中的共享文件夹达到一定数量时，则用户就必须要记忆大量的 UNC 路径，这无疑是一件很麻烦的事情。如果我们将共享文件夹发布到活动目录中，利用活动目录的查找功能来寻找相应的共享文件夹，并引领用户访问共享资源本身，而用户在操作过程中并不需要知道此共享文件夹的真实物理位置，这将大大方便用户对网络中共享资源的使用。与 Windows Server 2003 中打印机的自动发布不同，共享文件夹只能由管理员手工发布到活动目录中。

2. 在活动目录中发布共享文件夹

（1）在一台域中的客户机中创建并共享一个文件夹。

（2）在 DC 上打开"Active Directory 用户和计算机"控制台，右击要发布共享文件夹的计算机，在弹出的快捷菜单中选择"新建"→"共享文件夹"命令，如图 13.129 所示。

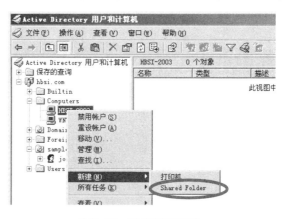

图 13.129 "发布共享文件夹"

（3）弹出"新建对象——共享文件夹"对话框，在其中输入共享文件夹的描述性名称及其 UNC 路径，如图 13.130 所示。

（4）单击"确定"按钮，完成共享文件夹的发布。返回"Active Directory 用户和计算机"控制台，可以看到刚才发布的共享文件夹，如图 13.131 所示。

图 13.130 "新建对象—Shared Folder"

图 13.131 "发布共享文件夹"

3. 管理发布的共享文件夹

(1) 为共享文件夹配置搜索选项

① 在"Active Directory 用户和计算机"控制台中右击已经发布的共享文件夹,选择"属性",在共享文件夹属性对话框的"描述"文本框中设置描述项,如图 13.132 所示。

② 单击"关键字"按钮,在"关键字"对话框中为共享文件夹设置一个或多个关键字以方便用户对共享文件夹的查找,如图 13.133 所示。

图 13.132 "配置搜索选项"

图 13.133 "关键字"对话框

(2) 对共享文件夹执行常规管理任务，如图 13.134 所示。

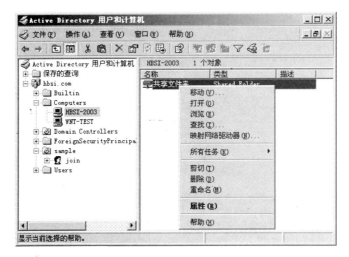

图 13.134 "常规管理操作"

- 移动：改变共享文件夹在活动目录中的位置。
- 打开：打开共享文件夹以查看其中的内容。
- 浏览：在查看共享文件内容的同时显示共享文件夹的网络位置。
- 查找：在共享文件夹中查找某个特定的文件。
- 映射网络驱动器：为共享文件夹在本地计算机上映射一个网络驱动器。
- 删除：取消该共享文件夹在活动目录中的发布。
- 重命名：重新指定该共享文件夹在活动目录中的唯一性标识。

4. 搜索发布的共享文件夹

(1) 在"Active Directory 用户和计算机"控制台中打开活动目录查找工具，在"查找"下拉列表框中选择要查找的对象为"共享文件夹"，可以指定共享文件夹的名字或关键字，然后单击"开始查找"按钮进行查找，如图 13.135 所示。

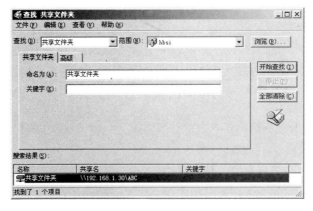

图 13.135 "搜索共享文件夹"

(2) 选择"高级"选项卡,可以指定共享文件夹的其他属性进行查找,如图 13.136 所示。

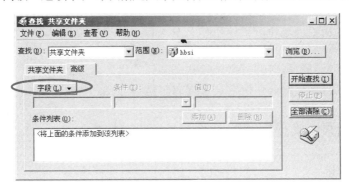

图 13.136 "搜索共享文件夹"

(3) 如果没有指定任何条件,单击"开始查找"按钮,在"搜索结果"列表框中将列出活动目录中所有发布的共享文件夹,如图 13.137 所示。

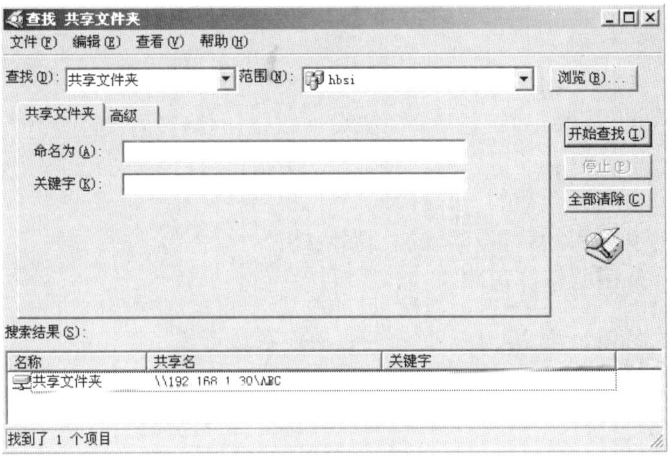

图 13.137 "搜索共享文件夹"

在活动目录中发布的对象和共享资源是有区别的,区别如下。

(1) 在活动目录中发布的对象与它所代表的共享资源本身是完全独立的,它们分别有自己的 DACL。活动目录中的安全选项指的是谁能在活动目录中对此对象有相应的权限,而资源本身属性中的安全选项指的是哪些用户对此资源有真正的访问权限。

(2) 发布的对象包含关于共享资源的位置,便于在活动目录中利用查找工具进行定位,一旦需要查看其内容,活动目录又可以把用户引到资源本身。

(3) 一个用户要想在搜索活动目录时看到某个对象,必须对这个对象具有读权限。

(4) 删除文件夹共享时,发布仍在。

(5) 在活动目录中发布的共享资源可以在 OU 间移动。

在活动目录中发布资源的原则:

● 在活动目录中发布经常使用的共享文件夹和打印机;

- 打印机的位置名称应该便于用户理解，因此名称应具有代表性；
- 在发布共享文件夹时，力求其描述项和关键字通俗易懂；
- 在活动目录中为发布的打印机和共享文件夹建立独立的 OU，以便对发布的资源的管理；
- 在活动目录中为发布的打印机和共享文件夹设置合适的 DACL；如果用户没有对发布资源的读权限，在搜索发布资源时就不能找到该资源。

13.7 在活动目录中实现组策略

13.7.1 组策略概述

1. 组策略介绍

在 Windows Server 2003 的网络环境中，提高管理效率对于网络管理来说是至关重要的。组策略就是为了提高管理效率而在活动目录中采用的一种解决方案。利用组策略，管理员可以在站点、域和 OU 对象上进行设置，管理其中的用户对象和计算机对象，可以说组策略是活动目录的精华。

组策略具有以下特点：
- 通过对站点、域和 OU 设置组策略，可以对网络设置集中化的策略；通过组策略的阻止继承等特点还可以对网络设置分散的策略。
- 可以为用户配置合适的工作环境。
- 降低控制用户和计算机环境的总费用。
- 便于推行公司的整体策略。

注意：组策略只对 Windows 2000 以后版本的操作系统有效。

2. 组策略设置的类型

在组策略中，常用的设置类型有：
- 管理模板：基于注册表的策略设置，如用户工作环境设置等。
- 脚本：设置开机、关机或用户登录、注销时运行的脚本。
- 远程安装服务：当运行远程安装服务（RIS）的远程安装向导时，控制用户可能的选项设置。
- Internet Explorer 维护：管理和定制在计算机上的 IE 浏览器设置。
- 文件夹重定向：在网络中存储用户个性化文件夹的设置。
- 安全性：设置本地计算机、域及网络安全性的设置。
- 软件安装：设置集中化的软件安装、管理和卸载。

3. 针对计算机和用户的组策略设置

（1）计算机的组策略设置

在计算机的组策略设置中可以指定操作系统的行为、桌面环境、安全性设置、计算机的启动和关机、计算机赋予的应用程序选项以及应用程序选项以及应用程序设置。在计算机启动时会应用计算机的组策略设置。

（2）用户的组策略设置

在用户的组策略设置中可以指定关于用户的操作系统行了，桌面环境，安全性设置，赋予的和公布的应用程序选项，应用程序设置，文件夹的重定向选项以及用户登录和注销的命令等。当用户登录计算机时会应用与该用户相关的组策略设置。

注意：当同一个组策略的计算机配置与用户配置发生冲突时，计算机的组策略设置优先。

4．组策略对象和活动目录容器

管理员可以对活动目录中的站点、域和 OU 对象设置组策略。

- 一个组策略对象（GPO）可以与多个站点、域和 OU 相链接。
- 每个站点、域和 OU 也可以应用多个组策略对象（GPO）。

13.7.2 创建和配置组策略

1．设置组策略的方法

（1）创建链接的组策略

① 管理员组（Administrators）和企业管理员组（Enterprise Administrators）的成员可以利用"Active Directory 用户和计算机"控制台为域和 OU 对象创建 GPO。

- 在"Active Directory 用户和计算机"控制台下，右击要设置的域，选择"属性"。
- 在"hbsi.com 属性"对话框中选择"组策略"选项卡，单击"新建"按钮，就可以创建 个新的组策略，该组策略与 hbsi.com 域对象直接链接。

② 企业管理员组（Enterprise Administrators）的成员可以利用"Active Directory 站点和服务"控制台为站点创建 GPO。

- 在"Active Directory 站点和服务"控制台中，右击要创建组策略的站点，选择"属性"命令。
- 在"站点属性"对话框中选择"组策略"选项卡，单击"新建"按钮，就可以新建一个与该站点直接相链接的组策略。

（2）创建非链接的组策略

利用 MMC 控制台可以创建非链接的组策略，非链接的组策略不与任何域中的任何对象相关联，当需要时再与相应的对象关联起来。

① 打开 MMC 控制台，选择"文件"→"添加/删除管理单元"，单击"添加"按钮，选择"组策略对象编辑器"，如图 13.138 所示。

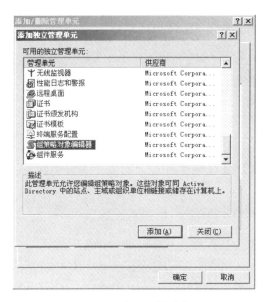

图 13.138 "MMC 控制台"

② 单击"添加"按钮,弹出"选择组策略对象"对话框,如图 13.139 所示。

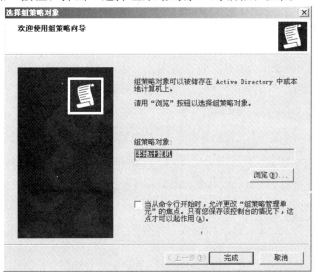

图 13.139 "选择策略对象"

③ 单击"浏览"按钮,弹出"浏览组策略对象"对话框。单击"查找范围"右边的"新建"按钮,在下面窗口中就会出现一个新建的组策略对象,为其指定名称,如图 13.140 所示。

④ 依次单击"确定"返回控制台,在"计算机配置"和"用户配置"中可以设置该组策略的内容。默认情况下,Enterprise Admins、Domain Admins 和 Group Policy Creator Owners 组的成员可以创建非链接的组策略,如图 13.141 所示。

第 13 章 活动目录

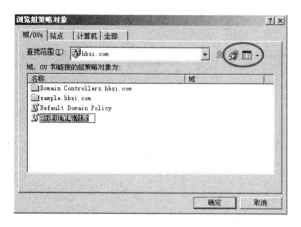

图 13.140 "创建新的组策略"

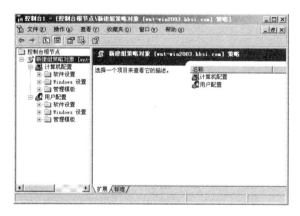

图 13.141 "创建组策略"

（3）链接一个存在的组策略

① 在"Active Directory 用户和计算机"控制台中，右键单击准备设置组策略的 OU，选择"属性"命令，在弹出的对话框中选择"组策略"选项卡，如图 13.142 所示。

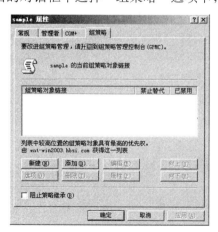

图 13.142 "链接组策略"

② 单击"添加"按钮，弹出"添加组策略对象链接"对话框，选择"全部"选项卡查看当前已有的组策略对象，如图 13.143 所示。

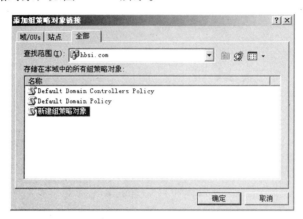

图 13.143 "链接组策略"

③ 在列表中选择准备链接的组策略对象，然后单击"确定"按钮即可。

2. 使用活动目录工具创建组策略

（1）打开"Active Directory 用户和计算机"控制台，右击 OU，选择属性，单击"组策略"选项卡，如图 13.144 所示。

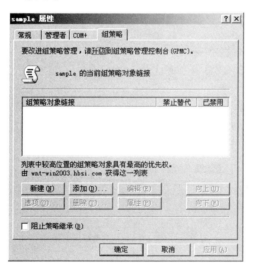

图 13.144 创建组策略

（2）单击"新建"按钮创建一个组策略并为组策略命名，如图 13.145 所示。
（3）单击"编辑"按钮，打开"组策略编辑器"对话框，在此对该进行详细配置。

每个组策略都包括"计算机配置"和"用户配置"两部分，而且都包括"软件设置"、"Windows 设置"和"管理模板"3 部分内容。

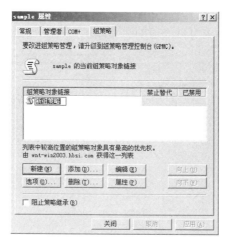

图 13.145　创建组策略

在"组策略编辑器"中提供了"扩展"和"标准"两种显示风格,当以"扩展"风格显示时会显示出对策略的描述,如图 13.146 和图 13.147 所示。

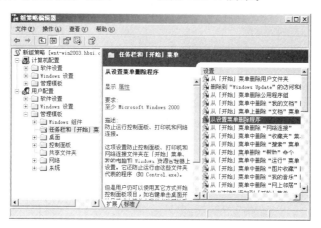

图 13.146　"组策略编辑器"

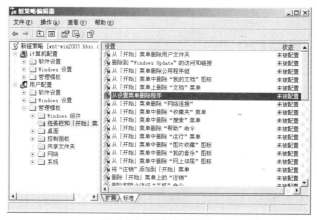

图 13.147　"组策略编辑器"

(4) 双击要配置的策略,打开"策略属性"对话框。在"设置"选项卡中启用或禁用该策略,选择"说明"选项卡可以查看对该策略的解释,如图 13.148 和图 13.149 所示。

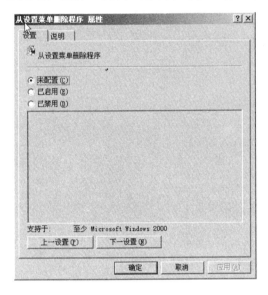
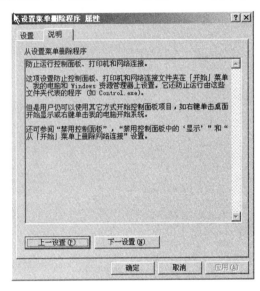

图 13.148 "配置策略属性"　　　　　　　　图 13.149 "配置策略属性"

(5) 策略设置完成后,单击"组策略编辑器"中的"关闭"按钮。返回 OU 属性对话框。

在此界面中,有以下几个按钮需要详细解释一下。

① 添加:单击此按钮可以为 OU 链接一个已经存在的组策略对象,相关内容已在前面章节中做了详细介绍,在此不做赘述。当有多个组策略对象存在时,在"组策略对象链接"列表中单击一个组策略对象,可以看到"向上"和"向下"两个按钮也变为高亮显示,如图 13.150 所示。

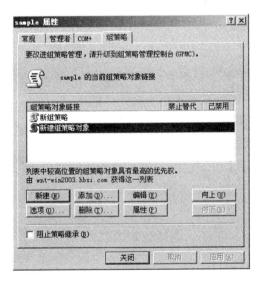

图 13.150 "添加"按钮

② **选项**：在"组策略对象链接"列表中选择一个组策略对象，然后单击"选项"按钮，弹出以下对话框，如图 13.151 所示。

在组策略对象"选项"对话框中有两项设置，分别说明如下：
- **禁止替代**：一个活动目录对象可能会有多个组策略设置，如果这些组策略的设置存在冲突，用户希望这个组策略的设置一定要应用于这个对象上，这时就应该选中"禁止替代"复选框。设置了"禁止替代"选项可以防止其组策略对象替代这个组对象像中的策略集，所以对一些重要的组策略应选中"禁止替代"复选框。
- **已禁用**：选中"已禁用"复选框表明尽管该组策略对象仍然出现在组策略列表中，但不会对这个活动目录对象起作用。

③ **删除**：在"组策略对象链接"列表中选中一个组策略对象，单击"删除"按钮，会出现下面的对话框，如图 13.152 所示。

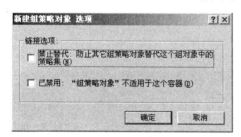
图 13.151 "选项"按钮

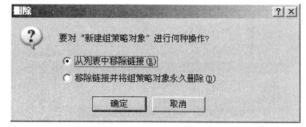
图 13.152 "删除"

从列表中移除链接：该选项用于把活动目录对象与该组策略对象的链接关系取消，但保留该组策略对象，当需要时仍可再次链接此组策略对象。

移除链接并将组策略对象永久删除：该选项用于将该组策略对象删除，并将断开与此策略相关的一切链接。

④ **属性**：在"组策略对象链接"列表中选中一个组策略对象，单击"属性"按钮，如图 13.153 所示。在此对话框中有 4 个选项卡。
- **常规**：在此选项卡中提供了与该组策略相关的信息并可以根据实际的情况有选择性的禁用计算机配置设置或用户配置设置，当勾选它们中的任意一项时，其相应的配置设置将被禁用，不再发挥作用。
- **链接**：如果想查看该组策略都被应用在哪些域、OU 或站点上，可以选择"链接"选项卡，指定域的名称，然后单击"开始查找"按钮，在下面就会列出应用于该组策略的活动目录对象，如图 13.154 所示。
- **安全**：在"安全"选项卡中可以查看用户对该组策略对象具有哪些权限，如图 13.155 所示。
- **WMI 筛选器**：在"WMI 筛选器"选项卡中可以为该组策略指定一个 WMI 筛选器，利用 WMI 筛选器可以控制组策略的执行，如图 13.156 所示。

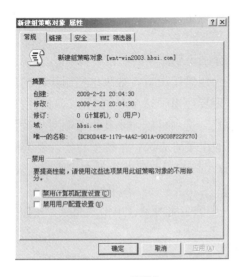

图 13.153 "属性"

图 13.154 "属性"

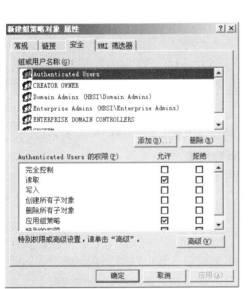

图 13.155 "安全属性"

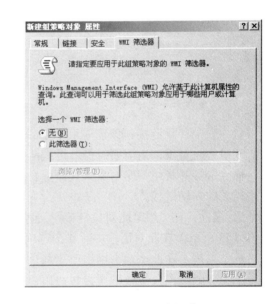

图 13.156 "WMI 筛选器"

3. 在活动目录中应用组策略

当对活动目录中的对象（站点、域、OU）设置组策略后，在启动计算机或用户登录时就会应用组策略的配置。

（1）组策略的继承性

与 NTFS 权限的继承性一样，组策略同样具有继承性。在活动目录中执行 GPO 时是按照站点、域、OU、子 OU 的顺序进行的，也就是说默认情况下子容器会继承父容器的 GPO 设置，在子容器上执行 GPO 时首先执行父容器的 GPO，然后再执行自己的 GPO。

注意：域中的计算机在启动时，先应用本地的安全策略，随后应用站点的组策略，再应用域的组策略，最后应用 OU 和子 OU 的组策略。如果这些策略配置之间存在冲突，那么最后执行的策略配置将得到应用。

当在子容器中选中"阻止策略继承"复选框，而在父容器中选中"禁止替代"复选框时，"禁止替代"的优选级高。

（2）解决组策略冲突

在对一个活动目录对象应用多个组策略时，这些设置是累加的，都会对用户和计算机进行设置。如果这些设置存在冲突，按照组策略的执行顺序，后执行的组策略设置会覆盖先执行的组策略设置。

① 父容器与子容器的组策略配置发生冲突

按照组策略的执行顺序，先执行父容器的组策略，然后执行子容器的组策略，因此子容器的组策略配置将得到应用。

② 同一对象的不同策略发生冲突

活动目录在执行组策略时按照组策略列表中从下向上的顺序执行，因此在列表中位置在上的组策略配置将得到应用。

③ 一个组策略的计算机配置与用户配置发生冲突

计算机配置优先于用户的配置，计算机配置生效。

④ 一个组策略的同一配置任务的不同策略发生冲突

根据组策略按照从下向上的顺序，位置在下的策略配置将得到应用。

4. 组策略和慢速连接

在 Windows Server 2003 中把速度低于 500Kbps 的连接认为是慢速连接。当组策略检测到一个慢速连接时，有些组策略的设置就不再生效，见表 13.4。

表 13.4 慢速连接时的组策略设置

组策略设置选项	慢速连处理	能否调整
注册表策略处理	有效	不能
IE 维护策略处理	无效	能
软件安装策略处理	无效	能
文件夹重定向策略处理	无效	能
脚本策略处理	无效	能
安全性策略处理	有效	不能
IP 安全策略处理	无效	能
无线策略处理	无效	能
EFS 恢复策略处理	有效	能
磁盘配额策略处理	无效	能

能够通过调整而使其有效的组策略选项必须在组策略中进行相应的设置后才能生效。

（1）打开任意一个 OU 的组策略，在"组策略编辑器"中依次选择"计算机配置"→"管理模板"→"系统"→"组策略"选项，如图 13.157 所示。

图 13.157 "组策略编辑器"

（2）双击"组策略慢速链接检测"策略，启用该策略，在下面可以设置慢速连接的阈值。如果设置阈值为 0，意味着将禁用慢速链接检测，如图 13.158 所示。

（3）在"组策略编辑器"控制台中双击某个策略，如"EFS 恢复策略处理"，启用该策略，并在下面选中"允许通过慢速网络连接进行处理"复选框，如图 13.159 所示。

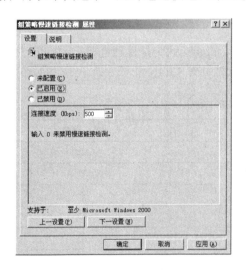

图 13.158 "慢速链接检测"

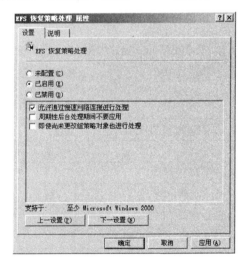

图 13.159 "允许通过慢速网络连接进行处理"

5．设置组策略的刷新频率

（1）自动刷新策略

当计算机启动时启用组策略中的计算机配置，当用户登录时应用组策略中的用户配置。

除此之外,组策略还会每隔一段时间自动运行一次,这个间隔称为组策略的刷新频率。刷新频率因计算机在域中的角色不同而不同。

- 在域控制器上默认情况下每 5min 刷新一次。
- 在域中的成员服务器上默认情况下每 90min 刷新一次,而且有一个 0~30min 的随机的时间偏移。

可以在组策略中修改组策略的刷新频率:

① 打开一个组策略,在"组策略编辑器"中依次选择"计算机配置"→"管理模板"→"系统"→"组策略"选项。

② 在右侧窗口中双击启用"域控制器组策略重新刷新的间隔"和"计算机组策略刷新间隔"策略,根据需要分别设置刷新间隔和时间偏移,如图 13.160 和图 13.161 所示。

图 13.160 "域控制器组策略重新刷新的间隔"

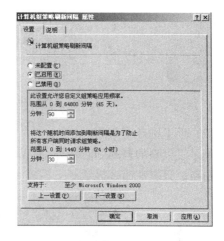
图 13.161 "计算机组策略刷新间隔"

③ 如果要设置用户组策略的刷新间隔,在"组策略编辑器"中选择"用户配置""管理模板""系统""组策略"选项,双击并启用"用户组策略间隔"策略,设置刷新间隔,如图 13.162 所示。

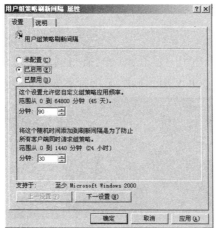
图 13.162 "用户组策略间隔"

注意：如果要使"计算机组策略刷新间隔"策略和"用户组策略刷新间隔"策略生效，必须禁用"计算机配置"→"管理模板"→"系统"→"组策略"下的"关闭组策略的后台刷新"策略，如图 13.163 所示。

图 13.163 "关闭组策略的后台刷新"

（2）手工刷新组策略

除了组策略的自动刷新新外，在 Windows Server 2003 中还可以使用 gpupdate 命令进行手工刷新，只需在命令提示符下输入 gpupdate 命令即可，如图 13.164 所示。

图 13.164 "手工刷新组策略"

在 Windows 2000 的计算机上，刷新组策略使用的命令为 secedit，machine_policy 参数用于刷新计算机配置，user_policy 用于刷新用户配置，如图 13.165 和图 13.166 所示。

图 13.165 "刷新组策略"

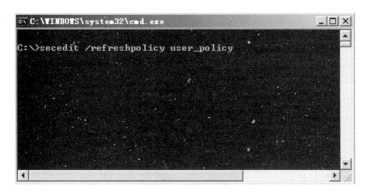

图 13.166 "刷新组策略"

6. 赋予普通用户本地登录权限

在以前的章节中我们曾讲过,默认情况下普通用户是不能在 DC 中登录的,但通过修改组策略可以使普通用户在 DC 上登录。

(1) 以 Administrator 身份在 DC 中登录,打开"Active Directory 用户和计算机"控制台,右击"Domain Controllers",选择"属性",选择"组策略"选项卡,选中"Default Domain Controllers Policy",然后单击"编辑"按钮。

(2) 在"组策略编辑器"控制台中依次选择"计算机配置"→"Windows 配置"→"安全设置"→"本地策略"→"用户权限分配"选项,在右侧窗格中选中并双击"允许本地登录"策略,如图 13.167 所示。

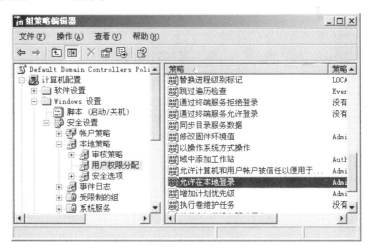

图 13.167 "赋予普通用户本地登录权限"

(3) 单击"添加用户和组"按钮,单击"浏览",将要在 DC 上登录的用户名选中并添加到列表中,如图 13.168 所示。

(4) 依次单击"确定"按钮,然后用 gpupdate 命令刷新组策略。

(5) 被添加到列表中的用户就可以登录到 DC 了。

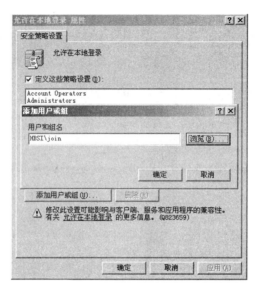

图 13.168 "赋予普通用户本地登录权限"

13.7.3 应用组策略管理用户环境

1. 管理用户环境简介

用户环境指的是当用户登录到网络后所能看到的桌面、网络连接、IE 浏览器的设置等，网络中的每个用户在登录网络时可以有自己的工作环境，利用组策略可以很方便地对网络中的用户环境进行管理。

（1）限制用户环境中可利用的范围

就像公司的财务室"闲人免进"一样，可以限制网络用户不能使用某些工具或插件，这样可以减少用户因误操作破坏系统的可能性。

（2）确保用户有自己的工作环境和私人数据

利用基于策略的管理，可以确保用户即使从不同的计算机上登录，仍然可以使用相同的工作环境。通过设置文件夹重定向，可以确保用户无论在网络中的任何节点登录，都可以访问各自的数据，而且可实现数据的安全性。

（3）当在一个容器中添加新的用户或计算机时，立即实施该容器上关于用户环境设置的组策略。

（4）集中配置和管理用户环境

利用活动目录容器将用户合理地组织起来，再配合设置相应的组策略，就可以实现对用户环境的集中配置和管理。

2. 组策略设置的结构

每个组策略都包括两部分设置：计算机配置和用户配置。

"计算机配置"只对容器内的计算机对象生效。当容器内的计算机重新启动时，设置的组策略就会生效。

计算机配置由三部分组成：软件设置、Windows 设置和管理模板。
- 软件设置：可利用其中的"软件安装"对计算机实现软件的部署。
- Windows 设置：其中包含"脚本"和"安全设置"两部分内容。在"脚本"中可以设置当计算机启动或关机时执行特殊的程序和设置；在"安全设置"中主要有"账户策略"、"本地策略"、"事件日志"、"受限制的组"、"系统服务"、"注册表"、"文件系统"、"无线网络策略"、"公钥策略"、"软件限制策略"和"IP 安全策略"等与计算机系统安全相关的设置。
- 管理模板：其中包含"Windows 组件"、"系统"、"网络"和"打印机"。

用户配置也是由"软件设置"、"Windows 设置"和"管理模板"3 部分组成。
- 软件设置：可对用户账号实现软件部署的功能。
- Windows 设置：其中包含"远程安装服务"、"脚本"、"安全性设置"、"文件夹重定向"和"IE 维护"与用户登录及使用相关的设置选项。
- 管理模板：其中包含"Windows 组件"、"任务栏"和"开始菜单"、"桌面"、"控制面板"、"共享文件夹"、"网络"和"系统"几部分。

3. 设置用户的工作环境

在 Windows Server 2003 中有上百条的策略配置，下面将选出一些具有代表性的策略进行配置。为用户设置需要的工作环境。

（1）设置文件夹重定向

实验目的：为了实现 OU 内所有用户文件的集中管理，把 My Documents 文件夹指向网络中的另外一台服务器。

实验步骤：

① 以 Administrator 身份在 DC 中登录，创建名为 Sample 的 OU，在此 OU 下创建用户 user1。

② 在域中的成员服务器上创建一个共享文件夹，名为 shili，设置域用户组（Domain Users）对其享有读写的权限，并保证用户 user1 能通过 UNC 路径访问该文件夹。

③ 以 Administrator 身份在 DC 中登录，右击"Sample"，选择"属性"，打开"组策略"选项卡，编辑其组策略，选择"用户配置"→"Windows 设置"→"文件夹重定向"选项，右击"我的文档"，选择"属性"，单击"设置"列表框下拉按钮，可以看到"基本"和"高级"两种类型的配置，如图 13.169 所示。
- 基本：针对每个用户进行文件夹重定向。
- 高级：针对用户组进行文件夹重定向。

④ 选择"基本—将每个人的文件夹重定向到同一位置"选项，在下面的"目标文件夹位置"下拉列表框中也有 4 个选项：
- 重定向到用户的主目录：将文件夹重定向到用户"属性"对话框的"配置文件"选项卡中指定的"主文件夹"目录。

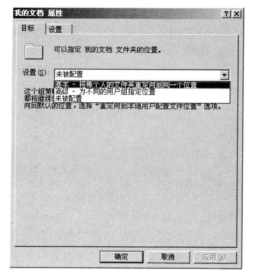

图 13.169 "设置文件夹重定向"

- 在根目录路径下为每一个用户创建一个文件夹：将文件夹重定向到指定目录下，而且会为每个用户创建一个单独文件夹。
- 重定向到下列位置：只是把文件夹重定向到指定目录下。
- 重定向到本地用户配置文件位置：把文件夹重定向到该用户的本地用户配置文件所在的路径。

选择"在根目录路径下为每一用户创建一个文件夹"选项，单击"浏览"按钮指定根路径位置（域成员服务器内的共享文件夹 shili）。注意：在选择的过程中必须使用网络路径或直接输入 UNC 路径，如图 13.170 所示。

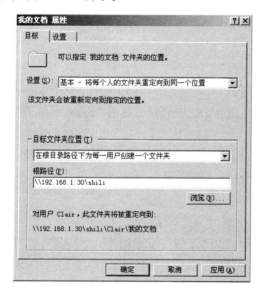

图 13.170 "设置文件夹重定向"

⑤ 选择"设置"选项卡，可以对文件夹进行重定向设置，如图 13.171 所示。

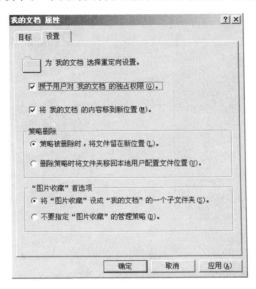

图 13.171 "设置文件夹重定向"

⑥ 单击"确定"按钮，保存并刷新组策略。

⑦ 以 user1 身份登录域中的客户机，当向"我的文档"文件夹中保存文件时，实际上所有文件都将保存在域成员服务器共享文件夹 shili 下的 user1 文件夹内。

（2）在活动目录中实现软件分发

在活动目录的组策略中，还有一个使用非常频繁且非常实用的一个组策略——软件分发。在组策略编辑器中，计算机配置和用户配置文件夹中分别有一个软件安装的选项，它们可以针对计算机和用户等不同的对象来进行软件的分发。

利用软件分发功能可以在计算机启动或重新启动时将软件自动安装在所有特定的计算机上，省去了费时费力的重复性操作，大大降低了管理员的劳动强度。

下面我们就来学习如何利用组策略进行软件的分发。

① 在域成员服务器上创建一个名为 abc 的共享文件夹，使域用户组（Domain Users）的成员对其具有读取的权限，并将要分发的软件复制到此文件夹中，如图 13.172 和图 13.173 所示。

注意：默认情况下，Windows Server 2003 只能分发扩展名为 MSI 的应用程序。

② 以 Administrator 身份登录 DC，创建一个名为 Sample 的 OU，在其下创建一个用户 User1。用 User1 将一台计算机加入到域，在 Computers 容器中找到用 User1 加入到域的计算机账号，将其移动到 Sample OU 中。

③ 在 Sample OU 上右击，打开组策略编辑器，选择"计算机配置"→"软件设置"，右击"软件安装"，选择"新建"→"程序包"，如图 13.174 所示。

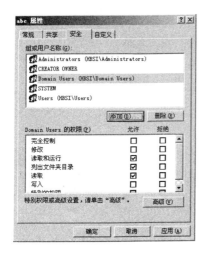
图 13.172 "软件分发"

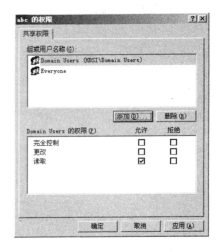
图 13.173 "软件分发"

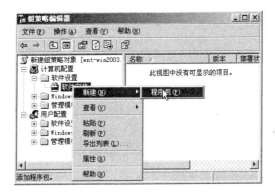
图 13.174 "软件分发"

④ 利用网上邻居寻找要发布的软件的位置（域成员服务器上的 abc 文件夹）。注意：必须使用网络路径，否则不能完成分发操作，如图 13.175 和图 13.176 所示。

图 13.175 "软件分发"

第13章 活动目录

图 13.176 "软件分发"

⑤ 位置找到后,选中要分发的软件,单击"打开"按钮,此时会出现"部署软件"的对话框,其中有三个选项,如图 13.177 所示。

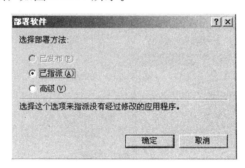

图 13.177 "软件分发"

- 已发布:利用此选项发布的软件不会立即在客户机上安装,而只会出现在"添加/删除程序"列表中,待用户需要时再进行安装。
- 已指派:利用此选项发布的软件会在计算机重启后强制安装在客户机上。
- 高级:利用此选项可以设置自定义的软件部署方法。

在此,我们选择"已指派",然后单击"确定"按钮。

⑥ 此时,我们就可以看到右侧窗口中出现了我们刚刚发布的软件的具体信息,如图 13.178 所示。

⑦ 在 DC 中刷新组策略,然后重启刚才加入到域的计算机并以 User1 身份登录到域,就会看到下面的安装软件的提示,如图 13.179 所示。

⑧ 当客户机登录到域后,就会发现 QQ 软件已经被安装在了我们的客户机上了,如图 13.180 所示。

图 13.178 "软件分发"

图 13.179 "软件分发"

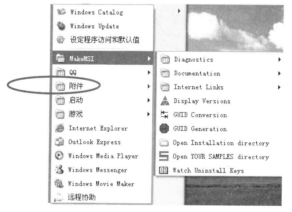

图 13.180 "软件分发"

复习题

13-1 简述活动目录的物理结构和逻辑结构。

13-2 域组账号有几种类型？分别说出他们的成员组成。

13-3 简述权限管理的 AGDLP 法则。

13-4 简述活动目录的资源发布步骤？

13-5 活动目录中组织单元的作用是什么？

13-6 简述利用组织单元实施组策略的主要步骤。

13-7 简述软件分发的主要步骤。

13-8 软件分发对应用软件有何要求？

参 考 文 献

[1] 杨秀梅，林润生，盖江南．Windows Server 2003 宝典（第 1 版）[M]．北京：电子工业出版社．2004．
[2] 微软公司．Windows Server 2003 网络操作系统系统帮助与支持．
[3] (美)威廉·斯坦内克．WINDOWS SERVER 2003 管理员必备指南（第二版）[M]．世界图书出版公司．2007．
[4] http://www.it168.com/